木質系有機資源の有効利用技術
Effective Technology of Woody Organic Resources

監修:舩岡正光

シーエムシー出版

はじめに

『人間活動と環境の調和』,『持続的発展』……21世紀に生きる私たちが早期に達成しなければならない重要なキーワードである。これを受け,環境負荷の小さい製品開発,製品のリサイクル活用等に関する活発な論議が連日展開されている。中でも,地下隔離炭素資源（化石資源）から生態系循環資源（バイオマス）への社会基盤の転換は,石油が枯渇する前に確立しなければならない最優先課題であり,糖質のアルコール発酵によるエネルギー変換,乳酸発酵による生分解性プラスチックの創製,木質バイオマス発電などは,日本のみならず欧米諸国においても大規模なプロジェクトが組織されている。

しかし,環境共生型の持続的社会が生態系を攪乱しない社会であることを考えるとき,20世紀に引き起こした生態系と人間活動の不協和音を繰り返さないために,バイオマスを原料とする大規模な活動を開始する前に,我々はまず生態系の基本システムについて深い認識を持つ必要がある。

生態系の基本……それは『多機能性』と『流れ』の認識である。『多機能性』とは,生態系に孤立せず構造を転換しながら持続的に機能を発現する生物素材の基本特性であり,それを動きとして捉えると炭酸ガスを起点と終点とする一方向の炭素の『流れ』となる。炭酸ガスが太陽をエネルギー源とする光合成システムにより集合化し（分子集合系）,精密な分子複合系へと組み上げられた一形態,それが樹木であり,これはその後壮大な年月をかけ再び解体され,最終的に炭酸ガスへと転換される（分子拡散系）。一方,同じ植物であっても草の流れは非常に速く,通常一年で完結する。すなわち,生物素材は個々に固有の流れを持っており,それによって生態系におけるマテリアルネットワークと炭素の絶妙の気一固バランスが形成されている。しかし,我々はこの流れの『時間』の違いを認識し,素材個々に使い分けているであろうか。樹木を木材,紙として利用後,廃棄するという行為は,樹木系炭素の流れをそのポテンシャルが最大に達したステップから一気に終端分子（炭酸ガス）へと短絡させているということを認識しているであろうか。

本書では,地球生態系の基盤をなす森林資源を分子の流れとして捉え,複合体としての利用から,さらに機能性分子へと材料として持続的かつなめらかに流すために必要な最新の技術について整理,解説した。特に,リグノセルロース資源の循環速度を高度に制御する長期循環資源であり,石油に替わる次世代の芳香族系分子素材としてのポテンシャルを有しながら,構造の多様性・

複雑性からそのほとんどが廃棄されている『リグニン』について,『循環』というキーワードのもとに最新の精密分子構造制御とその持続的活用技術を集約した。

　全く新しい切り口から木質資源にアプローチする本書が,21世紀における石油に替わる持続的工業原料としての森林資源に対する認識を高め,化石資源に依存しない新しい持続的工業システムの確立に寄与することを願っている。

2005年1月

舩岡正光

普及版の刊行にあたって

本書は2005年に『木質系有機資源の新展開』として刊行されました。普及版の刊行にあたり，内容は当時のままであり加筆・訂正などの手は加えておりませんので，ご了承ください。

2010年6月

シーエムシー出版　編集部

―――― 執筆者一覧(執筆順) ――――

舩岡 正光	(現)三重大学大学院　生物資源学研究科　教授
永松 ゆきこ	三重大学　生物資源学部；科学技術振興機構　研究員
坂 志朗	(現)京都大学大学院　エネルギー科学研究科　エネルギー社会・環境科学専攻　教授
青柳 充	舩岡研究グループ（CREST JST）　JST CREST研究員 (現)三重大学大学院　生物資源学研究科　舩岡研究室　特任准教授（研究担当）
浦木 康光	(現)北海道大学大学院　農学研究院　教授
渡辺 隆司	(現)京都大学　生存圏研究所　教授
三亀 啓吾	(現)三重大学大学院　生物資源学研究科　特任准教授
関 範雄	(現)岐阜県産業技術センター　紙研究部　専門研究員
伊藤 国億	(現)岐阜県生活技術研究所　主任研究員
吉田 孝	(現)北見工業大学　工学部　バイオ環境化学科　副学長・教授
大前 江利子	三重大学　生物資源学部　木質分子素材制御学研究室　技術員
井上 勝利	佐賀大学　理工学部　機能物質化学科　教授
Durga Parajuli	(現)日本原子力研究開発機構　量子ビーム応用研究部門　環境・産業応用研究開発ユニット　研究員
牧野 賢次郎	㈲山曹ミクロン
藤田 修三	(現)青森県立保健大学　健康科学部　教授
門多 丈治	(現)(地独)大阪市立工業研究所　加工技術研究部　研究員
長谷川 喜一	(現)(地独)大阪市立工業研究所　加工技術研究部　研究主幹

原　　敏　夫	九州大学大学院　農学研究院　助教授	
寺　田　正　幸	新神戸電機㈱　技術開発本部　電池技術開発所　主任研究員	
喜　多　英　敏	山口大学　工学部　教授	
鈴　木　　勉	(現) 北見工業大学　工学部　バイオ環境化学科　教授	
矢　野　浩　之	(現) 京都大学　生存圏研究所　生物機能材料分野　教授	
Antonio Norio Nakagaito	(現) 京都大学　生存圏研究所　生物機能材料分野	
岩　本　伸一朗	京都大学　生存圏研究所　生物機能材料分野	
能　木　雅　也	京都大学　国際融合創造センター　研究員	
	(現) 大阪大学　産業科学研究所　先端実装材料研究分野　助教	
志　水　一　允	日本大学　生物資源科学部　森林資源科学科	
	バイオマス科学研究室　教授	
安　戸　　饒	(現) 木村化工機㈱　技術顧問	
谷田貝　光　克	東京大学大学院　農学生命科学研究科　農学国際専攻　教授	
	(現) 秋田県立大学　木材高度加工研究所　所長・教授	
大　原　誠　資	(現) ㈲森林総合研究所　企画部　研究コーディネータ	
松　村　幸　彦	広島大学大学院　工学研究科　機械システム工学専攻　助教授；	
	同バイオマスプロジェクト研究センター　幹事	
	(現) 広島大学大学院　工学研究科　機械システム工学専攻	
	教授	
近　藤　和　博	㈱荏原製作所　環境エンジニアリング事業本部	
	水環境・開発センター　新規事業開発室　室長	

執筆者の所属表記は，注記以外は2005年当時のものを使用しております。

目　次

第1章　木質系有機資源の潜在量と循環資源としての新しい視点
舩岡正光

1　はじめに …………………………………1
2　森林資源の蓄積量とそのポテンシャル ……1
3　生態系における物質の流れ ………………3
4　森林資源の材料としてのなめらかな流れをつくる―その Breakthrough point と key material― ………………………………………4
5　持続的工業ネットワーク …………………8
6　おわりに …………………………………9

第2章　細胞壁分子複合系の新展開

1　循環型ウッドプラスチックの設計と誘導
　………………永松ゆきこ，舩岡正光…10
　1.1　はじめに ……………………………10
　1.2　加水分解制御型相分離系変換システムによる LC 複合体の誘導 …………………10
　　1.2.1　循環型ウッドプラスチックとしての LC 複合体の特性 ……………………10
　　1.2.2　LC 複合体の逐次機能コントロール
　　　…………………………………………11
　1.3　おわりに ……………………………15
2　無機質複合化による機能開発 … 坂　志朗…17
　2.1　はじめに ……………………………17
　2.2　ゾル―ゲル法 ………………………17
　2.3　諸機能発現のトポ化学 ……………18
　　2.3.1　無機物の細胞内分布 ……………18
　　2.3.2　吸水防止性（撥水性） ……………22
　　2.3.3　防菌・防かび性 …………………23
　　2.3.4　耐蟻性 ……………………………24
　　2.3.5　光劣化抵抗性 ……………………25
　2.4　おわりに ……………………………26
3　機能性塗料の新展開
　………………………青柳　充，舩岡正光…28
　3.1　はじめに ……………………………28
　3.2　リグノフェノール表面コーティング剤（三重県科学技術振興センター工業研究部）……28
　3.3　リグノフェノール機能性塗料（㈱ウッドワン，林野庁機能性木質新素材技術研究組合） ……………………………………30
　3.4　リサイクル性について ……………31

I

第3章　植物細胞壁の精密リファイニング

1　界面制御反応による精密リファイニング
　　　　　　　　　　　　　　舩岡正光…33
　1.1　天然リグニンの基本構造と循環型リグニン系素材の設計 …………33
　1.2　植物系分子素材の選択的変換・分離系の開発（相分離系変換システム）………34
　1.3　リグノセルロース系素材の変換・分離特性 …………………………37
　　1.3.1　リグニンの変換特性 …………37
　　1.3.2　炭水化物の変換特性 …………39
　　1.3.3　素材変換・分離系の効率化 …40
　1.4　変換システムプラントの構築 …………41
2　成分分離技術としてのパルピング手法の新展開 …………………**浦木康光**…45
　2.1　はじめに ………………………………45
　2.2　工業的化学パルプ化による成分分離と分離成分の利用 ……………46
　　2.2.1　サルファイトパルプ（SP）化 …46
　　2.2.2　クラフトパルプ（KP）化 ………47
　2.3　オルガノソルブパルプ化 ………………48
　　2.3.1　オルガノソルブパルプ化の動向 …………………………49
　　2.3.2　オルガノソルブパルプ化による成分分離と木材成分の総体利用 …50
3　超臨界流体による細胞壁成分の分離技術
　　　　　　　　　　　　　　坂　志朗…55
　3.1　はじめに ………………………………55
　3.2　超臨界流体とは ………………………55
　3.3　超臨界水による細胞壁成分の分離 ……55
　　3.3.1　超臨界水処理 …………………55
　　3.3.2　セルロースおよびヘミセルロース …………………………56
　　3.3.3　リグニン ………………………59
　3.4　超臨界メタノールによる木質細胞壁成分の分離および総体利用 …………60
　　3.4.1　木質バイオマスの超臨界メタノール分解 ……………………………60
　　（1）　セルロースの分解挙動 ………61
　　（2）　リグニンの分解挙動 …………62
　　3.4.2　メタノール可溶部の液体燃料としての可能性 …………………………64
　3.5　おわりに ………………………………66
4　生体触媒による分子変換制御技術
　　　　　　　　　　　　　　渡辺隆司…68
　4.1　はじめに ………………………………68
　4.2　白色腐朽菌によるリグニン分解 ………68
　4.3　白色腐朽菌によるバイオパルピングプロセス …………………………………73
　4.4　セルラーゼおよびその他の植物細胞壁多糖加水分解酵素 ……………………75
　4.5　白色腐朽菌前処理を組み込んだ木材の糖化発酵プロセス ………………… 76

第4章　リグニン応用技術の新展開

1　天然リグニンの精密機能制御システム
　　　　　　　　　　　　　　舩岡正光…80
2　機能性バイオポリマーとしての新展開 ……85
　2.1　酵素複合系の機能変換

……………三亀啓吾，舩岡正光…85
　2.1.1　はじめに ………………………85
　2.1.2　リグノフェノールとタンパク質のア
　　　　　フィニティー ………………………86
　2.1.3　リグノフェノールの固定化酵素担体
　　　　　への応用 ……………………………88
2.2　HIVプロテアーゼ活性阻害剤としての機
　　能‥関 範雄，伊藤国億，舩岡正光…91
　2.2.1　はじめに ………………………91
　2.2.2　リグノポリフェノールのHIVプロ
　　　　　テアーゼ活性阻害機能 ……………92
　2.2.3　カルボキシメチル化リグノフェノー
　　　　　ルのHIVプロテアーゼ活性阻害機能
　　　　　……………………………………93
　2.2.4　リグノフェノールの特異的HIV-1
　　　　　プロテアーゼ活性阻害 ……………94
　2.2.5　リグノフェノールの抗HIV活性
　　　　　……………………………………94
2.3　酵素による重合制御
　　　　　………………吉田 孝，舩岡正光…96
　2.3.1　はじめに ………………………96
　2.3.2　リグノフェノールの酵素重合 ……96
　　(1)　リグノフェノールのペルオキシダーゼ
　　　　酵素重合性の検討 …………………96
　　(2)　IRスペクトルによる重合機構の推定
　　　　……………………………………98
　　(3)　熱分解GC-MSスペクトルによる重合
　　　　機構の推定 …………………………99
　　(4)　ポリリグノクレゾールの熱的性質
　　　　……………………………………99
　2.3.3　おわりに ………………………101
2.4　バイオポリエステル可塑剤への応用

            ……………大前江利子，舩岡正光…103
　2.4.1　はじめに ………………………103
　2.4.2　リグノフェノール複合フィルムの機
　　　　　械的特性 ……………………………103
　2.4.3　複合フィルムの熱的特性 ………105
　2.4.4　複合フィルムの生分解性 ………106
　2.4.5　おわりに ………………………107
2.5　金属元素吸着固定化体としての機能
　　　　　井上勝利，Durga Parajuli，牧野賢次郎，
　　　　　舩岡正光 ……………………………108
　2.5.1　はじめに ………………………108
　2.5.2　各種のリグノフェノールによるアン
　　　　　チモン（Ⅲ）の吸着 ………………108
　2.5.3　リグノカテコールによる各種の重金
　　　　　属イオンの吸着特性 ………………109
　2.5.4　リグノカテコールを充填したカラム
　　　　　による鉛と亜鉛の分離 ……………111
2.6　持続的抗酸化剤としての機能
　　　　　………………藤田修三，舩岡正光…113
　2.6.1　要約 ……………………………113
　2.6.2　はじめに ………………………113
　2.6.3　試料と実験方法 ………………114
　2.6.4　結果および考察 ………………115
　　(1)　POVおよびTBA法による抗酸化効果
　　　　評価 …………………………………115
　　(2)　抗酸化効果の長期的観察 ………115
3　樹脂への応用 ………………………………118
3.1　リグノセルロース系循環材料への展開
　　　　　……………永松ゆきこ，舩岡正光…118
　3.1.1　はじめに ………………………118
　3.1.2　リグノフェノール-古紙ファイバー
　　　　　複合材料の創製とその機能制御

        ……………………… 118
 3.1.3 おわりに ………………… 122
3.2 有機・無機質集合化材への展開
    ………**永松ゆきこ，舩岡正光**…125
 3.2.1 はじめに ………………… 125
 3.2.2 リグノフェノールをマトリクスとする複合材料の特性と機能 ……… 126
  (1) リグノフェノール-セルロース複合系
        …………………… 126
  (2) リグノフェノール-無機複合系 …… 127
 3.2.3 おわりに ………………… 130
3.3 機能性接着剤への展開
   …**門多丈治，長谷川喜一，舩岡正光**…131
 3.3.1 リグノフェノールを機能性接着剤へ
     ……………………………… 131
 3.3.2 木材用接着剤 ……………… 131
 3.3.3 ネットワークポリマー型接着剤
     ……………………………… 132
3.4 感光性材料への展開
   …**門多丈治，長谷川喜一，舩岡正光**…136
 3.4.1 リグノフェノールをフォトレジストへ ……………………………… 136
 3.4.2 印刷用フォトレジスト ……… 136
 3.4.3 プリント配線用フォトレジスト
     ……………………………… 137
3.5 高吸水性樹脂の設計と機能
   関　範雄，伊藤国億，原　敏夫，舩岡正光……………………………… 140
 3.5.1 はじめに ………………… 140
 3.5.2 リグノフェノール系高吸水性樹脂の設計 ……………………… 140
 3.5.3 リグノフェノール系高吸水樹脂の機能 ……………………………… 143
4 電子伝達系への応用 ……………… 145
 4.1 光電変換デバイスの設計と構築
    ………**青栁　充，舩岡正光**…145
 4.1.1 はじめに ………………… 145
 4.1.2 リグノフェノールの基礎物性 … 146
 4.1.3 ナノ粒子酸化チタンとの錯体形成
     ……………………………… 147
 4.1.4 リグノフェノール-酸化チタン光電変換デバイスの光電変換特性 … 147
 4.1.5 光電変換能力に対するLPの構造の影響 ……………………… 148
  (1) 樹種特性 ………………… 148
  (2) フェノール種の影響 ……… 149
  (3) 水酸基の影響 …………… 149
  (4) リサイクル型リグノフェノール … 149
 4.1.6 推定メカニズム …………… 150
 4.1.7 まとめ …………………… 150
 4.2 鉛蓄電池負極素材への応用
    ………**寺田正幸，舩岡正光**…153
5 高密度炭素骨格の応用 …………… 157
 5.1 機能性分離膜の創製
    ………**喜多英敏，舩岡正光**…157
 5.1.1 はじめに ………………… 157
 5.1.2 膜分離技術 ……………… 157
 5.1.3 リグニン系分子ふるい炭素膜 … 158
 5.1.4 おわりに ………………… 159
 5.2 電磁波シールド材料の開発
      ………**鈴木　勉**…161
 5.2.1 はじめに ………………… 161
 5.2.2 電磁波シールドと結晶炭素 …… 161
  (1) 電磁波シールド材 ………… 161

(2) 電磁波シールド性能 ………… 162
　　(3) 結晶炭素 ………… 162
　5.2.3 リグニンのNi触媒炭化によるT成分の製造と炭化物のEMS性能 …… 163
　　(1) 実験方法 ………… 163
　　(2) LCのT成分原料としての適性 … 163
　　(3) カルシウムの助触媒効果 ………… 165
　　(4) カルシウムの作用機構（Ⅰ）…… 167
　　(5) カルシウムの助触媒効果（Ⅱ）… 168
　　(6) カルシウムの助触媒効果（Ⅲ）… 170
　5.2.4 おわりに ………… 171

第5章　糖質の新しい応用技術

1 バイオナノファイバー：セルロースミクロフィブリルの可能性
…矢野浩之，アントニオ・ノリオ・ナカガイト，岩本伸一朗，能木雅也 ………… 173
　1.1 未来型資源：木質 ………… 173
　1.2 木質の本質 —高強度，低熱膨張，環境調和性— ………… 174
　1.3 高強度木材 ………… 175
　　1.3.1 樹脂含浸・圧密木材 ………… 175
　　1.3.2 音速による原材料の選別 …… 175
　　1.3.3 脱成分処理 ………… 176
　1.4 ミクロフィブリル化植物繊維成型材料 ………… 177
　　1.4.1 ミクロフィブリル化植物繊維 … 177
　　1.4.2 MFC・フェノール樹脂複合成型物 ………… 178
　　1.4.3 MFCのみでの成型物製造 …… 179
　　1.4.4 MFC・酸化デンプン，MFC・ポリ乳酸樹脂複合成型物 ………… 179
　　1.4.5 バクテリアセルロース・フェノール樹脂複合成型物 ………… 180
　　1.4.6 他材料との比較 ………… 181
　1.5 ナノファイバー繊維強化透明材料 … 182
　1.6 おわりに ………… 182

2 糖質の機能開発 ………… 志水一允…184
　2.1 はじめに ………… 184
　2.2 木材ヘミセルロースの化学構造 …… 185
　　2.2.1 キシラン ………… 185
　　2.2.2 グルコマンナン ………… 186
　　2.2.3 ガラクタン ………… 186
　　2.2.4 アラビノガラクタン ………… 187
　　2.2.5 リグニン・炭水化物複合体（lignin-carbohydrate complex）………… 188
　2.3 木材ヘミセルロースの抽出方法 …… 188
　2.4 木材ヘミセルロースからのオリゴ糖の製造方法 ………… 189
　　2.4.1 広葉樹キシランからのオリゴ糖 ………… 189
　　(1) 広葉樹キシランから酸加水分解によって得られるオリゴ糖 ………… 189
　　(2) 広葉樹キシランから酵素加水分解によって得られるオリゴ糖 ………… 189
　　(3) 蒸煮によるオリゴ糖の製造 ……… 194
　　2.4.2 針葉樹からのオリゴ糖 ………… 197
　　(1) 針葉樹キシランからのオリゴ糖 … 197
　　(2) 針葉樹グルコマンナンからのオリゴ糖 ………… 198
　2.5 木材ヘミセルロースの機能開発 …… 198

- 2.5.1 広葉樹キシランのキシロース，フルフラールとしての利用 ……… 198
- 2.5.2 ヘミセルロースのヒドロゲル，フィルム，プラスチックとしての利用 ……… 199
- 2.5.3 ヘミセルロースの生理活性物質としての利用の可能性 ……… 200
  - (1) ヘミセルロースの抗腫瘍活性 …… 200
  - (2) ヘミセルロースの食物繊維（DF）としての生物活性 ……… 200
  - (3) ヘミセルロース由来のオリゴ糖の食品としての機能 ……… 201
  - (4) ヘミセルロース由来のオリゴ糖の植物生理への作用 ……… 202
- 2.6 おわりに ……… 202
- 3 工業原料への転換利用 ……… 205
  - 3.1 糖質の精密制御
    ……………… 三亀啓吾, 舩岡正光…205
    - 3.1.1 はじめに ……… 205
    - 3.1.2 従来のリグノセルロース分離法 ……… 205
    - 3.1.3 リグノセルロース分離の新しい試み ……… 206
    - 3.1.4 相分離変換システムにおける炭水化物の分離挙動 ……… 207
  - 3.2 糖質の転換利用 ……… 安戸 饒…213
    - 3.2.1 バイオマス糖化液からの有用物質の生産 ……… 213
    - 3.2.2 バイオマスの糖化方法について ……… 214
    - 3.2.3 バイオマスの構成成分について ……… 215
    - 3.2.4 具体例 ……… 216
      - (1) アルコール（エチルアルコール，エタノール）発酵 ……… 216
      - (2) 乳酸発酵 ……… 220
      - (3) アセトン・ブタノール発酵 ……… 222
    - 3.2.5 おわりに ……… 223

第6章 抽出成分の新展開

- 1 生理機能性物質としての新展開
  ……………… 谷田貝光克…226
  - 1.1 はじめに ……… 226
  - 1.2 生理機能性物質に関する最近の研究の動向 ……… 226
  - 1.3 実用化に向けての技術開発 ……… 230
    - 1.3.1 抽出成分関連技術研究組合による研究成果 ……… 230
    - 1.3.2 樹木抽出成分に関連する最近の公開特許 ……… 234
  - 1.4 おわりに ……… 236
- 2 工業原料としての新展開 …… 大原誠資…238
  - 2.1 はじめに ……… 238
  - 2.2 テルペン ……… 238
    - 2.2.1 モノテルペン ……… 238
    - 2.2.2 トリテルペン ……… 239
  - 2.3 フラボノイド ……… 240
  - 2.4 フェノール酸 ……… 241
  - 2.5 タンニン ……… 241
    - 2.5.1 抗酸化性食品 ……… 242
    - 2.5.2 VOC 吸着材 ……… 243
    - 2.5.3 抗菌・消臭繊維 ……… 243

2.5.4　ポリウレタンフォーム（PUF）
　　　　………………………………244
　　2.5.5　住環境向上資材……………244
　　2.5.6　重金属吸着材………………245

第7章　炭素骨格の新しい利用技術　鈴木　勉

1　はじめに ……………………………248
2　高ガス化反応性木炭の製造 ………249
3　気相水素化触媒の調製 ……………252
4　電磁波遮蔽材の製造 ………………255
5　おわりに ……………………………257

第8章　新しいエネルギー変換技術　松村幸彦

1　はじめに ……………………………259
2　木質ペレット ………………………260
3　混焼 …………………………………261
4　木炭 …………………………………261
5　ガス化 ………………………………262
6　エタノール生産 ……………………263
7　超臨界メタノール処理 ……………264
8　直接油化 ……………………………265
9　急速熱分解 …………………………265
10　スラリー燃料化 …………………265
11　おわりに …………………………266

第9章　持続的工業システムの展開　近藤和博，舩岡正光

1　持続的社会，物質循環型社会への期待の背景
　………………………………………267
2　持続的工業システムの要件 ………268
3　相分離システムを主体とするバイオマス循環利用システム ……………………………269
4　バイオマス循環利用システムの実証プラント ……………………………………270
5　持続的工業システム展開への課題 ………271

第1章 木質系有機資源の潜在量と循環資源としての新しい視点

舩岡正光*

1 はじめに

『持続的社会』,『環境共生型社会』——環境の世紀といわれる21世紀に突入し,これらのキーワードの早期達成に向け,活発な論議が展開されている。論議の内容は様々であるが,世界的な一つの動きは,地下隔離炭素資源(化石資源)から生態系循環資源(バイオマス)への社会基盤の転換である。バイオマス,中でも植物系バイオマスは,光合成により気体-固体間でエンドレスループを形成している。したがって,我々がその中に入り込み,利用と廃棄を繰り返しても,その総量は変動せず,生態系の攪乱にはつながらないと認識されている。これに関し,最近ではカーボンニュートラルという言葉が使われるようになってきた。しかし,本当にこのような単純な認識で,生態系を攪乱することなく持続的な社会が形成できるのであろうか。バイオマスを工業原料とする大規模な活動を開始する前に,我々はまず生態系のシステムそしてその資源としてのポテンシャルについて深い認識を持つ必要がある。

2 森林資源の蓄積量とそのポテンシャル

地球上における総陸地面積の30％は森林で覆われ,そこには全バイオマスの90％に相当する1兆6,500億トンのバイオマスが蓄積している[1]。表1にバイオマス1次生産量を示す。地球規模では年間約1,500億トンのバイオマスが生産され,その約65％は陸上において形成されるが,なかでも森林地帯における蓄積は圧倒的に多く,全生産量の42％にも達する。

森林資源は木材,紙として古くから深く我々の生活空間に入り込んでいるが,さらにそれを構成する分子素材に目を転じると,限りなく広い可能性が見えてくる。樹木を構成する炭水化物(セルロース,ヘミセルロース)およびリグニンは,それぞれ脂肪族系および芳香族系分子素材原料としてのポテンシャルを有しており,両者の高分子から低分子に至る精緻な分子構造制御に成功すれば,最終的には石油由来製品の95％までが誘導可能とされている[2]。

---

* Masamitsu Funaoka 三重大学 生物資源学部 教授

木質系有機資源の新展開

表1　バイオマス1次生産量

	純生産量	
	億トン／年	%
全地球上	1,552	100
陸地上	1,003	64.6
森林	646	41.6
草地	150	9.7
その他	207	13.3
海洋	549	35.4

　ここで，世界の石油使用量と森林資源蓄積量を比較してみよう。1987年のデータによると，世界の原油使用量は年間26億トンとされ，その大半はエネルギー利用に向けられるが，年間2億トン程度が石油化学製品の原料として使用されている。Goldstein[2]の試算によると，現在生産されているプラスチック，合成繊維，合成ゴム等をリグノセルロース系素材を出発物質として誘導する場合，変換効率，工程ロス等を勘案し，目的物質の約3.25倍の森林資源が必要であるとされている。すなわち，年間2億トンの石油化学製品を森林系資源から誘導する場合，おおざっぱに見積もって約6.5億トンの資源を要することになる。これは表1から明らかなように世界の森林蓄積量の1％にすぎず，森林資源はポスト石油資源として量的には十分なポテンシャルを有していることになる。しかし，ここで次のことに注意しなければならない。
① 石油資源はスポット的に存在するのに対し，森林資源は地球レベルで陸上に分散している。
② かさ高の森林資源の輸送はエネルギー的に不利である。
③ 化石資源は地下隔離炭素であり，生態系における物質循環に現時点では直接大規模には関与していないが，一方，森林資源は現在機能している重要な環境構成要素である。工業原料としての利用に際し，森林資源を石油のように特定地域からスポット的に大量確保した場合，これは地域環境の攪乱を引き起こし，それはひいては修復不可能な地球規模の環境破壊へと拡大する。
　すなわち，森林資源の利用はあくまでローカルであらねばならない。森林資源をポスト石油資源として活用するためには，石油化学工業のような一極集中型ではなく，森林を起点とする，そしてローカルに緻密に分散する，全く新しい物質のネットワーク（流れ）を社会に構築しなければならない。

第1章 木質系有機資源の潜在量と循環資源としての新しい視点

3 生態系における物質の流れ

生態系の基本——それは『物質は流れている』ということである。環境変化——それは『流れの変化』,『分布の変化』であると認識することができる。生態系に依存した持続的ハイテク社会を構築する場合,我々はまず以下に示す生態系における流れの基本原則を深く認識する必要がある。

① バイオマスは物質としてエンドレスループを形成しており,そのサイズ(循環時間)はバイオマス個々に異なる。
② バイオマテリアルは機能を転換しながら固有の時間で一方向に流れている。

森林は,微少分子が巨大複合体(樹木)を経て再び分子へと転換される一つの流れの場として捉えることができる。炭酸ガスが太陽をエネルギー源とする光合成システムによって集合化し(分子集合系),精密な分子複合系へと組み上げられポテンシャルが最大に達した一形態,それが樹木であり,これはその後壮大な年月をかけ再び分子に解体され,最終的に炭酸ガスへと転換される(分子拡散系)(図1)。この流れは人間の流れの時間(平均寿命約85年)を大きく越えており,我々は樹木の流れの全てを見極めることはできない。一方同じ植物であっても草の流れは非常に速く,通常1年で完結する。草と樹木を分けるもの——それは流れの時間である。しかし,我々はこの時間の違いを認識し,使い分けているであろうか。野菜を食べるという行為は草本系炭素の流れにしたがった行為であり,炭素循環系を攪乱することはないのに対し,樹木を木材,紙として利用後廃棄するという行為は,森林系炭素の流れをポテンシャルが最大に達したその頂点において一気に終端分子(炭酸ガス)へと短絡させているということを認識しているであろうか。

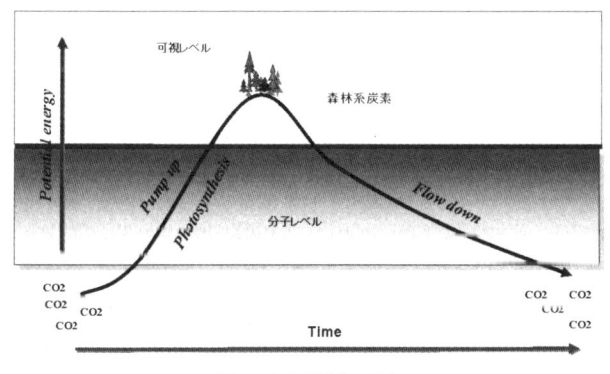

図1 森林系炭素の流れ

木質系有機資源の新展開

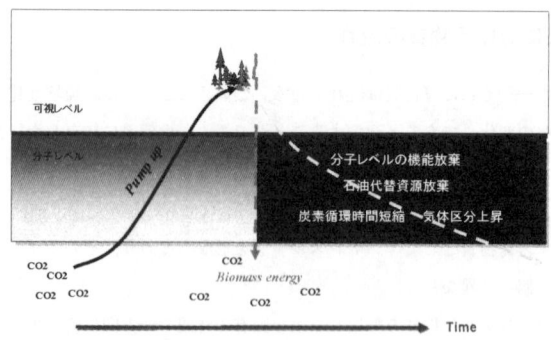

図2　現行の森林系炭素の流れとそれにより引き起こされる影響

どのような理由を付けようが，木材を燃やすという行為は，壮大な年月をかけ地球外エネルギーによって組みあがった炭素の複合系を，その後の分子レベルでの機能を全て放棄し，炭酸ガスへと一気に転換することに他ならない。これは炭素循環における気体区分を上昇，地球温暖化を促進しているのみならず，次世代の石油代替資源を放棄しているのである（図2）。

森林資源を生態系における流れにしたがい材料としてなめらかに流すということ——それは地球生態系の基盤をなすシステムを攪乱しないということであり，環境保全，持続的な社会を目指す活動の原点であろう。樹木を構成する素材の構造と機能を分子レベルで理解し，その機能を精密に制御すると共に，それを材料に再現する全く新しい技術と社会システムが必要になる。

4　森林資源の材料としてのなめらかな流れをつくる—その Breakthrough point と key material —

生態系の流れにしたがった森林資源の材料としてのなめらかな流れとは——それは複合体から機能性分子へと多段階的につながる材料としての前進型の流れである（図3）。その具現化には，構成素材の基本分子設計を解読する，そしてそれを生かす機能性分子を設計し，その上で精密な分子機能変換を加え，構成分子の絡まりを精密に解きほぐす，という活動が必要となる。

樹木の細胞壁では，直鎖状多糖であるセルロースの集団（セルロースミクロフィブリル）から精密な籠状構造（フレームワーク構造）が形成され，さらに，その隙間には疎水性三次元高分子であるリグニンが充填され，分子レベルで高度に固定された完全一体型構造が構築されている（図4）。樹木の際だった耐久性，その材料としての特性はこの複合構造によるところが大であるが，さらにそこには高度な環境対応機能を有するリグニンが深く関与している。

第1章 木質系有機資源の潜在量と循環資源としての新しい視点

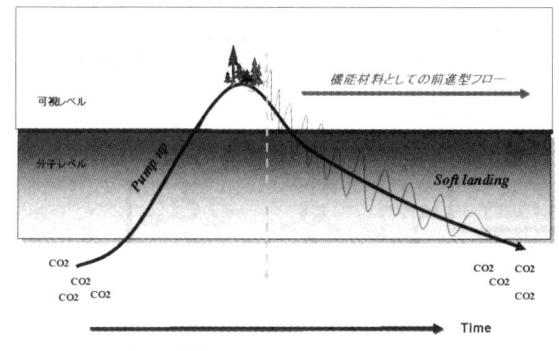

図3 材料としての新しい森林資源の流れ

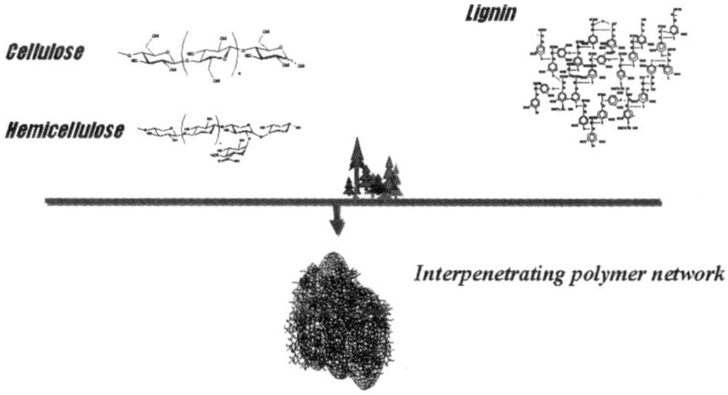

図4 樹木細胞壁における高分子素材の絡まり

　木材は，生物素材としては異例の高耐久性素材である。しかし，そこからリグニンを取り去ると一転生分解性素材（紙）に変化する。このことはリグニンが樹木の生態系循環速度を高度に制御していることを意味する。一方，我々は新聞紙が変色する現象を知っている。これはリグニンの変性に基づいており，リグニンが糖質よりも先に変化した結果である。樹木に耐久性を与え，その流れを制御する鍵物質が不安定であるということ——リグニンの耐久性は，その剛直型構造固定によって発現しているのではなく，分子レベルで自在に環境に対応することによって発現しているのである。

　リグニンのルーツは芳香族アミノ酸である。窒素が離脱した後その芳香環には複数個のフェノール性水酸基が付加され活性多価フェノールとなるが，その後そのほとんどはブロックされ，比較的安定な潜在性フェノール系高分子（リグニン）として樹木中で長期間機能する。その後，

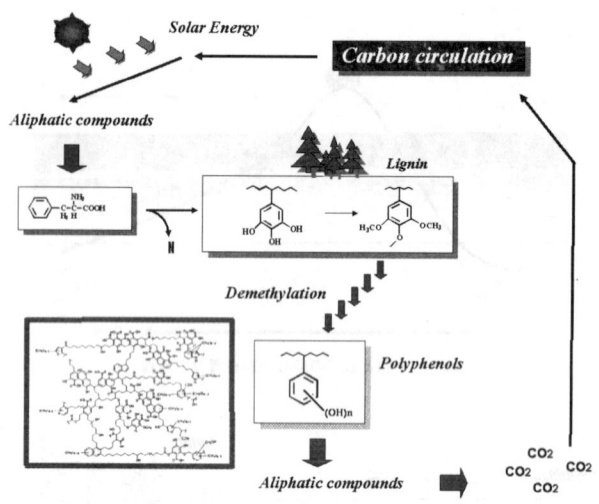

図5　生態系における芳香族系炭素の循環システム

フィールドは土壌中に移り，分子内アルキルアリールエーテルは徐々に脱アルキル化酵素の作用を受け，多価フェノール活性が再生，フミン系物質として植物栄養素，微量金属元素の吸着固定等に対し長期間持続的に機能する。脱アルキル化により循環速度制御機構の解除された活性多価フェノール環の一部は酸化され，芳香環が開裂，脂肪族化合物へと転換され，その後最終的にCO_2へと転換される。CO_2は地球外エネルギーをパワーソースとする植物の光合成機能によりポンプアップされ，再び森林とリンク，ここで壮大な炭素循環システムの輪が形成されることになる（図5）。

リグニンの構造を流れの中で認識すると，従来の利用法がいかに短絡的であるかに気付く。高エネルギー処理を受けた工業リグニンは，すでに活性部位を消費し厳しい環境に対応した姿であり，さらなる環境設定（反応）による構造転換（製品化）は不可能に近い。さらに，活性フェノール性水酸基のブロッキング構造を認識しないフェノール系物質への応用，多機能なリグニン構造を逐次応用しない一時的な製品化，これらはいずれもリグニン製品の特性を不明確にし，製品としての信頼性低下へとつながっている。

すなわち，森林資源は循環時間の大きく異なる2種類の高分子素材：①長期循環型素材…リグニン，②短期循環型素材…炭水化物，から形成されており，森林資源の材料としてのなめらかな流れの達成には，以下に示す生態系循環時間を考慮した構成素材個々に対する精密な認識とその

第1章 木質系有機資源の潜在量と循環資源としての新しい視点

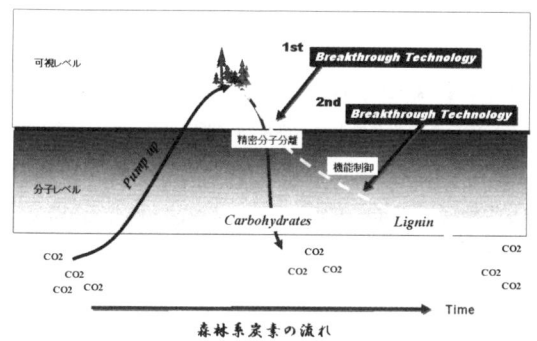

図6 森林資源のなめらかな循環を導くために必要な要素技術

変換制御技術が必要となる(図6)。
① 炭水化物およびリグニンの分子レベルでの高度な複合系を解放する技術。
② 長期循環資源であるリグニンをその循環設計を逐次活用することによって,多段階的に機能材料として活用する技術。
③ 短期循環資源である炭水化物の効果的な機能変換と活用技術。

植物系バイオマスの効果的な活用を目指し,これまで,そして現在世界的に様々なプロセスが提示され,検討されている。しかし,そのほとんどの取り組みにおいて,分子解放プロセス以前に素材個々に対する精密な分子設計と変換制御設計は行われておらず,その結果,糖質とともに高エネルギーの分離環境に高度に対応したリグニン誘導体(高変性リグニン)が排出される。現行プロセスは使いやすい糖質の利用のみに特化しており,リグニンはそのほとんどが機能的に利用されることなくエネルギー変換(燃焼)あるいはそのまま廃棄されている。

IEA によると,地下に埋蔵された石油資源は2004年にその約半分が消費され,あと約50年程度で枯渇するとされている。我々は,石油パニックが起こる前にそれに代わる資源を持続的に確保するシステムを確立しなければならない。芳香族系素材は毒性が高く,通常の生物システムにおいては必要な機能を発現した後,そのほとんどが体外排出され,体内に高度に蓄積されることはない。その中で,高分子化により無毒化されるとともに樹体をささえ,紫外線から身を守る重要な素材として樹体内に高度に濃縮,蓄積された芳香族系物質,それがリグニンである。植物資源をポスト石油資源とするためには,芳香族系素材,脂肪族系素材,両者の持続的確保が必須となる。生物系素材の中で,リグニンは唯一その量,質ともにポスト石油系芳香族化合物としてのポテンシャルを有する資源なのである。

5 持続的工業ネットワーク

持続的な社会を構築するためには,再生されない地下隔離炭素(化石資源)を基盤としたシステムから脱却し,持続的な資源を基盤とする高度物質循環型社会へと早急に転換しなければならない。我が国は石油資源を有しないが,そのルーツの一つである膨大な森林資源とその持続的な管理技術を保有している。

林業:炭酸ガスを高次複合体へと組み上げる光合成の効率化を図る。

木材工業:ポテンシャルが最大となった高次複合体(木材)を機能材料へと形状成形加工を行う。

古くからあるこれらの活動は,分子に一切手を加えてはいない。形にこだわったとき,そこには膨大な廃棄物が存在することになるが,一方視点を分子レベルに落とすと,そこには一切ゴミはなく,すべてが同等のポテンシャルを有する分子素材原料である。

したがって,これまで通り,可視レベルでその形状を利用した後,精密に分子複合系を解放する分子分離工業へと素材をフローさせる。そして,現行木材工業と化学工業の間に植物構成素材の特性を生かす循環型材料を創製する植物系分子素材工業を創成する。素材の構造,機能を精密に制御しながら機能材料として前進型に活用し,高度に構造を単純化した段階で機能材料を生み出す精密化学工業へと誘導する(図7,8)。そして,このような工業ネットワークユニットを各地に散在させる。さらに,個々の工業ネットワーク間をネットワークで結びマテリアルインター

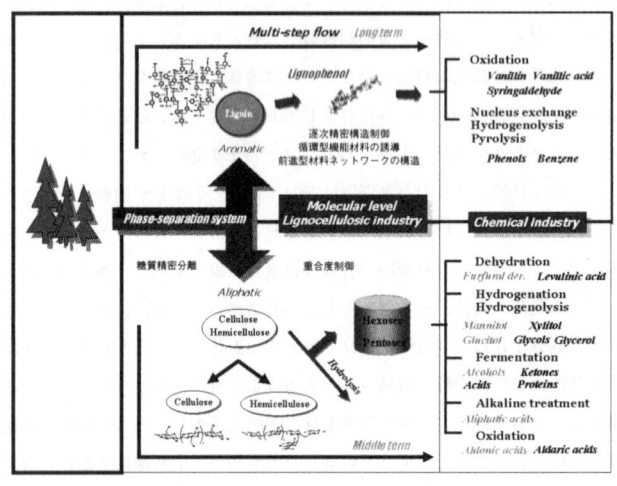

図7　森林資源の逐次構造制御によって誘導されるケミカルス

第1章　木質系有機資源の潜在量と循環資源としての新しい視点

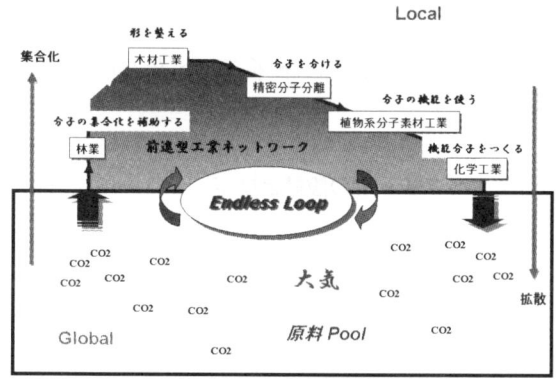

図8　21世紀型持続的工業ネットワーク

ネットワークを構築する。これによって地域間の不均衡をユニット間での補い合いにより常時是正することが可能となり、高度なそして持続的な（安定した）社会が構築されるであろう。

6　おわりに

環境共生型社会，持続的社会の構築には，グローバルな視野で物質の流れを認識し，それを材料の流れに再現する全く新しい工業システムの創成，そしてそのような多段階型の材料フローを総体として評価し，その上で上流側から順に価値（価格）を定める全く新しい経済学（循環経済学）の創成が必要となる。

文　　献

1) 阿部勲ほか，"木材科学講座I"，海青社，p.12 (1998)
2) I. S. Goldstein, *Science*, **189**, 847(1975)

第2章　細胞壁分子複合系の新展開

1　循環型ウッドプラスチックの設計と誘導

永松ゆきこ[*1]，舩岡正光[*2]

1.1　はじめに

　相分離系変換システム[1～3]では機能環境媒体の選定により炭水化物およびリグニンの機能化レベルを制御可能であるが，植物細胞壁の強固なIPN（高度侵入高分子網目）構造を効果的に解放するための必要条件として，水系機能環境媒体が炭水化物のフレームワーク構造を膨潤させるのに十分な酸強度を有する必要がある。95％リン酸水溶液はセルロースの結晶領域まで膨潤させ[4～6]，なおかつそのβ-グルコシド結合を高度に保持させることが可能であり，これを本システムにおける水系機能環境媒体として用いることによって，炭水化物の凝集構造を解放しつつ三次元ネットワーク構造を形成した天然リグニンを1,1-ビス（アリール）プロパン型構造を基本ユニットとするリグノフェノールへと効率的に変換，リグノフェノール-炭水化物（LC）複合体を誘導可能である[7]。

1.2　加水分解制御型相分離系変換システムによるLC複合体の誘導

　任意のフェノールを収着したリグノセルロース系素材に95％リン酸を添加し，激しく撹拌すると，水系機能環境媒体として72％硫酸を用いた場合に比べて反応系の粘度は著しく上昇し，長時間その高粘度状態が維持される。これは，72％硫酸が炭水化物に対して高い膨潤・溶解能を有し，迅速に加水分解が進行するのに対して，95％リン酸は炭水化物の膨潤を促進しながらその加水分解は高度に抑制することに起因している（加水分解制御型相分離系変換システム）（図1）[8,9]。50℃，一時間の反応後，水不溶画分として得られるLC複合体の収率は約80％であり，さらに水溶性画分における組成分析の結果，そのほとんどがヘミセルロース由来の単糖であることから，セルロースの主鎖開裂はほとんど生じていないといえる（図2）[9]。

1.2.1　循環型ウッドプラスチックとしてのLC複合体の特性

　LC複合体は淡桃色の微粉末状であり，一見すると微粉砕した木粉のような外観を呈しているが，木粉が有する組織構造は一切認められず，分子レベルでの構造変換が生じていることがわか

---

　*1　Yukiko Nagamatsu　三重大学　生物資源学部，科学技術振興機構　研究員
　*2　Masamitsu Funaoka　三重大学　生物資源学部　教授

第2章 細胞壁分子複合系の新展開

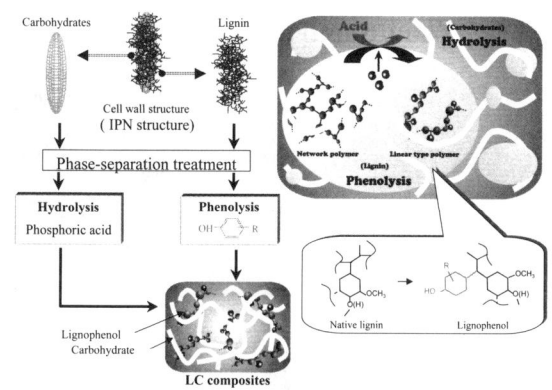

図1 加水分解制御型相分離系変換システム

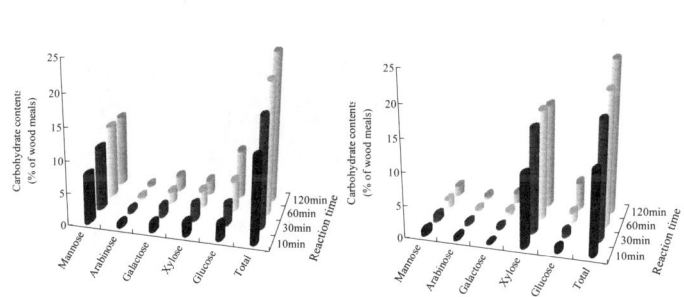

図2 水溶性区分の糖組成分析

る(図3)。また,リグノフェノールが可塑化する150℃~170℃付近の温度領域で総体として高度に流動化するため,注型成形などによってあらゆる形状に成形可能であり(図4),粉砕-再成形を数回繰り返しても大きな素材劣化は認められない。さらにアセトン等による溶媒抽出操作によって,LC複合体よりリグノフェノールを容易に分離することが可能であり,あるいは72%硫酸系相分離システムによって,リグノフェノールと水溶性炭水化物へと分離・変換することも可能である[9~12]。

1.2.2 LC複合体の逐次機能コントロール

LC複合体は,炭水化物およびリグノフェノールの分子構造を活用することにより,様々な誘導体へと変換することが可能である[9~13]。図5,6に各種LC誘導体のTMAパターンおよびLC

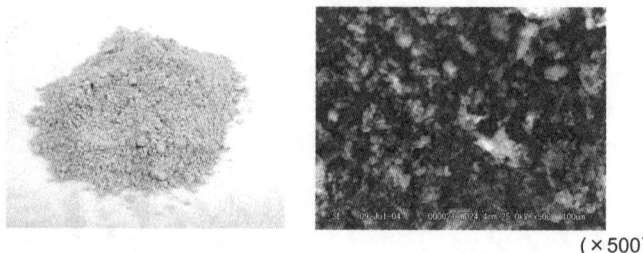

図3 木粉とLC複合体の外観およびSEM写真

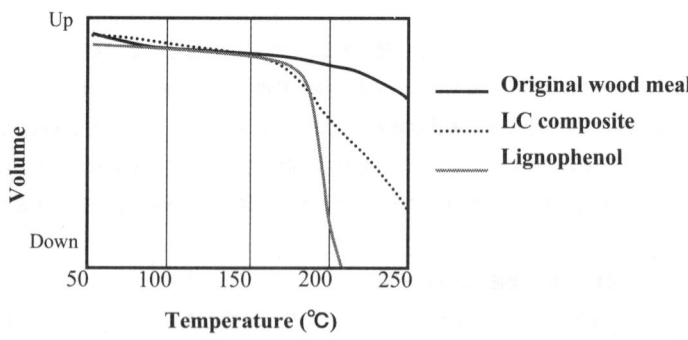

図4 木粉およびLC複合体リグノフェノールのTMAチャート

第2章 細胞壁分子複合系の新展開

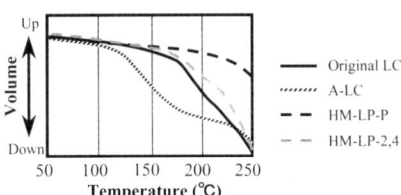

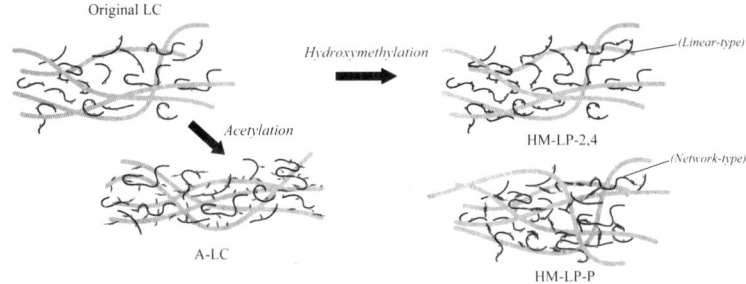

図5 各種 LC 誘導体の TMA チャート

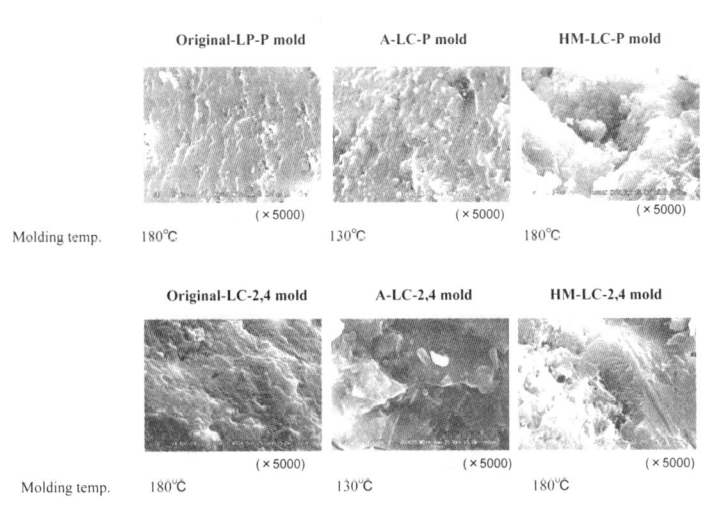

図6 各種 LC 成形体断面の SEM 写真

木質系有機資源の新展開

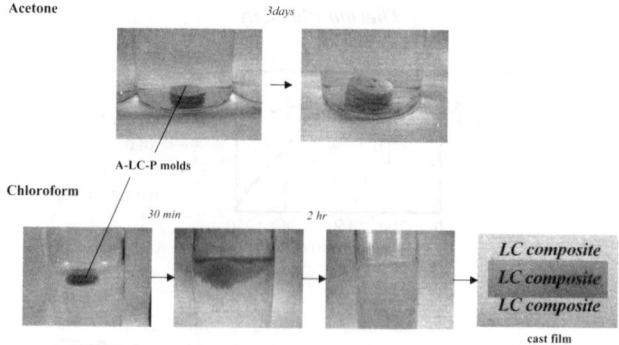

図7 アセチル化LC成形体の溶媒溶解性およびキャストフィルム

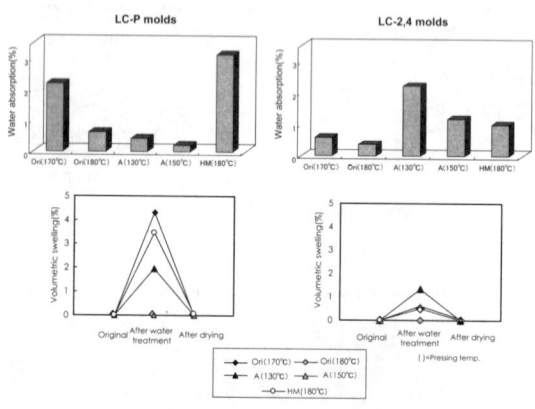

図8 各種LC成形体の水処理時における吸水性および体積膨張率

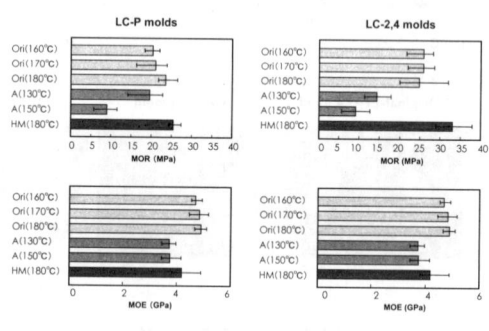

図9 各種LC成形体の曲げ破壊強度および曲げ弾性率

第2章 細胞壁分子複合系の新展開

誘導体より得られた LC 成形体の断面 SEM 写真を示す。LC 複合体分子内に多数存在する水酸基をアセチル化することによって得られる LC 複合体 (A-LC) の可塑化温度は大幅に低下し,130℃程度の比較的低温領域での成形プロセスで,極めて緻密な連続相からなる高耐水性成形体が誘導される。さらに,総体としてクロロホルムに溶解し,キャスト法にてフィルム化することが可能であることから,リグノセルロース系資源の新しい利用分野として高いポテンシャルを有していると考えられる (図7)[9,13]。また,加水分解制御型相分離系変換システムにおける有機系機能環境媒体として p-置換フェノール (p-クレゾールなど), p,o-二置換フェノール (2,4-ジメチルフェノールなど) を選定することによって誘導される LC 複合体のうち,前者 (LC-P) をメチロール化後180℃程度の温度で成形すると,内部に多数の空隙を有するため,ある程度の吸水・膨張特性を発現しながら高い寸法安定性を保持し,なおかつ機械的特性に優れた成形体が得られる(図8,9)。これはその C1-クレゾール核上にメチロール基を多数有するリグノ-p-クレゾールが成形工程時に三次元架橋構造を形成し,セルロースのマトリクスを効果的に固定したことに起因する。一方,後者の LC 複合体 (LC-2,4) から誘導された成形体はオリジナルな LC 成形体と同等の緻密な内部構造を有しながら,曲げ破壊強度 (MOR) および曲げ圧縮強度 (MOE) はともにオリジナル LC 成形体よりも優れた特性を示す。これは LC 分子内のメチロール化リグノ-2,4-ジメチルフェノールが分子末端のフェノール性芳香核上で優先的に架橋した結果,リニア型に高分子化し,流動性は保持したままその粘結性が増大することに起因する。また,両 LC 複合体はリグノフェノールのスイッチング機能 (C1-フェノール核の C2炭素への隣接基関与効果) の発現によって,その高次構造を解放しつつセルロースマトリクスと分離可能である[9,12]。

1.3 おわりに

LC 複合体は加水分解制御型相分離系変換システムにてリグノセルロース系複合体のセルロース結晶内膨潤とリグニンのベンジルアリールエーテル結合への選択的フェノールグラフティングを同時に達成することによって,炭水化物-リグニンによって形成された IPN 構造を選択的に解放したプラスチック系材料として応用可能である。これは,従来,切削加工あるいは合成接着剤での集合化成形加工に限定されていた木質系材料に新しい可能性をもたらす新素材である。また,必要時にはさらなるリファイニング手法によってリグノフェノールと炭水化物とを分離することが可能であることから,リグノセルロース系資源の逐次的フローシステムにおいて,最も上流側に位置されるべき前進型リサイクル素材であるといえる (図10)。

木質系有機資源の新展開

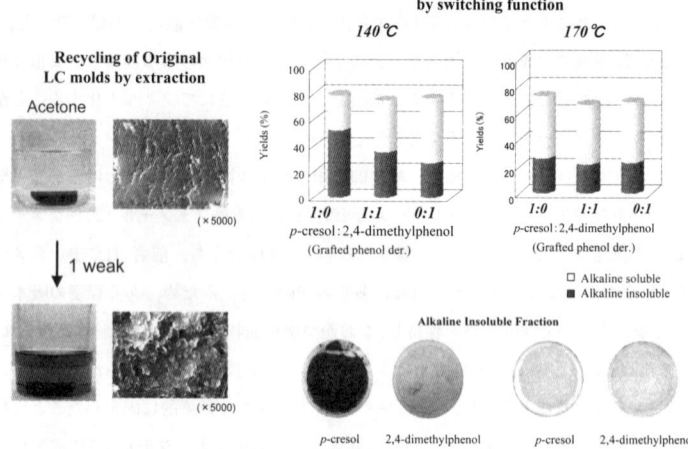

図10　各種LC成形体のリサイクル特性

文　　献

1) M. Funaoka et al., Tappi. J., **72**, 145 (1989)
2) M. Funaoka et al., Biotechnol. Bioeng., **46**, 545 (1995)
3) M. Funaoka, Polym. Int., **47**, 277 (1998)
4) A. Ekenstam, Svensk Papperstidn, **45**, (1942) ; Chem. Abstr., **36**, 6339 (1942)
5) S. N. Danilove et al., Z. h. Obsch. Khim., **26**, 3014 (1956)
6) S. Wei et al., Int. J. Pharm., **142**, 175 (1996)
7) 森田修二, 修士論文, (2001)
8) 舩岡正光, 特開2001-066429
9) 上原みよ子, 修士論文, (2003)
10) 金田哲也, 卒業論文, (2003)
11) M. Uehara et al., Trans. Material Res. Soc. J., **26**, 825 (2001)
12) M. Uehara et al., Material Sci. Res. Int., **10**, 84 (2004)
13) 金田哲也ほか, 第53回高分子学会予稿集, 5475 (2004)

2 無機質複合化による機能開発

坂　志朗*

2.1 はじめに

　無機質複合化による木材の機能開発研究は，無機物を木材中に導入することにより木材にない機能・性能を付与して，より良い木質複合材料を開発するものであるが，木材そのものの持つ良さを損なわないことが大前提にある。むやみに木材細胞空間を無機物で埋め尽くしたのでは，木材の軽くて強く断熱性に優れた特性を維持することは困難である。そこで著者は，金属アルコキシドのゾル-ゲル反応を木材に応用し，無機質複合化による機能発現のトポ化学について研究を進めてきた。この無機質複合化の最大の狙いは，木材の持つ「(寸法が)狂う」「燃える」「腐る」という性質を欠点としてとらえ，木材そのものの本来的な良さを失うことなく，環境に優しい形で諸機能を効果的に発現させることにある。そのため，木材の持つ多孔質特性をできる限り維持した形での無機質複合化木材の調製条件を検討し[1〜12]，有機系ケイ素アルコキシ化合物をSiO_2ゲルと共複合することで，木質材料に新たな機能を付与することを試みた[10〜15]。

2.2 ゾル-ゲル法

　ゾル-ゲル法とは，金属の有機および無機化合物の溶液をゲルとして固化し，ゲルの加熱によって酸化物の固体を作る方法である[16]。一般に，金属アルコキシド $M(OR)_n$（M；Si，Ti，Ba，Zrなどの金属，R；アルキル基，n；金属の酸化数）を用い，金属アルコキシド-アルコール-水-触媒の混合溶液を出発物質とする。金属アルコキシドを25〜80℃で加水分解し重縮合させると，金属酸化物の微粒子が生成し，ゾル-ゲル反応を経て溶液はゾルとなり，さらに反応が進むと湿潤ゲルとなる。木材の無機質複合化では，この湿潤ゲルを100℃程度の加熱処理で乾燥ゲルとして木材細胞中に生成させて，無機質複合化木材を得る。すなわち，木材中の水を開始剤として，金属アルコキシド-アルコール-酢酸（触媒）（モル比，1：1：0.01）の系に減圧下または常圧にて木材を浸漬させた後，50〜60℃で1日，その後105℃でさらに1日程度処理し，金属酸化物のゲルを木材細胞中に生成させて，無機質複合化木材を調製する[3,5,16]。この反応系に有機系金属アルコキシ化合物を添加すると無機・有機共複合の木質材料が調製し得る[10〜15]。

---

*　Shiro Saka　京都大学　大学院エネルギー科学研究科　教授

2.3 諸機能発現のトポ化学

木材にない機能・性能を付与した高機能性木質材料の開発では,木材の良さを損なわずに,環境に優しい形で,いかに効果的に新たな機能を付与し得るかが課題である。無機質複合化においても,無機物がただ単に木材細胞内に複合化されるのではなく,わずかな無機物で最大限の効果を誘引し得るサイトに無機物を複合させることが重要である。この複合化での無機物分布の場所の効果をここでは"トポ化学的効果"と呼ぶが,最も効果的なトポ化学的効果の誘引にはどのような無機質複合化が適切なのか,また,無機・有機共複合においての有機ケイ素化合物のトポ化学的効果はどうなのか,以下に諸機能の発現のためのトポ化学について述べる。

2.3.1 無機物の細胞内分布

無機物の木材細胞内分布は,用いる金属アルコキシドの種類と木材の含水状態の違いによって異なることが,近年明らかになってきた。すなわち,調湿試片を用いる場合と飽水試片を用いる場合とでは,同じ金属アルコキシドを用いても無機物の細胞内分布が異なる。

図1には,無機質複合化木材の無機物分布のタイプを示す[3]。また表1には,生成する無機物のゲル組成とその分布のタイプを各種金属アルコキシド(または金属キレート)/アルコールの反応系についてまとめた[3-5]。調湿試片とは,繊維飽和点以下の含水率を有するもので,結合水のみが木材細胞壁内に存在するのに対し,飽水試片では,結合水に加えて自由水が細胞内腔にも存在する。このように,水の分布の異なる試片を用いると,金属アルコキシド(または金属キレート)との組合せで異なった無機物の分布を持つ無機質複合化木材が得られる。

細胞壁内のみに選択的に無機物を生成(タイプⅠ)させるには,ケイ素アルコキシド,ホウ素アルコキシドまたはリンアルコキシドを調湿試片に用いるとよい(図2a参照)。この場合,無機物による重量増加率(WPG)が10%程度と低い無機質複合化木材となる。しかし,飽水試片では,内腔にも水があるため,たとえばケイ素アルコキシドでは図2bのようにタイプⅣのような無機物の分布となり,WPGは図2bのように100%を越えることがある。

これらの系では,無機物の分布はほぼ試片に含まれる水の分布に近いものとなっている。ところが,Ti,Al,Zrなどのアルコ

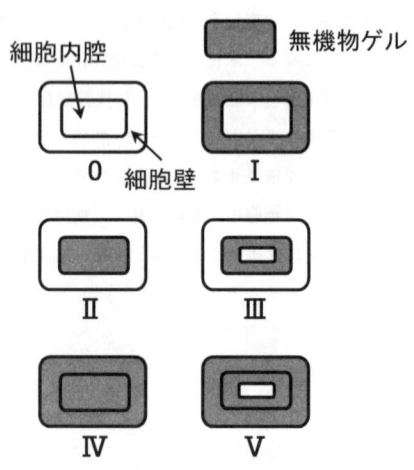

図1　無機質複合化木材の無機物分布の分類[3]

第2章　細胞壁分子複合系の新展開

表1　各種金属アルコキシド/アルコール系及び金属キレート/アルコール系で生成する無機物ゲルとその分布のタイプ[3~5]

金属アルコキシド/ 金属キレート	アルコール	無機ゲル	無機物分布のタイプ	
			調湿試片	飽水試片
Si (OCH$_3$)$_4$	MeOH	SiO$_2$	I	IV
Si (OC$_2$H$_5$)$_4$, (TEOS)	EtOH	SiO$_2$	I	IV
Si (OC$_3$H$_7$)$_4$	i-PrOH	SiO$_2$	I	IV
Ti (OC$_3$H$_7$)$_4$, (TPT)	i-PrOH	TiO$_2$	II, III	O
Ti (OC$_4$H$_9$)$_4$, (TBT)	n-BuOH	TiO$_2$	II, III, V	O
Ti (OC$_7$H$_{15}$)$_4$, (TOT)	n-BuOH	TiO$_2$	II, III, V	O
Ti chelate, (TAA)	i-PrOH	TiO$_2$	I	—
Ti chelate, (TAT)	i-PrOH	TiO$_2$	I	—
Al (OCH (CH$_3$)$_2$)$_3$	i-PrOH	Al$_2$O$_3$	III	O
Al (OC$_2$H$_5$)$_3$	EtOH	Al$_2$O$_3$	III	O
Zr (OC$_2$H$_5$)$_4$	EtOH	ZrO$_2$	III	O
B (OCH$_3$)$_3$	MeOH	B$_2$O$_3$	I	IV, V

TEOS：tetraethoxysilane, TAT：di-n-butoxy bis (triethanolaminato) titanium
TOT：tetrakis (2-ethylhexyloxy) titanium, TBT：tetra-n-butoxytitanium,
TAA：diisopropoxy bis (acetylacetonato) titanium, TPT：tetraisopropoxytitanium

キシドでは調湿試片を用いてもタイプIの分布とはならず，タイプIIまたはIIIに見られるような細胞内腔を充填または包囲するような無機物の分布となる（図2c参照）。一方，飽水試片を用いた場合には，無機物を細胞内腔にも細胞壁内にも生成させることができず，試片の外側を無機物が覆うのみである。

しかし，チタンアルコキシドのうち，表1に示すTBTやTOTでは，図2dに見られるように，調湿試片において細胞壁内と同時に内腔部にも無機物を生成する。一方，チタンキレートの一種（TAAまたはTAT，表1参照）を調湿試片に用いると，図2aのケイ素アルコキシドで見られるように細胞壁内に選択的に無機物を生成するタイプIとなることが見い出されている（図2e参照）[4]。

これらの異なった無機物の細胞内分布は，金属アルコキシドまたは金属キレートの加水分解速

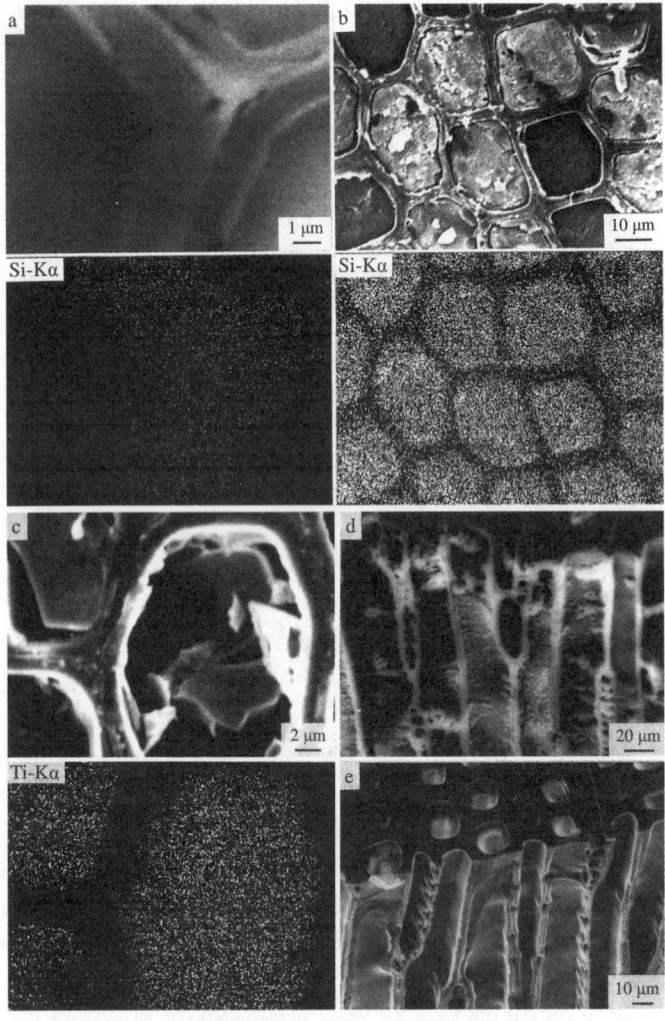

図2 無機質複合化木材のSEM写真（a～e）とそれに対応するSi-KαX線および Ti-KαX線のマッピング（下段）[4~7]
 a) 調湿試片からの細胞壁内生成 SiO_2 無機質複合（9.5WPG）
 b) 飽水試片からの細胞内腔生成 SiO_2 無機質複合（122WPG）
 c) 調湿試片からの細胞内腔生成 TiO_2 無機質複合化（45WPG）
 d) TBTによる細胞内腔及び壁内生成 TiO_2 無機質（18.8WPG）
 e) TAAによる細胞壁内生成 TiO_2 無機質複合化木（15.4WPG）

第2章　細胞壁分子複合系の新展開

表2　無機・有機共複合に用いたアルコキシシリル基を含む有機ケイ素化合物

付与機能	有機ケイ素化合物	官能基, R	文献
吸水防止性（撥水性），溶脱防止性	TFPTMOS	$-CH_2CH_2CF_3$	10)
	DTMOS	$-(CH_2)_9CH_3$	10)
	HFOETMOS	$-CH_2CH_2(CF_2)_7CF_3$	10)〜15)
寸法安定性，耐熱性	IPTEOS	$-CH_2CH_2CH_2-N=C=O$	6)
	EETMOS	$-CH_2CH_2-\overset{O}{\underset{}{\triangle}}$	6)
	VTMOS	$-CH=CH_2$	6)
	MPTMOS	$-CH_2CH_2CH_2-O-\underset{\parallel\ O}{\overset{CH_3}{C}}=CH_2$	6)
防菌・防かび性	TMSAC	$-CH_2CH_2CH_2-\underset{CH_3}{\overset{CH_3}{N^+}}-C_{18}H_{37}\cdot Cl^-$	13)
	TMSAH	$-CH_2CH_2CH_2-\underset{CH_2COO^-}{\overset{CH_3}{N^+}}-C_{10}H_{21}$	14)
	TMSOA	$-CH_2CH_2CH_2-N\overset{H}{\underset{C_8H_{17}}{\diagdown}}$	15)

TFPTMOS：3,3,3-trifluoropropyltrimethoxysilane, DTMOS：Decyltrimethoxysilane
HFOETMOS：2-heptadecafluorooctylethyltrimethoxysilane,
IPTEOS：3-isocyanatepropyltriethoxysilane,
EETMOS：β-(3,4epoxycyclohexyl) ethyltrimethoxysilane,
VTMOS：vinyltrimethoxysilane, MPTMOS：α-methacryloxproplytrimethoxysilane,
TMSAC：3-trimethoxysilylpropyldimethyloctadecyl ammonium chloride,
TMSAH：3-trimethoxysilylpropyl (carboxymethyl) decylmethyl ammonium inner salt,
TMSOA：3-trimethoxysilylpropyloctanamine

度とそれに続く重縮合反応によるゾル化速度に依存するものと思われる。金属アルコキシドの加水分解・重縮合速度は，常温で

$$Si, B < Al, Zr < Ti$$

の順に大きくなる。さらに同一の金属でアルコキシ基（$C_nH_{2n+1}O-$）が異なるものについては，nが小さい程，その速度は大きくなる[5]。この加水分解・重縮合速度の差が無機物の細胞内分布の違いを生じさせている[3]。しかし，これを木材に直接反応させると，木材成分中の水酸基との間でC-O-Si結合が形成されるが，この結合は不安定で解離し，有効成分が経時的に溶脱する。したがって，木質材料に新たに機能を付与するために無機・有機共複合が有効な手段であると言える。表2には，この目的で用いた有機ケイ素化合物とその官能基R及び付与される機能を示

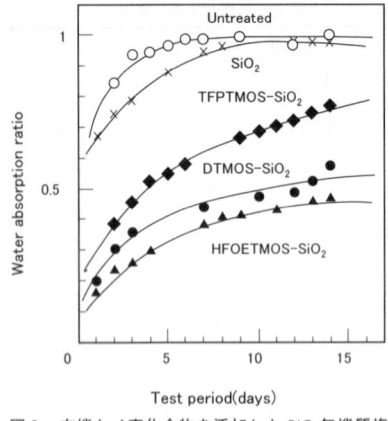

図3 有機ケイ素化合物を添加したSiO₂無機質複合化木材の吸水防止性[10]

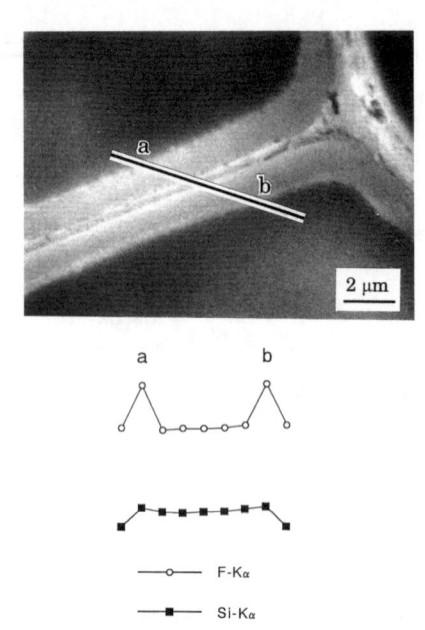

図4 HFOETMOS-SiO₂無機・有機共複合体でのSEM-EDXA分析によるHFOETMOS成分とSiO₂ゲルの細胞内分布[17]

した。

2.3.2 吸水防止性（撥水性）

図3には，SiO₂無機質複合化木材の調製溶液であるTEOS/EtOH/酢酸（モル比，1:1:0.01）の反応系に，改質剤として長鎖アルキル基やパーフロロアルキル基を有する有機ケイ素化合物を，モル比で0.01添加して得られた無機・有機共複合体の吸水比を示している。SiO₂無機質複合化木材および無処理木材と比較して，有機ケイ素化合物を添加した共複合体は吸水比が低く，新たに撥水性能が付与されている[10]。

図4には，SEM-EDXA法によるHFOETMOS成分中のフッ素とSiO₂ゲルのケイ素の細胞壁内分布を示している。SiO₂ゲルが細胞壁内に均一に分布しているのに対し，HFOETMOS残基は細胞壁と内腔部との界面に位置している。このHFOETMOS残基は分子量が大きく疎水性であるため，細胞壁内への浸透が困難で，細胞内腔表面に位置しており，末端のトリメトキシシリル基が細胞壁のSiO₂ゲルと加水分解を経て化学結合し，細胞内腔表面に固定されている[17]。

このようなパーフロロアルキル基を有する有機ケイ素化合物は，撥水剤として有用であるが，

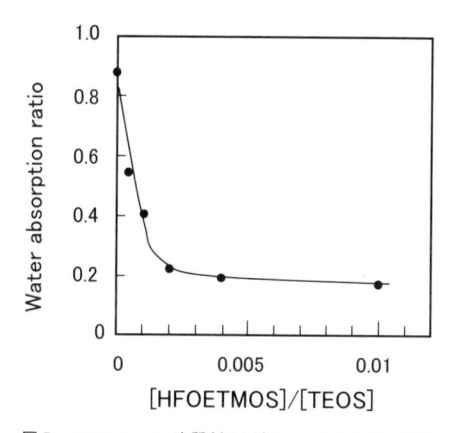

第2章　細胞壁分子複合系の新展開

図5　HFOETMOS 改質剤を添加した SiO_2 無機・有機共複合木材の10日間水浸漬時での吸水防止性[11]

フッ素が含まれるため，環境保全上使用量を極力制限することが望ましい。図5は，TEOSに対する HFOETMOS のモル比を変えた各種 HFOETMOS-SiO_2 共複合体に対し，10日間の水浸漬処理での吸水比を示している。HFOETMOS の添加量の増加に伴い吸水比が低下しているが，モル比0.002程度より高濃度で横ばい状態になっている[11]。したがって，微量の HFOETMOS の添加で撥水効果が効果的に発現し得ると言える。これは，反応溶液中での HFOETMOS の分散性とも関連し，いかに効果的に，分散良く，有機ケイ素化合物を木質材料中に分布させるかが，効率的な撥水効果の誘引につながるものと結論できる。

2.3.3　防菌・防かび性

防菌・防かび性，防腐性を付与することによる木質材料のロングライフ化の試みは，炭酸ガスの長期固定を意味し，地球環境保全の立場から重要である。しかし，これまでこの目的で木材に使用されてきたクレオソート油や CCA 薬剤は，防腐処理剤として優れているが，前者は溶脱による土壌や河川の汚染のため，環境に与える負荷は避け難い。また CCA 薬剤は，銅（Cu），クロム（Cr），ヒ素（As）からなり，水溶性であるため溶出しその毒性が問題となる。更に，廃棄・焼却の際，As_2O_3 が昇華し大気を汚染するなど，環境保全上の立場から問題が多い。一方，病原性大腸菌 O 157による集団食中毒の発生でみられるように，防菌 防かび性，殺菌性などに対する社会的要求は著しく高く，その半永久的な効果の持続と安全性を保持した材料や処理剤の開発が急務である。

そこで著者らは，4級アンモニウム塩（TMSAC）[13]や腐朽菌の生産するシュウ酸に対しても安定なアルキルベタイン型官能基を有する有機ケイ素化合物（TMSAH）[14]，さらにはアミン型の有

表3 白色腐朽菌及び褐色腐朽菌による各種無機・有機共複合木材の重量減少[13,14]

複合体*	重量減少（%）**	
	白色腐朽菌 (Coriolus varsicolor)	褐色腐朽菌 (Tyromyces palustris)
無処理木材	10.7	7.9
SiO_2	11.4	4.3
TMSAC	5.1	5.3
TMSAC-SiO_2	3.0	4.0
HFOETMOS-(TMSAC-SiO_2)	0	0
TMSAH	8.0	0
TMSAH-SiO_2	1.3	0
HFOETMOS-(TMSAH-SiO_2)	0	0

* TEOS/EtOH/AcOH（モル比，1：1：0.01）にTMSACまたはTMSAHをモル比で1/1000添加した系におけるデータ
**腐朽試験は，温度26℃，相対温度55-65%の条件下，8週間の期間でおこなった際の重量減少を示す

機ケイ素化合物（TMSOA）[15]をケイ素アルコキシドを用いたゾル-ゲル反応系に少量添加し，防菌・防かび性SiO_2無機・有機共複合木材の創製を試みた。その結果，無処理材，SiO_2無機質複合化木材に比較して，TMSAC-SiO_2共複合体及び，前述の撥水性有機ケイ素化合物（HFOETMOS）を少量添加（モル比でTEOSに対し0.004）して調製したHFOETMOS-(TMSAC-SiO_2) 共複合体では菌の生育が認められず[13]，SiO_2複合体＜TMSAC木材＜TMSAC-SiO_2共複合体＜HFOETMOS-(TMSAC-SiO_2) 共複合体の順に，白色腐朽菌に対する防菌効果が向上した。また，同様の結果が褐色腐朽菌でも確認できる（表3）[13]。

しかしながら，TMSACは腐朽菌の生産するシュウ酸は不安定であるため，シュウ酸に安定な両性イオン型のTMSAHを用いて同様の検討を行った。その結果，表3に示すようにTMSAH木材及びTMSAH-SiO_2無機・有機共複合木材は共に，褐色腐朽菌に対して高い防菌効果を示した。さらに，TMSACにHFOETMOSを少量添加することで，より高い抗菌性を有する無機・有機共複合木材が得られた（表3）[13,14]。すなわち，図6には，各種TMSAC-SiO_2共複合体での土中埋没試験による重量減少を示しているが，HFOETMOS-(TMSAC-SiO_2) 共複合体は，HFOETMOSの添加により撥水性が付与され，長期に渡って高い防菌・防かび性を維持している[14]。しかしながら，TMSACを直接木材に反応させて得たTMSAC木材はその結合が不安定で，経時的にその効果が失活している[13]。

2.3.4 耐蟻性

シロアリは木材を食害する害虫の代表とされるものであり，枯渇しつつある木質資源の長期的な有効利用を考える上で，避け難い対象である。そこで日本に棲息するヤマトシロアリ

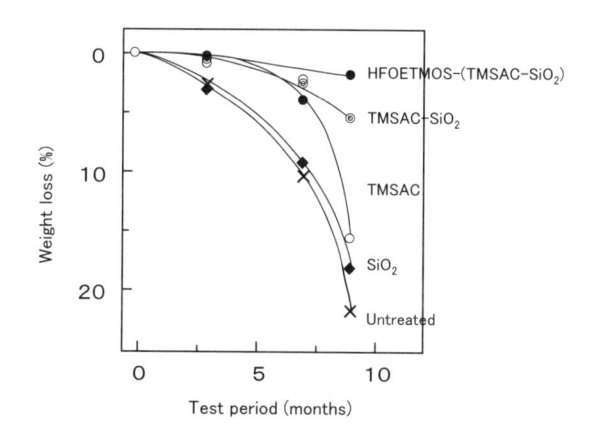

第 2 章　細胞壁分子複合系の新展開

図6　土中埋没試験による各種無機・有機共複合木材の重量減少変化[13]
　a）無処理木材
　b）SiO$_2$無機質複合化木材（6.5WPG）
　c）TMSAC 木材（1.0WPG）
　d）TMSAC-SiO$_2$無機・有機共複合木材（5.6WPG）
　e）HFOETMOS-(TMSAC-SiO$_2$)無機・有機共複合化木材（7.0WPG）

(*Reticulitermes speratus* KOLBE.)[3,6]及びイエシロアリ（*Coptotermes formosanus* SHIRAKI)[18]を用いて，各種無機質複合化木材の耐蟻試験を行なった。

図7には，ヤマトシロアリによる試験結果を示す。縦軸は死虫数，横軸は試験期間を示し，耐蟻効果が高いほど短期間で死滅する。すなわち無処理木材に比べて，細胞壁内，内腔部共に無機物が生成した WPG70％の SiO$_2$無機質複合化木材（タイプⅣ）では，シロアリの食害に対して無機物のブロッキングによる耐蟻効果が見られる。同様にタイプⅠの SiO$_2$無機質複合化木材でも，WPG が10％とわずかながら耐蟻性が向上している。ところが，細胞内腔に無機物を生成した TiO$_2$，Al$_2$O$_3$無機質複合化木材では WPG が数％と低いこともあり，耐蟻効果が極めて低い。図8には，イエシロアリによる同様の試験結果を示しているが，タイプⅠの SiO$_2$無機質複合化木材には耐蟻効果が認められない。しかし，ホウ素成分を微量添加した TMSAC-SiO$_2$共複合体ではその効果が明確である[18]。SiO$_2$無機質複合化木材でのヤマトシロアリとの食害の差は，イエシロアリが最も加害の激しい種の一つであるためである[19]。

2.3.5　光劣化抵抗性

SiO$_2$無機質複合化反応系に，ベンゾフェノン系（BP）及びベンゾトリアゾール（BTA）紫外線吸収剤を添加して得られた BP-SiO$_2$及び BTA-SiO$_2$複合化木材について紫外線照射を行い，光劣化抵抗性を検討した結果，BP-SiO$_2$複合化木材で良好な光劣化抵抗性が得られた。さらに，

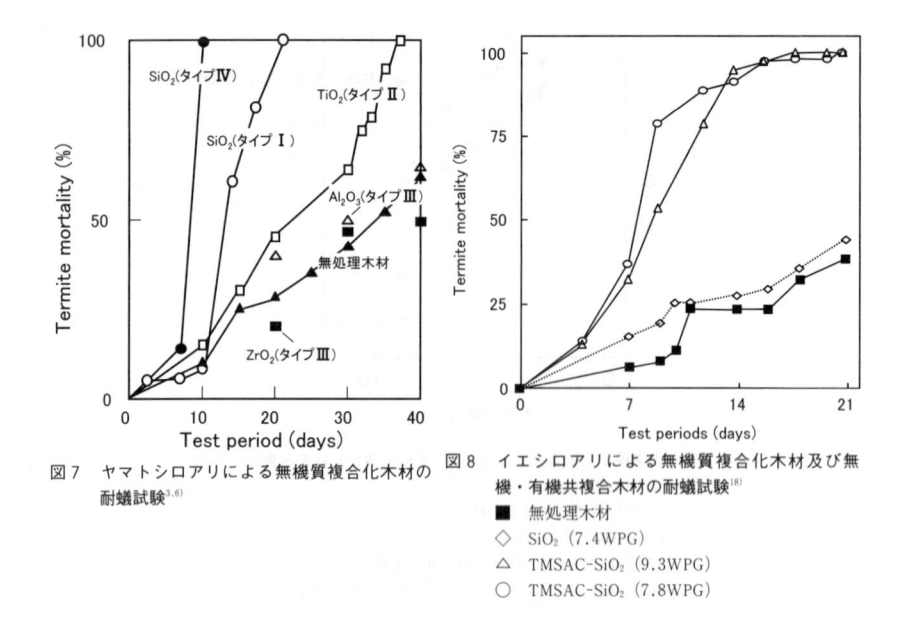

図7 ヤマトシロアリによる無機質複合化木材の耐蟻試験[3,6]

図8 イエシロアリによる無機質複合化木材及び無機・有機共複合木材の耐蟻試験[18]
■ 無処理木材
◇ SiO_2 (7.4WPG)
△ TMSAC-SiO_2 (9.3WPG)
○ TMSAC-SiO_2 (7.8WPG)

BPの添加モル比が大きい反応溶液を用いて得られたBP-SiO_2複合化木材で光劣化抵抗性に優れることが明らかとなった。溶脱試験を行った結果，BP及びBTAの添加モル比が高い複合体の方が無機物の溶脱防止に優れていた。光劣化抵抗性，無機物の溶脱防止性が共に優れていたBP0.1-SiO_2複合化木材について溶脱試験後，IR測定を行った結果，ある程度の光劣化抵抗性が保持されることが分かった。

2.4 おわりに

吸水防止性（撥水性），溶脱防止性及び防菌・防かび性のように外界から影響を受ける因子については，長鎖アルキル基やパーフロロアルキル基などの疎水基を有する有機ケイ素化合物の改質剤が細胞内腔表面を被覆することで，効果的に機能が発現される。一方，耐蟻性などの木材細胞組成と密接に関連している物性については，無機物や有機ケイ素化合物が木材実質と隣接した形で細胞壁内に取り込まれることが機能発現に有効である。したがって，無機質複合化及び無機・有機共複合木質材料の機能発現には，無機物および改質剤のトポ化学的効果が存在していると結論できる。

環境問題解決が大きな課題となっている昨今，環境に低負荷な改質剤や複合化剤の導入によりこのトポ化学的効果を有効に引き出し，環境に優しいロングライフなスーパーウッドを創製する

第2章　細胞壁分子複合系の新展開

ことが重要である．本研究で得られた木質材料の耐久性向上のためのトポ化学が近い将来木質材料の化学加工の分野で利用され，この美しい地球を守るために有効利用されることを期待したい．

文　　献

1) 坂　志朗，木材工業，**50**，400（1995）
2) 坂　志朗，APAST，**30**，10（1998）
3) 坂　志朗，木質新素材ハンドブック，技報堂出版 p.461（1996）
4) H. Miyafuji, S. Saka, Wood Sci. Technol., **31**, 449(1998)
5) S. Saka, M. Sasaki, M. Tanahashi, Mokuzai Gakkaishi, **38**, 1043(1992)
6) K. Ogiso, S. Saka, ibid., **39**, 301(1993)
7) S. Saka, Y. Yakake, ibid., **39**, 308(1993)
8) K. Ogiso, S. Saka, ibid., **40**, 1100(1994)
9) H. Miyafuji, S. Saka, ibid., **46**, 74(1996)
10) S. Saka, F. Tanno, ibid., **42**, 81(1996)
11) S. Saka, T. Ueno, Wood Sci. Technol., **31**, 457(1997)
12) H. Miyafuji, S. Saka, A. Yamamoto, Holzforsch., **52**, 410(1998)
13) F. Tanno, S. Saka, K. Takabe, Materials Sci. Res. Int., **3**, 137(1997)
14) F. Tanno, S. Saka, A. Yamamoto, K. Takabe, Holzforsch., **52**, 365(1998)
15) 新谷　昇，坂　志朗，宮藤久士，第48回日本木材学会大会研究発表要旨集，日本木材学会 p.510（1998）
16) 作花済夫，ゾル－ゲル法の科学，アグネ承風社 p.8（1988）
17) H. Miyafuji, S. Saka, Materials Sci. Res. Int., **5**, 270(1999)
18) X. Zhang, 京都大学大学院エネルギー科学研究科修士論文，京都大学 p.49（1998）
19) 屋我嗣良ほか，木材科学講座12，海青社 p.98（1997）

3 機能性塗料の新展開

3.1 はじめに

青柳　充[*1], 舩岡正光[*2]

　リグノフェノール (LP) は相分離系変換システムによって森林資源の豊富な未利用炭素資源である天然リグニンからの直接誘導体であり, セルロースなどの繊維をはじめとした木質系材料となじみがよく[1,2]塗料・接着剤の双方の性能を持ちうる。この LP を用いて合成樹脂等の使用を抑制した新規な木質材料によるコーティング処理技術の開発が盛んに進められている。これまで, 様々な工業リグニンを塗料の添加剤等として用いる試みは数多くなされてきた。その多くは混合時の不均一性に基づいた顔料やフィラーとしての混合であり, 近年, オルガノソルブリグニンを用いた均一系で混合した一般塗料やインキへの応用についても検討されてきた[3]がリグニンの機能は十分に活かされてきたとは言えず, 事実, 実用化には至っていない。本節では溶媒可溶で均一系での混合が行いやすく, また疎水性, 紫外線吸収能, 木質繊維との親和性など様々な特徴を有する, 森林資源由来の高機能リグニン誘導体ポリマー LP を用いた表面処理について, ① LP 自体による表面保護, ②LP を塗料成分として均一系で混合した塗料について紹介する。いずれも LP を用いているため, 森林資源を起点とするマテリアル・フローに適合し, そのリサイクルの各段階で応用可能な事例である。

3.2 リグノフェノール表面コーティング剤 (三重県科学技術振興センター工業研究部)

　LP は木材から誘導したオリジナルのポリマー構造から様々な化学修飾を施し, 多様なリサイクル・ステージで活用することが可能である。三重県科学技術振興センターの斉藤らは, 主に ligno-p-cresol (LP-P) 並びにその誘導体を用いて木材の積層材料や表面コーティング処理を行ってきた。用いられた LP はオリジナル体のほか, 分子スイッチを作動させたリサイクル LP やメチロール化, あるいはアセチル化 LP であった。ここでは, 表面コーティング処理として, 得られた単板表面に各種 LP の溶液を塗布乾燥後, 加熱加圧することによって行った結果を紹介する。

(1) リグノフェノール表面コーティングの加工法[4～10]

　LP 誘導体として(1) Hinoki-ligno-p-cresol (H-LP-P) のオリジナル体, Methlene-linked LP-P (ML-LP-P ; メチレン架橋体), LP-P 二次誘導体-I (LP-P-2dr ; アルカリ条件下140℃処理物), 並びに LP-P-2dr の ML 体 (ML-2dr) を用いた。誘導体としてアセチル化 LP-P (Ac-LP-P) を用いた。対照として, 市販の自然塗料, 並びにウレタン塗料 (黄変タイプ) を用いた。これらの

---

* 1　Mitsuru Aoyagi　舩岡研究グループ (CREST JST)　JST CREST 研究員
* 2　Masamitsu Funaoka　三重大学　生物資源学部　教授

第2章　細胞壁分子複合系の新展開

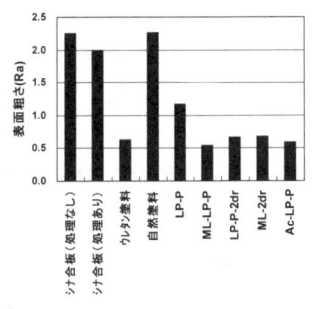

図1　各種塗膜の表面粗さ比較
（LP-P：ヒノキ-リグノ-p-クレゾール，ML-LP-P：メチロール化ヒノキ-リグノ-p-クレゾール，LP-P-2dr：ヒノキ-リグノ-p-クレゾール二次誘導体（140℃アルカリ処理），ML-2dr；メチロール化ヒノキ-リグノ-p-クレゾール二次誘導体，Ac-LP-P；アセチル化ヒノキ-リグノ-p-クレゾール）

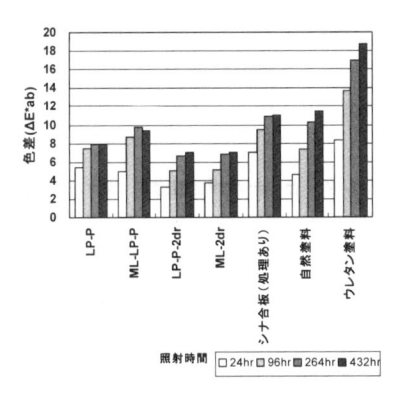

図2　耐光性試験による色差変化

表面コーティング剤をアセトンまたはTHF溶液に調製し，シナ合板に塗布した。溶媒を留去後160〜180℃，2〜8MPa，20〜30分間，熱圧プレスを行った。

(2) 表面加工品の平滑性

平滑性は市販ウレタン塗料とほぼ同等になった[6]（図1）。LP誘導体としては，ML，LP-P-2dr，ML-2drが平滑性ではウレタンとほぼ同等になったが，自然塗料，LP-Pでは粗さが大きくなった。熱圧プレスを施すことで，一般に平滑性は得られるが，LPの場合には誘導体の方がより高い平滑性を示した。

(3) コーティング表面の光変色性[4,6〜9]

波長320nm以下の紫外線をフィルターによってカットしたキセノン・ウェザーメーターを使用した光照射による材料表面の変色性を検討した結果を図2に示した。その結果，自然塗料やウレタン塗料に比べてLP表面コーティング剤の色差（ΔE^*ab）は小さい値となった。特にLP-P-2dr，ML-2drは変化が少なくウレタン塗料の黄変の目安である色差5以内に収まる傾向を示した。他方，変色が大きかったLP-Pの場合，変色した表面のコーティング剤をFT-IRで解析するとカルボニルピークが観察され，表面がダメージを受けたと考えられる[6]。

以上の結果から，加工性や光変色性ではLP-Pに対してリサイクルを施し，HM化によってネットワークを広げた構造は光に対して強くなることが判明した。このようにマテリアル・フローの下流に位置づけられるLP誘導体を木材用表面コーティング剤として活用することができる。

3.3 リグノフェノール機能性塗料（㈱ウッドワン，林野庁機能性木質新素材技術研究組合）

LPを機能性添加剤として含有する塗料の開発を，林野庁の主催する機能性木質新素材研究組合によって製造されたLPを用いて㈱ウッドワンが行っている。

(1) リグノフェノール含有木材用塗料

LPを含有する天然原料由来の木材用塗料の製造が試みられた結果[11]，乾燥時間が短く，耐久性に優れた廉価な自然塗料が得られた。この塗料においてLPが示す機能は，LP自体の紫外線吸収能や木材中の繊維とのIPN構造（相互進入型複合構造）の形成，並びに疎水性による塗膜ならびに木材の耐久性を高めることである。

浸透型塗料（オイルフィニッシュ）における実施例（特開2003-226841）を見ると組成は以下の通りであった。LP-Pをアセトンに溶解し，染料を溶かしたMEKに溶解し，塗膜調整用シリコンを加えて十分に混合し，浸透型塗料でオイルフィニッシュ（オープンポア仕上げ）とした。

上塗りクリア塗料は以下の2種類の塗料を使用した。一方はLP-Pをアセトンに溶解し，造膜性樹脂としてマレイン化ロジンエステル粉末を少量ずつ加え溶解させた。撥水性材料としてカルナバ蝋をメチルイソブチルカルビノールに溶解した溶液として加え，さらに造膜性樹脂としてトール油変性中油型アルキド樹脂の60% MEK溶液を加えた。乾燥促進剤としてオクチル酸石鹸ドライヤー液を用いた。他方ではLP-Pをアセトンに溶解し，造膜性樹脂としてエポキシ樹脂脂肪酸エステルカルビトール50%溶液を加え，乾燥促進剤としてオクチル酸石鹸ドライヤー液と沈殿防止剤を加えた。

比較対照として自社調製自然塗料クリアと2種類の他社市販製品自然塗料木材クリアA，B，を用いた。これらの塗料をラジアータパイン合板に3回塗布し，以下の(a)～(h)の耐久試験を行った。

(a)硬化乾燥試験（JIS K5400準拠），(b)塗膜硬さ（JIS K5400準拠），(c)湿熱試験（JAS 特殊合板準拠），(d)粘着性試験（40℃・95% RH），(e)退色試験（色差），(f)促進耐候試験，(g)寒冷繰り返し試験（JAS 特殊合板），(h)外観評価試験

この結果，LP含有塗膜は他の塗膜と比較してほとんどの性能が上回った。LPを含有した塗料は従来の自然塗料の持つ欠点を克服しただけでなく，自然塗料と同様に環境汚染物質やVOCsを含まないためシックハウス症候群対策の塗料としても期待できる。さらに，これらの塗料には顔料等の混入により着色が容易であり，実用性が高いといえる。

第 2 章　細胞壁分子複合系の新展開

(2) リグノフェノール含有トール油ピッチ塗料

　さらに LP を含む新塗料として，粘着性が高すぎて塗料としては活用困難であったトール油に LP を添加することで塗料化する手法が検討されている[12]。トール油はパルプ製造時の副産物である粗トール油に含まれる15～30％程度の成分が精製分であり，世界的に20万トン/年の生産量があるが，大部分が燃料として消費され材料としては有効に活用されてこなかった。このトール油ピッチ（TOP）に LP を溶媒や乾燥促進剤とともに混合し，加熱することで塗膜を形成することが可能である。添加する LP は相分離系変換システムで合成された後，精製段階において酸のみを除去した粗 LP でも構成することが可能であった。この有機溶媒による精製プロセスを経由しないことで，コストの低下が期待できる。さらに，この塗料は必要に応じて顔料や防カビ剤などの汎用添加剤を配合することも可能である。

　調製方法は次の通り[12]である。LP-P と TOP を混合し常圧で撹拌後，90℃まで加熱し，室温まで冷却し，乾燥促進剤としてナフテン酸コバルトを添加してキシレンで希釈し塗料とした。このように処方した LP-TOP 塗料をラジアータパイン合板表面に塗布し耐水性，耐光性，付着性を評価した結果，高い性能を示し，また，乾燥時間も比較的短時間であった。この LP-TOP 塗料は木材のみならず鉄板やプラスチック，コンクリート，モルタル，スレート等にも塗布できる汎用性の高い塗料となった。このいずれの塗膜でも，含まれている LP をアルカリ条件下加熱し，分子スイッチを作動させることでリサイクルすることができる。

3.4　リサイクル性について

　特筆すべきは，LP を用いた表面コーティング材並びに塗料はともに，通常の LP 材品同様にリサイクル性に優れている点である。表面コート剤としてメチロール化し，ネットワーク型構造を形成した LP はアルカリ条件下，加熱することでカスケイド型，すなわち，ケミカルリサイクルが可能であることが示されており，木質系材料と塗膜あるいは保護膜を分離容易なだけではなく，表面部位は次の用途のためにケミカルリサイクルし，被塗装材料である木質系材料もまた相分離系変換システムによる LP として，石油化学へのリンクが生まれることになる。このように LP という生態系の循環システムを模倣した材料を表面保護剤として用いることにより，これまでの塗料には無かった前進的なリサイクル特性を付与した森林資源由来の高度循環型新規機能性塗料として，今後の発展が大いに期待できる。

文　献

1) M. Funaoka, *Polym. Int.*, **47**, 277(1998)
2) M. Funaoka, S. Fukatsu, *Holzforshung*, **50**, 245(1996)
3) M. N. Belgacem *et al.*, *Industrial Crops and Products*, **18**, 145(2003)
4) 斉藤　猛，舩岡正光，平成15年度三重県科技振セ工研　研究報告 No. 28 (2004)
5) 特願2003-314840
6) 斉藤　猛，平成13年度三重県科技振セ工研　研究報告 No. 26 (2002)
7) 斉藤　猛，舩岡正光，高分子学会予稿集，52巻14号，p4272 (2003)
8) 斉藤　猛，舩岡正光，木材学会東海支部会予稿集 (2004)
9) 斉藤　猛，舩岡正光，三重科技セ工技総研研究報告予稿集 (2004)
10) 斉藤　猛，舩岡正光，第13回ポリマー材料フォーラム予稿集 (2003)
11) 特開2003-226841
12) 特開2004-238490

第3章　植物細胞壁の精密リファイニング

1　界面制御反応による精密リファイニング

舩岡正光[*]

1.1　天然リグニンの基本構造と循環型リグニン系素材の設計

　リグニンの高分子ネットワークは主に2つのルートにより構築される。第1は前駆体の酵素的脱水素およびそれに続くラジカル共鳴混成体のランダムなカップリングによるルートである。結果として各構成単位にはそのフェノール性水酸基，芳香核C5位およびC1位，側鎖$C\beta$位に隣接単位との接点が形成される。しかしこれらの結合形成頻度は必ずしもランダムではなく，前駆体ラジカル濃度，ラジカルスピン密度，立体因子等が関与する結果，$C\beta$-O-アリールエーテル構造がもっとも高頻度で形成され，その量は全単位間結合の約50％にも達する。第2のルートは前駆体$C\beta$ラジカル構造に含まれる活性キノンメチドの安定化に伴う構造構築メカニズムであり，結果として側鎖$C\alpha$位に多様な含酸素活性官能基が形成される。

　分技構造に関しては，構成単位がグアイアシル型かシリンギル型かによって異なる。芳香核C3およびC5位がメトキシル基で置換されているシリンギル単位はもっぱらそのフェノール性水酸基および側鎖$C\beta$位で隣接単位とリンクすることになり，結果としてリニア型に成長する。しかし，芳香核C5位がオープンなグアイアシル単位ではフェノール性水酸基，側鎖$C\beta$位でのリンクに加え，C5位でのカップリングによって分技構造が形成される。したがって，シリンギル型およびグアイアシル型両タイプからなる広葉樹リグニンに対し，もっぱらグアイアシル型構造からなる針葉樹リグニンではより分技度が高く，構造的にリジッドとなる。

　天然リグニンの構造は一見不規則かつ多様であるが，その形成メカニズムから構造を集約すると以下の特性が浮かび上がる。

① Building unit：Phenylpropanoid
② Activity：Phenolic（latent）
③ Polymer structure（polymer subunits formed by dehydrogenative polymerization）
　　Linear → network：Syringyl type　＞　Guaiasyl-syringyl type　＞　Guaiasyl type
④ Major interunit linkage：$C\beta$-O-aryl ether
⑤ Major linkage between polymer subunits：Benzyl aryl ether

---

[*]　Masamitsu Funaoka　三重大学　生物資源学部　教授

⑥ Stability of interunit linkages ： Benzyl aryl ether ＜＜ Others
⑦ Most reactive site ： Benzyl carbons

リグニン機能制御のポイントは，潜在性フェノール活性（アルキルアリールエーテルユニット）をいかに持続的に制御するか，そして活性ベンジル位による迅速な環境対応機能をいかに機能性素材開発を意図したリグニンの構造制御に活用するかにある。

リグニンを潜在性フェノール系高分子として長期間循環活用するため，次の1次構造制御を設計し，さらにその選択的構造変換システムを考案した。

(1) 1次変換設計
① $C\alpha$-aryl ether units：選択的切断 → ネットワークからリニアタイプへの変換
　脱水素重合に伴い形成された2次的単位間結合のみを解放することにより，架橋密度を低下させ，リグニン構造にフレキシビリティーを与える。
② Reactive benzyl carbon（環境対応サイト）：選択的フェノールグラフティングによる1,1-bis (aryl) propane 型ユニットの構築
　各構成単位が1,1-ビス（アリール）プロパン型構造を形成し，構造および反応性の均一化，素材としての安定化が導かれる。これはリグニン母体のフェノール活性を大幅に変化させることなく，導入フェノール核によって総体としてのフェノール活性を高め，リグニンにフェノール系高分子としての特徴を与えることになる。さらに，$C\alpha$位に導入したフェノール核は側鎖に対しリグニン芳香核と対等な関係を形成することになり，導入フェノール核の特性はリグニンと構成単位レベルでハイブリッド化され，新たな機能が発現することになる。
③ $C\alpha$-phenol-$C\beta$-aryl ether units：分子内機能変換（スイッチング）素子
　上記変換によりリグニン分子内に高頻度で形成される本構造ユニットを，分子機能を切り替えるスイッチングユニットとして機能させる。
④ Alkyl-aryl ether units：分子内保持
　活性フェノール性水酸基のマスキング構造であるメトキシル基および単位間エーテル結合は，1次素材への持続性付与のため，そのまま分子内に保持させる。

1.2 植物系分子素材の選択的変換・分離系の開発（相分離系変換システム）

樹木細胞壁は，モノマー間の脱水により構築された高分子鎖を持つ親水性炭水化物とフェノール系モノマーの脱水素とカップリング，そして含酸素置換基の付加により形成された3次元リグニンの高度な複合系により構成されている。この複合系を緩め，両者を完全分離するためには，炭水化物およびリグニン両者の解重合が必須となる。炭水化物の解重合には必ず加水が必要であり，一方リグニンの場合には加水は必要ではなく，むしろ脱水（含酸素ユニットの脱離）を必要

第3章 植物細胞壁の精密リファイニング

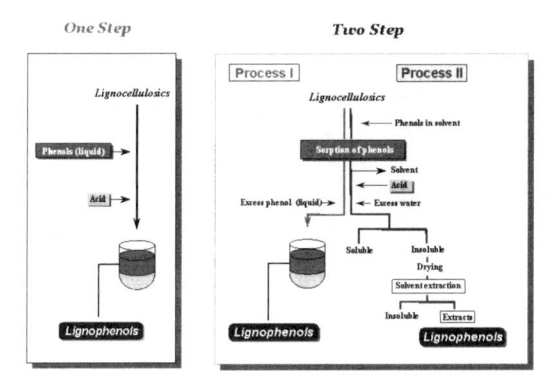

図1 相分離系植物資源変換システム

とする。この全く異なる特性を有する素材に対し，個々にいかに選択的な変換を与えるか……ここに新しい変換技術を必要とする。

樹木構成炭水化物およびリグニンの機能変換と分離に対し，両素材個々に Solvolysis Control を行う新しい変換制御システム（相分離系界面制御システム）を考案した[1-5]。基本原理は以下の通りである。

システムは2種のプロセスからなる「1段法 (One step process)，2段法 (Two step process)」。1段法は，天然リグニンの機能変換と炭水化物とリグニンの分離を同一溶媒（環境）にて行う方法である（図1）。プロセスは極めてシンプルであるが，用いる溶媒は液体フェノール（常温）に限定される。2段法は天然リグニンの機能変換と変換リグニンの分離に異種媒体を用いる手法である（図1）。1段法より若干工程は多いが，使用フェノールを大幅に減少可能であり，さらに液体，固体全てのフェノール誘導体で天然リグニンを機能変換可能である。

プロセスの概要は以下の通りである（図2，3，4）。

(1) **One step process**
① 構成炭水化物およびリグニンに常温で相互に混合しない機能環境媒体を個別に設定し，2相分離系を形成させる（リグニン：フェノール誘導体，炭水化物：高濃度酸水溶液）。
② 界面での酸との接触により，以下の選択的な構造変換を行う。
　1）リグニン C_α-アリールエーテルの選択的解裂による高分子ネットワークの解放
　2）リグニン高活性サイト（C_α）への選択的なフェノールグラフティングによるビスアリールプロパン型リニア系ポリマーへの転換
　3）セルロースの膨潤，部分加水分解による高度な凝集構造の解放

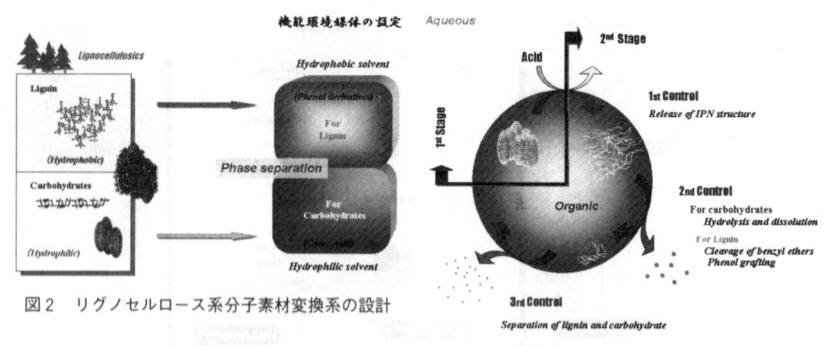

図2 リグノセルロース系分子素材変換系の設計

図3 相分離反応系におけるリグノセルロース素材の機能変換と分離(1)

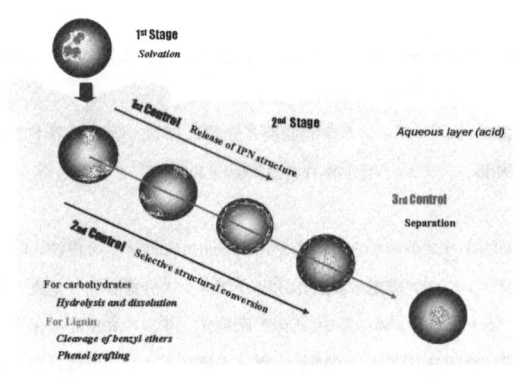

図4 相分離反応系におけるリグノセルロース素材の機能変換と分離(2)

③ リグニンの疎水性,炭水化物の親水性により両素材を異なる相(リグニン:有機相,炭水化物:水相)へ分離する。
④ 全ての変換は常温,常圧で行い,最終的な反応系の分離は両相の比重差を利用する。

変換・分離の流れ(Lab level)は次の通りである。
① 原料:リグノセルロース系素材であれば種類を問わない(針葉樹,広葉樹,草本,加工工程廃棄物など。製品廃棄物は他種素材が混入されているため個別に検討必要)。形状は,基礎試験の場合40メッシュパスサイズ程度にそろえるが,プラントでの変換では薄いフレーク状の鉋屑程度の形状以下であれば変換可能である。
② 第1工程(リグニン溶媒和):木粉(1 g)に過剰量の液体フェノール(例えば p-Cresol

第3章 植物細胞壁の精密リファイニング

（5 ml）を加え，5～10分間常温にて攪拌する。
③ 第2工程（相分離系変換工程）：反応混合物に72％硫酸10ml を加え，激しく攪拌する。反応系は2相分離系を形成する（硫酸層の内部にクレゾールの微粒子が分散）。クレゾールにて溶媒和された木粉粒子は界面にて硫酸と接触する。その結果，炭水化物の膨潤，部分加水分解，およびリグニン分子内においてサブユニット間をつなぐ活性ベンジルアリールエーテルが解裂し，素材の強固な相互進入高分子網目構造が解放される。
親水性炭水化物は界面を通過し水相へと移行するが，疎水性リグニンは疎水性フェノール粒子内部に留まり，両素材の分離が進行する（常温，常圧における約30分間の攪拌により）。
④ 第3工程（分離工程）：反応系の攪拌を停止することにより，反応系は変換リグニン（リグノフェノール）を含む有機相（上層）と低分子炭水化物を含む水相（下層）に分離する。

(2) Two step process
基本プロセス（反応）は一段法と同様であるが，リグニン機能変換媒体（フェノール誘導体）の量を1～2 mol/C9まで減少可能である。
Process I ：相分離系変換後，異種液体フェノールにて変換リグニンを抽出する。
Process II ：相分離系変換後，反応液を大過剰の水中に投入し，リグニン区分を沈殿させる。乾燥後アセトンで変換リグニンを抽出する。
Process III ：相分離系変換後，反応系に低沸点有機溶媒（例えばヘキサン）を投入し，未反応フェノールを分離するとともに，リグニン区分を固状ベルトとし，回収する。
　Process I は，リグニン高分子内部におけるフェノール誘導体の分布等の検定手段として有効であり，Process II は安価にリグノフェノールを大量合成する場合有効である。Process III では未反応フェノールを回収可能であり，さらにリグニンを固状とするため，回収が容易である。

1.3 リグノヤルロース系素材の変換・分離特性
1.3.1 リグニンの変換特性
　針葉樹および広葉樹いずれの樹種からも高収率でリグノフェノールが誘導される。また，One step process, Two step process いずれを用いてもリグノフェノール収率にほとんど違いは認められない（表1, 2, 3）。
　草本系試料には樹木に比べ多量の抽出物やタンパク質が含まれるが，相分離変換前にこれら副成分を除去する必要はなく，かつ樹木に比べてより低濃度の酸処理（65％硫酸）で効果的な素材の変換・分離が達成される。これは草本の場合，細胞壁高分子複合系がゆるく，かつリグニンの架橋密度が低いことに基づく。しかし籾殻など高灰分含有資源においては灰分の影響からリグノフェノールの分離特性は若干低くなる。

木質系有機資源の新展開

表1 リグノフェノールの収率

Species		Treatment time (min)	
		20	60
Yezo spruce	*Picea jezoensis*	99.15	108.19
Japanese fir	*Abies firma*	101.71	111.84
Slash pine	*Pinus elliottii*	105.34	116.66
Japanese hemlock	*Tsuga sieboldii*	90.85	113.06
Japanese cedar	*Cryptomeria japonica*	108.83	110.31
Japanese birch	*Betula platyphylla*	118.19	102.95
Japanese oak	*Quercus mongolica*	107.70	109.30
Apitong	*Dipterocarpus grandiflorus*	94.30	101.58
Kapur	*Dryobalanops aromatica*	97.66	93.94

表2 リグノフェノールの収率(2)

Process	Phenol derivatives	Wood species	Lignophenol yields (% of klason lignin)
One step	*p*-Cresol	Yezo spruce	109.9
	p-Cresol	Japanese fir	111.8
	p-Cresol	Japanese cedar	110.3
	p-Cresol	Japanese birch	103.0
	p-Cresol	Japanese oak	109.3
	p-Cresol	Apitong	101.6
	Phenol	Yezo spruce	109.5
	m-Ethylphenol	Yezo spruce	89.8
Two step	*p*-Cresol	Yezo spruce	102.0
	Phenol	Yezo spruce	99.7
	p-Ethylphenol	Yezo spruce	101.0
	p-n-Propylphenol	Yezo spruce	109.2
	Guaiacol	Yezo spruce	100.3

　リグノフェノールは脱水素重合により構築された天然リグニンの基本結合系を高度に保持しており，その重量平均分子量は針葉樹系素材で5,000〜10,000，広葉樹系素材で3,000〜5,000，分子内における結合フェノールは，針葉樹系で約0.6〜0.7mol/C9，広葉樹系で約0.8〜0.9mol/C9であり，その約80％は側鎖Cα位にC-C結合を介して導入されている。側鎖Cγ位水酸基は高度に保持されている一方，ベンジル水酸基は消失しており，選択的なフェノールグラフティングが生じたことは明らかである。リグノフェノールは分子内にほとんど共役系を有しておらず非常に淡色であり，そのUVおよびΔEiスペクトルは，それぞれ280nmおよび300nmにシャープなピークを示し，従来のリグニン試料にみられる長波長側のピーク，ショルダーは全く認められない。さらに溶媒に対する溶解性は非常に高く，メタノール，エタノール，アセトンなどに速やか

第3章 植物細胞壁の精密リファイニング

表3 リグノフェノールの特性

Species	Elemental composition (%)			Combined cresol	
	C	H	O	%	mol/C9
Milled wood lignin					
Yezo spruce (*Picea jezoensis*)	61.5	5.8	32.7		
Lignophenols					
Yezo spruce (*Picea jezoensis*)	66.8	6.0	27.2	25.9	0.65
Japanese fir (*Abies firma*)	66.5	5.8	27.7	25.0	0.62
Japanese cedar (*Cryptomeria japonica*)	66.2	5.9	27.9	24.8	0.62
Milled wood lignin					
Japanese birch (*Betula platyphylla*)	59.7	6.1	34.2		
Lignophenols					
Japanese birch (*Betula platyphylla*)	64.3	6.0	29.7	30.9	0.90
Japnese oak (*Quercus mongolica*)	65.0	6.1	28.9	26.0	0.81
Apitong (*Dipterocarpus grandiflorus*)	67.9	6.1	26.0	33.2	0.92

に溶解する。リグノフェノールは明確な固-液相転移点を有しており、針葉樹系素材で約170℃、広葉樹系素材で約130℃で速やかに流動し、冷却によりクリアなまま固化、高い粘結性を発現する。

リグノフェノールは、低分子画分ほどフェノール性水酸基、導入フェノール、β-エーテル結合の頻度が高く、またSEC-MALLS分析は、その高分子画分ほど分子形態がコンパクトであることを示している。これらの結果は、リグノフェノールの高分子画分は主として縮合型構造に富む細胞間層リグニンから構成されており、一方、低分子画分にはエーテル結合に富む細胞間層由来のリグニンが多く含まれていることを示唆している。

天然リグニンのリグノフェノールへの変換、分離は、いかなるリグノセルロース原料からも迅速かつ定量的に進行する。これは、反応初期における迅速なベンジルアリールエーテル結合の解裂によるリグニンネットワークの解放とフェノール誘導体による活性点の安定化により、炭水化物の膨潤の際、リグニンのベルト効果が発現しなかったこと、および酸による炭水化物の膨潤と溶解により、リグノセルロース系複合体の組織構造が完全に破壊され、樹種間の差異が消失したことによる。

1.3.2 炭水化物の変換特性

反応初期、水相には優先的に加水分解容易なヘミセルロース系の糖質が分離し、時間とともに結晶構造を有するセルロースの膨潤、加水分解により、グルコース系の糖質の比率が上昇する。一方、フェノール層には反応初期、リグニンと緊密な関係を有するヘミセルロース系の糖質が認められるが、処理時間の経過とともに減少する(図5、6)[6]。フェノール相と水相の炭水化物、リグニン量の合計値は、1 step 系処理時間20min で90%以上、処理時間60min で96%である。2 step 系においては1 step 系よりも若干収率は低くなり、処理時間60min で87%となる。これは、

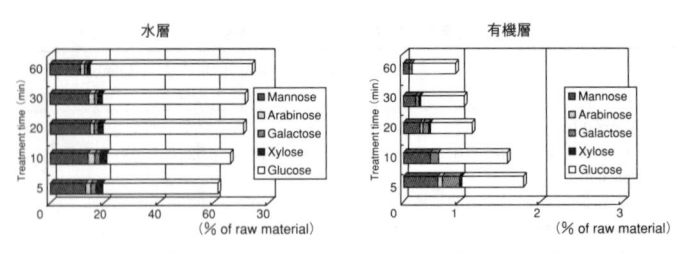

図5　炭水化物の組成（1段法）

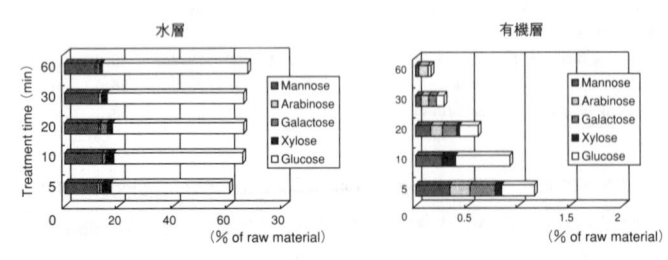

図6　炭水化物の組成（2段法）

1 step 系ではフェノール誘導体の量が多く，リグニンの抽出効果が高いことによる（図7）。

水相において，炭水化物は分子量2,000以下の低分子画分と分子量が10万以上の水溶性グルコースポリマーとして存在する。この高分子画分は，相分離処理時間の延長とともに徐々に減少，低分子画分へと移行する（図8）。

炭水化物の加水分解は，系を構成するフェノール誘導体の特性によって影響され，水相の炭水化物収率は木粉あたり 4-methylcatechol：68％，p-cresol：66％，2,4-xylenol：63％と用いたフェノール誘導体の親水性が高くなるほど高くなる。その糖組成におけるグルコースの割合は，疎水性の高い2,4-xylenolを用いた場合では70％であるが，親水性の高い4-methylcatechol を用いた場合では77％となる。

1.3.3　素材変換・分離系の効率化

相分離系変換システムのキーポイントは，親水・疎水両相界面での素材と酸との短時間かつ効果的な接触にあり，したがって，水相中における疎水性フェノール誘導体の粒子サイズの微細化は反応表面を増大させ，その結果変換反応が促進される。

One step process において，反応系に超音波を照射すると，その微視的撹拌効果により反応時間15分でリグノフェノールの収率が著しく上昇し（図9），さらにその重量平均分子量は超音波

第3章 植物細胞壁の精密リファイニング

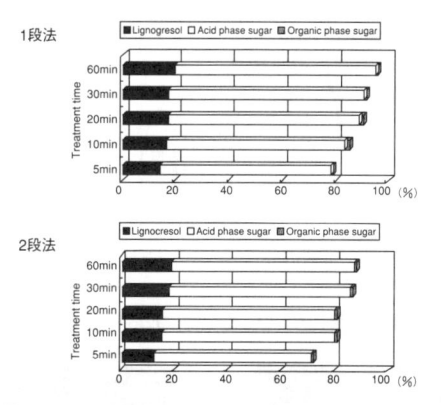

図7 相分離系変換システムにおけるマテリアルバランス

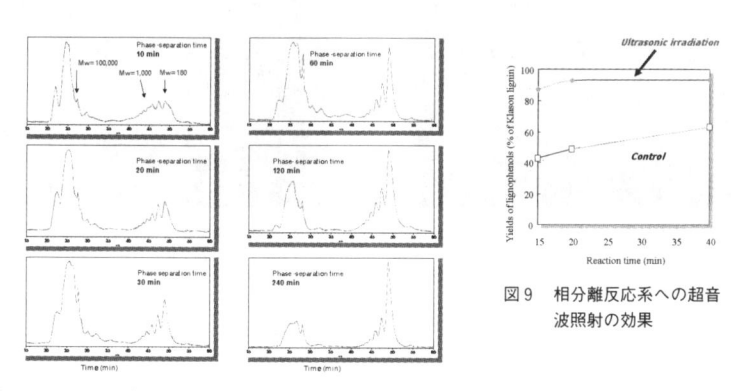

図8 水層における炭水化物の分子量変化

図9 相分離反応系への超音波照射の効果

を照射しないコントロールに比べて大幅に増大する[7]。一方, Two step process II では超音波照射によって炭水化物の膨潤・加水分解が著しく促進され, 水可溶性の低分子糖区分へと効果的に変換される。一方, 高度に繊維化されたパルプ試料では, 木粉試料に比べてごく短時間 (2分間) の超音波照射で収率がほぼ最大値を示し, 超音波の反応促進効果がより顕著に認められる(図10)。

超音波照射処理により得られたリグノフェノールの性状はコントロールとほぼ同様であり, 超音波キャビティの高温・高圧による影響はほとんど認められない。

1.4 変換システムプラントの構築

相分離系変換システムをマシーンレベルで具現化する植物資源変換システムプラント (図11)

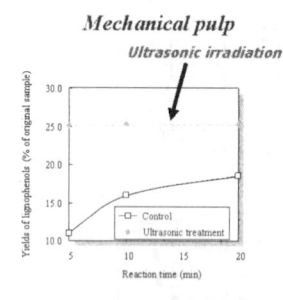

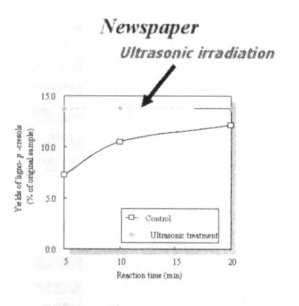

図10 相分離系変換システムによるパルプ反応系への超音波照射の効果

図11 相分離系変換システムプラント（三重大学）

図12 相分離系変換システムプラント（樹脂分抽出・溶媒和工程）

を構築した（2001年，三重大学）。基本システムは上記ラボスケールシステムと同様であり，以下の行程からなる。

① 脱脂・フェノール収着工程（図12）

　木粉にアセトンを加え，抽出成分（樹脂分）を分離。

　脱脂木粉にクレゾール/アセトン溶液を添加，湿潤。

② 相分離系変換工程

　脱脂湿潤木粉に72％硫酸を加え，相分離変換反応を進行。

③ 反応系分離工程（図13）

　遠心分離機で硫酸糖溶液とリグニン画分（リグノフェノール・炭水化物複合体）を分離。

④ 脱酸・洗浄工程

⑤ 乾燥・リグノフェノール抽出工程

　リグノフェノール・炭水化物複合体に含まれる硫酸の水洗浄と乾燥。

　洗浄リグノフェノール・炭水化物複合体にアセトンを加え，リグノフェノールを抽出。

第3章 植物細胞壁の精密リファイニング

図13 相分離系変換システムプラント(分離工程)

図14 相分離系変換システムプラント（リグノフェノール精製工程）

図15 相分離系変換システムプラント（糖質分離・酸回収工程）

図16 相分離系変換システムプラント（排気ミスト浄化工程）

⑥ リグノフェノール精製工程（図14）
　溶媒沈殿法によりリグノフェノールを精製，分離。
⑦ 媒体回収工程（図15）
　分離工程で生じた硫酸糖溶液を糖液と硫酸に分離。
⑧ 活性炭排ガス処理プロセス（図16）
その他：機材・資材及び配電盤収納庫（図17）

本システムは One step process および Two step process のいずれにも対応する。円錐型リボン混合機に約2kgのリグノセルロース試料（木粉など）とアセトンを投入，窒素雰囲気下にて連続的に攪拌する。5〜7％程度の抽出成分がアセトン可溶区分として分離される。p-クレゾール-アセトン溶液を投入し，同様の操作によって，p-クレゾールを脱脂木粉に均一収着する。混合撹拌機にて最大3kgのフェノール誘導体収着試料を酸と共に30℃条件下，強制撹拌し2相分離系を形成させ，選択的相分離変換反応を行う。システムのキーは，短時間に系の粘性が大きく

木質系有機資源の新展開

図17 相分離系変換システムプラント（機材・配電盤収納庫，研究棟）

変化する相分離処理をいかに効率よく達成するかにあるが，変形攪拌棒を2本装備し，反応層内を自転，公転する2軸攪拌システムの採用により効率よく変換が達成されることを確認した。反応混合物を無孔式遠心分離機に移送し，水溶性糖区分を分離後，リグノフェノール‐炭水化物複合区分（LC複合体）の脱酸を行う。本処理により，従来法（自然沈降法）に比べて脱酸時間は大幅に短縮される。抽出工程，精製工程を経て誘導されたリグノフェノールの分子構造は，ラボスケール実験で得られる素材とほぼ同等である。分離した水相は拡散透析システムにより糖液と酸に分離される。糖溶液は後加水分解にてモノマーまで変換，さらなる工程を経てアルコール，乳酸などに資源化されるとともに，硫酸溶液は，濃縮工程を経て再利用可能である。

文　献

1) M. Funaoka et al., *Tappi J.*, **72**, 145(1989)
2) M. Funaoka et al., *Biotechnol. Bioeng.*, **46**, 545(1995)
3) M. Funaoka et al., *Holzforschung*, **50**, 245(1996)
4) M. Funaoka, *Polymer International*, **47**, 277(1998)
5) M. Funaoka, *Lignin, Macromol., Symp.*, **201**, 213-221(2003)
6) K. Mikame, M. Funaoka, "Improvement of Forest Resources for Recyclable Forest Products", p. 129, Springer (2004)
7) 永松和成，永松ゆきこ，舩岡正光，ネットワークポリマー，**24**, 30 (2003)

2 成分分離技術としてのパルピング手法の新展開

浦木康光*

2.1 はじめに

パルピング (pulping：パルプ化) とは，木材の細胞をバラバラ (解繊) にして繊維状の単細胞にすることを意味し，得られた繊維をパルプという。パルプ (パルピングを含めて) は大きく2つに分類される。1つは機械パルプで高収率パルプとも呼ばれる。木材は，多糖類成分であるセルロースとヘミセルロース，および芳香族高分子であるリグニンから構成されるが，高収率パルプ化は何れの成分も除去することなく機械的磨砕により木材を解繊する手法である。一方は，化学パルプである。現在の日本における化学パルプの主流はクラフトパルプであり，これは名前が示すとおり強い紙となる。紙の強度を発現させる根本的な繊維間結合力は，セルロース間の水素結合であるが，リグニンが存在すると水素結合が弱まるため，この成分を多糖類から薬品を使って溶出除去することで化学パルプが得られる。したがって，化学パルプ化は木材の多糖類成分とリグニンを分離することを目的としているので，成分分離技術と見なすこともできる。

木材に代表される木質バイオマスの利用は，カーボンニュートラルの観点からも持続的循環型社会を構築する上において非常に重要なことは改めて言うまでもないが，その利用形態は大きく2つに分類できる。1つは木質バイオマス全体を利用しようとするもので，建築材や家具など従来的な利用に加え，近年は木材全体を液化し，これを有機原料として，種々の材料を開発することである (p.237-256*)。2つ目は，木質バイオマス成分を分離すなわちリファイニングして，個々の成分をその特性を活用して，利用に結びつける研究および企業化の形態である。

本節では，後者の考え方に基づき，成分利用のための成分分離法としてのパルピングについて言及するが，パルピング以外にも他節で示されるような成分分離技術があり，これらは分離された成分の利用と密接に関係している。その代表的例は，第3章-1で示される「界面制御反応による精密リファイニング」であるが，ここでは，木材糖化とその副産物利用について若干紹介する。

木質バイオマス中のセルロースを糖化してグルコースを得て，これを燃料用エタノールまたは生分解性高分子の原料にする研究およびプラントの作成が進んでいる。木材糖化は酸あるいは酵素による加水分解で行われるが，糖化されない成分すなわちリグニンが副産物となり，これの利用が課題となった。1960年代に立ち上がった木材糖化プラントも，リグニンが産業廃棄物となったことが成功しなかった理由の一つといわれている。最近，安田らの研究で，酸糖化により排出されるリグニンが，イオン交換樹脂 (p.158-164) やリグノスルホン酸のようなセメント分散剤

---

* Yasumitsu Uraki　北海道大学　大学院農学研究科　応用生命科学専攻　助教授

として利用できることが示され[1]、酸糖化というセルロース成分のみを活用する成分分離法も木質バイオマスを総合的に利用するための、成分分離法として位置付けできるようになってきた。

また、酵素糖化のための前処理として、蒸煮爆砕法（p.31-33）が提案されている。得られるセルロース成分は紙力が若干劣るため製紙用パルプには不向きのようであるが、反芻動物などの飼料として直接利用できる。この方法では、ヘミセルロース成分やリグニンも得ることができ、ヘミセルロースはダイエタリー添加物としての有用性[2]や、リグニンは水素化分解[3]あるいはフェノール化[4]による改質により炭素繊維や活性炭素繊維[5]へ変換できることが示され、木質バイオマス成分を総合的に無駄なく利用するための成分分離法として確立されてきた。

2.2 工業的化学パルプ化による成分分離と分離成分の利用

工業的化学パルプ化として、現在、サルファイトパルプ（SP）化とクラフトパルプ（KP）化が世界的に操業されている。日本での化学パルプ化はKP法が主流となっており、SP法は日本製紙の1工場のみの操業となっているが、KP法に移行する1960年頃までは、SP法全盛時代といえる。SP法からKP法への移行は、廃液などの環境規制、樹種選択制、薬品回収技術の改良、漂白技術の進歩などの理由が挙げられるが、ここでは副産物利用といった観点から、工業的パルプ化について概説する。

2.2.1 サルファイトパルプ（SP）化

SP法は、α-セルロース含有量が高い溶解パルプの製造法として知られており、レーヨン産業と密接に関連していた。パルプ化廃液（蒸解廃液という）に水酸化カルシウム（lime）や四級アンモニウム塩を加えるとリグニン成分であるリグニンスルホン酸塩が沈殿してくる。名前が示す通りこのリグニンは、蒸解に用いられる亜硫酸塩の作用によりスルホン基を有するために、高分子電解質として利用することができ、セメントのadmixtureとして、セメントの分散や減水のための添加剤として、現在も広く利用されている[6]。その他に、古くはバニリン（料理や菓子製造用の芳香剤）を製造するための原料や、オイル掘削用の助剤、家畜飼料成型剤、イオン交換樹脂など多様な用途があり、バイオマス副成分を利用するための見本の様な物質であり、後述するリグニンを利用するための好適な例となっている。このリグニンの機能をさらに引き出すために、単離精製技術も飛躍的に進歩し、膜分離や限外濾過により分子量画分毎に分離する技術が示された。

また、SP法では、モノテルペンなどの抽出成分もcymeneとして、蒸解中に生じる排ガスよ

---

* 本節では、2000年発刊の「ウッドケミカルスの最新技術」以降の新展開を纏めることを目的として、前書に記述されていることはできるだけ省略した。ついては、前書の記述を引用するときもページ数のみを本文に記載し、参考文献として特に掲載しないことをご了承いただきたい。

第3章 植物細胞壁の精密リファイニング

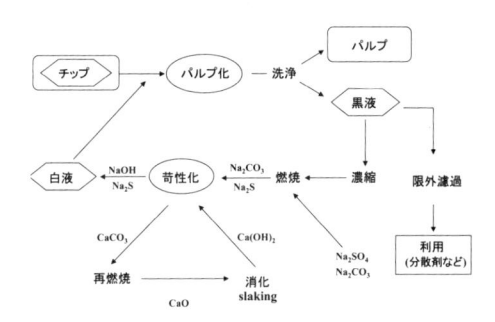

図1 クラフトパルプ化の蒸解試薬回収システムとリグニンの分解

り回収でき，工業用用途が示されている。その他，糖類や糖類が蒸解中に分解して生じる脂肪族カルボン酸は，エタノール生産のための発酵原料として使用できることが示されており，この節で言及しようとしている「バイオマス成分の総合利用」を包括的に達成しようとした最初の成分分離法と言える。しかし，前述したように SP 法は世界的にはいくらか操業されているが，現在は KP 法が主流であるため，KP 法を成分分離法として評価する必要がある。

2.2.2 クラフトパルプ（KP）化

KP 法は図1に示すような薬品回収システムが確立され，さらに，紙力特性から SP 法に代わる化学パルプ化法として発展してきた。この方法でも，針葉樹から turpentine や tall oil が回収できるので[7]，抽出成分の分離と利用に関しては，KP 法の確立と共に提案され現在でも特許などで報告が続いている。しかし，抽出成分は木質バイオマスにおける微量成分であり，成分分離といった視点からは，ヘミセルロースとリグニンの分離と利用が重要である。図1から KP 法においては，これらの2つの成分はエネルギー回収のために，燃焼される有機成分として利用されており，特に，炭素含有量の高いリグニンは重要な燃料である。これらの成分をパルプ化における副産物として利用するには，確立されたパルプ化システムから単離し，燃料原料以上の付加価値を与える必要がある。一見，燃焼することは貴重な有機資源の無駄使いと感じられるが，パルプ産業のみが化石資源の使用を抑える自己エネルギー供給型の産業としての側面を持つため，この特性を犠牲にしてまでリグニンなどの副産物の利用を図るには，得られる製品にかなりの合目的性と高機能・高付加価値が要求されると思われる。

KP 法の蒸解廃液（黒液とも呼ばれる）には，リグニン成分とヘミセルロース成分が含まれることになるが，ヘミセルロース成分はピーリング反応などのアルカリ分解を受けるために，単糖類というよりヒドロキシ酸（Lactic acid や Glucoisosaccharinic acid など）で存在している[8]。そ

のため，糖類の回収といった観点からは，KP法は不適である。

　リグニンは黒液を酸性にすると沈殿してくる。この沈殿物を，濾過あるいは遠心分離で回収後，凍結乾燥などの方法により，粉末状のリグニンを得ることができる。この方法は実験室で単離クラフトリグニンを調製する一般的プロトコールであるが，工業的には過程が煩雑で，有機原料としてのリグニン単価を上げてしまうので，リグニンを工業原料とする単離法としては不適なようである。低コストな分離法として，リグニンスルホン酸の分離でも提唱された限外濾過による分離精製が工業的に適していると報告されている[9]。多段的に限外濾過を用いると，分子量分布の狭いリグニンを得ることができ，用途に応じた使い分けが出来ることが利点である。

　クラフトリグニンの利用はフェノール骨格を活用してフェノール・ホルムアルデヒド樹脂へ変換する研究が20世紀初頭から報告され，合板用の接着剤としての利用が提案されている。加えて，クラフトリグニン単体やそのフェノール樹脂様誘導体と木質系繊維物質とのコンポジットによるパーティクルボードなどへの利用も研究されている[10]。その他前述したように，リグノスルホン酸の特性を想定した高分子電解質やイオン交換樹脂への変換も検討されている[11,12]。しかし，クラフトリグニン製品が殆ど市場に出回っていないことを鑑みるに，性能そのものが同用途の汎用高分子に劣ることに加え，単離して製品に変換する利点が十分でないことにクラフトリグニンの利用に関する問題が生じていると思われる。

2.3　オルガノソルブパルプ化

　現行の化学パルプ化は無機試薬を用いてリグニンを分解し，水溶化したリグニン断片を水で抽出するといった水を主体とするパルプ化である。一方，有機溶媒を主体とするパルプ化もあり，オルガノソルブパルプ化と一般的に呼ばれるが，使用する溶媒そのものがリグニンの分解等に関与することもあるのでソルボリシス（加溶媒分解）やソルベントパルプ化とも呼ばれる。オルガノソルブパルプ化は1930年代のアルコール系での，Kleinertのパルプ化が始まりとされている[13]。

　Wortster[14]は，オルガノソルブパルプ化が実用化されるための要因として以下の項目を挙げた。①樹種の選択性が少ない。②簡単な溶媒回収法。③副産物の回収と利用。④無硫黄系の溶剤。⑤環境への影響が少ない。⑥低廉な設備費。⑦経済的操業規模。⑧KPに匹敵するパルプ品質。したがって，オルガノソルブパルプ化は③で示されるように，副産物の回収・利用がキーポイントであり，本節の目的である「成分分離技術としてのパルピング」でならなければならない。

　オルガノソルブパルプ化に用いられる溶媒は，前書（p.13）や他の成書（文献15））に一覧として掲載されているので，ここでは，最近の報文からオルガノソルブパルプ化の動向を見ると共に，分離された成分の利用状況について概説する。

第3章 植物細胞壁の精密リファイニング

2.3.1 オルガノソルブパルプ化の動向

2000年以降のオルガノソルブパルプ化についてその傾向を見ると，大きく2つに分類できる。1つは，従来のパルプ化の改良と脱リグニン機構の詳細な検討，他方は，特定樹種を対象としたオルガノソルブパルプ化である。また，蒸解に用いる溶媒から最近の研究動向を眺めると，アルコール類を主な蒸解溶媒とするパルプ化と有機酸によるパルプ化の報告が興味を引く。

ALCELL法[16]で代表されるアルコール類のパルプ化は，エタノールより高沸点のエチレングリコールをベースとするパルプ化を含め，ポプラ[17,18]やユーカリ[19]などの早生広葉樹を対象とした研究報告と，バイオマスの利用の観点から稲藁[20]，麦藁[21,22]，ジュート[23]やサトウキビバガス[24]などの非木材を対象とした研究報告が多い。また，バイオマス利用残渣の有効利用という視点と思われるが，Jimenezらのオリーブのパルプ化も継続的に報告されている[25-27]。このことより，アルコール系オルガノソルブパルプ化は，非木材を含め特定品種に特化したパルプ化研究に向いている。しかし，脱リグニン機構に関する研究も進展を見せている。

アルコール系パルプ化として前書において佐野は，高沸点アルコール溶媒（High-boiling solvent：HBS）を用いた成分分離法を示したが（p.27-31），岸本らはその脱リグニン機構について継続的な研究を行い，脱リグニンに関しては，ヘミセルロース由来のアセチル基に起因するアシドリシスより，高温下におけるホモリシス即ちラジカル反応による脱リグニンが主な反応であることを証明した[28,29]。また，「次世代バイオリファイナリー」と副題に銘打った，中性アルカリ土類金属（Neutral Alkali Earth Metal：NAEM）を用いるアルコールパルプ化の改良法も提示されている[30,31]。

有機酸を蒸解液とするパルプ化の動向として，得られるパルプの用途拡大と，プラント設計を前提とした蒸解釜の特性に関する報告が新機軸である。有機酸によるパルプ化は，リグニンの水素化分解から得ることが出きるフェノールまたはクレゾール系（p.21-22）を端緒とすると思われ，これは木材成分の循環利用による自己完結型パルプ化を目指したと考えられる。その後，酢酸を用いたAcetosolv法[32]，ギ酸-過酸化水素（過ギ酸）によるMilox法[33]，酢酸-ギ酸の混合系によるFormacell法[34]等が提案され，プラント設立に向けて研究テーマが移行しつつある。従来の化学パルプ化はアルカリ性か弱酸性で行われていたため，ステンレスなどで耐圧性の蒸解釜を製作することで十分であった。しかし，Acetosolv法では，酢酸の他に塩酸も少量加えるため，強酸下でパルプ化が行われる。これに耐えうる資材をPulsらは検討した。結果として，強酸を用いないFormacell法やMilox法では，Hasteloy Cという合金が十分使用に耐えうる資材，即ち，耐腐食性の材料であることを証明したが，Acetosolv法に合致する資材は見出せなかった[35]。前書において，佐野も常圧酢酸パルプ化のミニプラントを紹介したが（p.26），装置を設計するための予備試験として，SUS-316系の腐食試験を行った。酢酸のみでは，100℃を越えても顕著な

腐食は生じないが，強鉱酸が存在すると著しく金属の流出が見られ，SUS系は蒸解釜の資材として不適である結果を得た。そこで，酸に対する耐腐食性の材料としてガラスを用いた抽出装置を作成した。また，チップの出し入れを容易にする容器として，チタン性の笊を用いて蒸解を繰り返している。大容量の蒸解釜の資材としてガラスを使用するには，強度的に不安があるが，化学工場では耐腐食性容器としてグラスライニング（ガラスを支持鋼材の上に貼る）が用いられているため，激しい撹拌などの不要なパルプ化にも，十分この資材が使用できると思われる。実際，筆者も$0.5m^3$のグラスライニングした反応容器で常圧酢酸パルプ化を行い，腐食やガラスに損傷が無いことを確認している。チップの出し入れを容易にする連続蒸解などの方法を組み合わせるとチタンのチップ容器も不必要であり，強度面での裏付けが達成できれば，有機酸を用いるパルプ化に対しても，安い資材でのプラント設立が可能であると考える。

パルプは一般的には紙の原料であるが，高分子工業の開始と共にレーヨンの原料，更には，セルロース誘導体の原料として用いられてきた。これらのパルプはα-セルロース含有量の高い溶解パルプと呼ばれる。最近，ユーカリを原料として，上記の有機酸を用いる3つの方法で得られるパルプの溶解パルプとしての有用性について報告されている。ビスコースレーヨンの原料としては，Formacell法のパルプがMgベースのサルファイトパルプと同等以上の性能を持つが，MiloxやAcetosolv法のパルプは不適である[36]。近年，ビスコース法に代わるレーヨン製造法として，N-methyl morpholine oxide (NMMO) に溶解する方法が注目され，日本でもソフトジーンズの繊維原料としてこのレーヨンは馴染み深い。H. P. Fink らは TCF (Totally Chroline-Free) 漂白後のパルプの性状と共に，NMMO法におけるパルプの有用性を報告している[37]。ユーカリのサルファイトパルプは二次壁中層 (S2) を繊維表面として表すのに対し，Formacell法では1次壁，Milox法では一次壁と二次壁外層 (S1)，Acetosolv法では主にS1層が露出している。この形態に伴い結晶化度も変化するが，これらの物性はビスコース法には重要な要因になる。しかし，NMMO法による繊維やフィルムの製造は対応性が広いために，何れのオルガノソルブパルプも用いることが出きると結論付けている。この結果は，レーヨン産業の変遷に伴い，オルガノソルブパルプでも十分工業原料となりうることを示唆していると思われる。

2.3.2 オルガノソルブパルプ化による成分分離と木材成分の総合利用

ウッドリファイニングでは，分離された成分の有効利用が大切であり，何度も述べたようにリグニンとヘミセルロースの利用がキーとなる。オルガノソルブパルプ化において，ALCELL系のアルコール蒸解によって得られるリグニンの利用については多くの報告がある[38]。しかし，ヘミセルロースの明確な利用については報告されていない。そこで，ここでは，全ての木質バイオマス成分について利用用途が示された常圧酢酸パルプ化を例として概説したい。

Acetosolv法は高温・高圧下の条件で行われるパルプ化であるが，より省エネルギーで重厚な

第3章 植物細胞壁の精密リファイニング

設備を要しないパルプ化として,常圧酢酸パルプ化が提案された。これは,大気圧下,90～95%の酢酸水溶液の沸点(約110℃)で蒸解するため,常圧でのパルプ化が可能な方法であり,その成分分離については,前書に詳しく報告されている(p.24-27)。この方法でリグニンは,蒸解黒液を濃縮して水に分散させることで沈殿物として得られ,凍結乾燥により粉末物として単離される。広葉樹の酢酸リグニンは,熱溶融性を示すリグニンとして始めて報告された。これは,蒸解中にリグニンに導入されたアセチル基が内部可塑化剤として機能することと,熱運動性の高い低分子画分が外部可塑化剤として機能する複合的な作用により溶融することが示されている[39]。この溶融性のために,広葉樹酢酸リグニンは化学的な構造変換を行わなくても,溶融紡糸により容易に繊維化が可能であった。このリグニン繊維は,炭素化することで炭素繊維に変換され,さらに,水蒸気賦活化により活性炭素繊維(繊維状活性炭とも云う)に変換できることが示された[40～41]。針葉樹酢酸リグニンは,縮合構造(芳香核同士の結合)に富むため,単離された状態では熱溶融性は示さないが,熱運動性の低い高分子画分の除去や,リグニン中に残存しているアリール-エーテル結合を再蒸解により開裂させることで,溶融物質へ変換することができた[42]。しかしながら,広葉樹リグニンに比べて熱溶融性に乏しいため,高い紡糸温度が必要で,得られる繊維も強度の欠点となる孔の空いたものとなった[43]。だが,これらの短所は長所にもなっている。低い溶融性は,不融不溶化を経ずに直接炭素化できる利点となり,繊維の孔は活性炭素繊維に変換したときに表面積の増加および吸着性能の向上に寄与した[44]。

最近,酢酸リグニンから新たな機能性材料が創出されている。酢酸リグニンを10%以下の濃度でアルカリ水溶液に溶解し, polyethylene glycol diglycidyl ether (PEGDE) と反応させると両親媒性の誘導体に変換される。この誘導体はタンパク質と複合体を形成する能力があり,セルラーゼの水溶性固定化酵素担体として有用であることが見出された[45]。また,30%以上のリグニン濃度でPEGDEと反応させるとヒドロゲルが生成する。このゲルは,水に混じる殆どの有機溶媒の水溶液中で膨潤することが分かった[46]。しかし,水や有機溶媒のみでは逆に収縮を示した。これまで報告されてきたゲルは,水や有機溶媒では膨潤するが,含水有機溶媒では収縮することが一般的であり,従って,このリグニンゲルは従来の材料では発現しない特異な物性を持つゲルと断定できる。リグニンの利用においては化石資源由来の製品との比較が行われ,常にリグニンを利用する有意性が問われてきたが,このリグニンゲルが正にリグニンの特性を反映している材料と思われる。

ヘミセルロース成分の利用として,前書で既に,キシリトールやマンニトールに変換して結晶として得られることが述べられているが,その他に微生物の飼料として用いることもできる。高純度・高結晶のセルロースを産出するバクテリアとして酢酸菌が知られているが,セルロースの生産コストを下げるために,安価な原料が求められている。*A. xylinum* (最近は, *G. xylinus* と

木質系有機資源の新展開

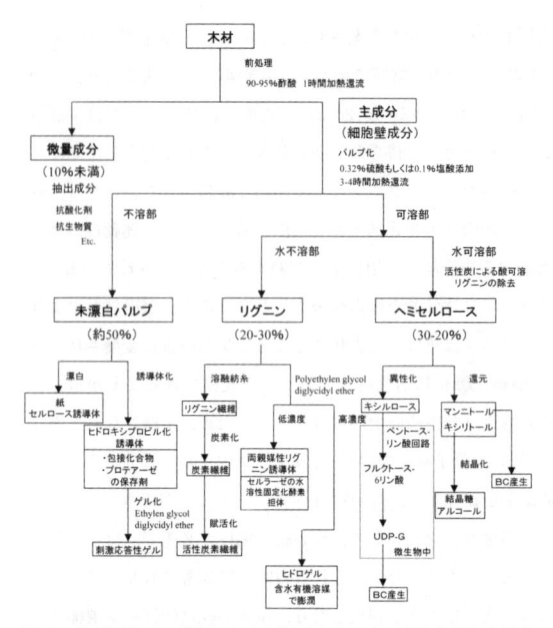

図2 常圧酢酸パルプ化による木質バイオマスの成分分離と分離成分の利用

標記する）のATCC 10245菌は，マンニトールを炭素源とすることで，Glcを炭素源とするより多量のセルロースを産生する。したがって，グルコマンナンを主要ヘミセルロース成分とする針葉樹の糖画分から，還元により酢酸菌の炭素源を作り出すことが可能である。常圧酢酸パルプ化では，リグニン沈殿後の上澄の水溶液はヘミセルロース由来の単糖類をほぼ定量的に含んでいる。同時に，低分子の酸可溶性リグニンも含んでいるため，この画分を活性炭で除去後，Ni触媒下，水素による接触還元することでマンニトールに富む糖アルコール溶液が得られる。これを炭素源として液体培地に用いることで，酢酸菌によるセルロース産生能が向上した。

一方，広葉樹ヘミセルロースはキシロースに富むが，キシロースおよびキシリトールは酢酸菌の炭素源とはなりにくい。そこで，パルプ化廃液から得られる糖画分を，グルコースイソメラーゼを用いてケトースに変換することで炭素源として利用できることが見出された。これは，キシロースがキシルロースに酵素的に変換され，その後，酢酸菌がキシルロースを摂取し，キシルロースがリン酸化物となり，ペントース-リン酸回路に取り込まれ，最終的にはセルロースへ変換されたと推測される[47]。このように，キシルロースは代謝系の前駆物質として重要であり，糖の異性化を活用することで，広葉樹ヘミセルロース由来の単糖類も発酵などの微生物工学の分野で利用できると考えられる。以上の結果を，図2に総合プロセスとして纏めた。

最後に，パルプ化とセルロース誘導体の調製を同一溶媒系で行う方法について説明する。常圧酢酸パルプ化の蒸解溶媒は酢酸であるが，最も汎用なセルロース誘導体であるセルロースアセテートも酢酸を溶媒として製造されている。パルプ化から誘導体化までを，水を使うことなく酢酸のみで行うことができれば，大幅なコスト削減が期待できる。そこで，パルプ化後の漂白も酢

第3章 植物細胞壁の精密リファイニング

酸中で行える TCF 漂白(オゾン漂白と,酢酸に過酸化水素を添加することで生成する過酢酸漂白)を組み合わせることで,酢酸のみを溶媒とする誘導体原料の調製が可能であった。酢酸中にあるパルプに,触媒とアセチル化剤である無水酢酸を添加することで,目的のアセテートが製造できる[48]。反応時間を調節することで,置換基分布が均一なセルロースジアセテートを得ることができ,十分なアセトン溶解性を示した。だが,パルプ化で生じる reject(主に結束繊維)がアセトン不溶部として残留した。したがって,この製造方法を工業化するには,reject の除去が問題となり,酸条件下で使用できるリファイナーおよびスクリーンの開発が必要である。これらを解決することで,常圧酢酸パルプ化は「木質バイオマス成分の総合利用」を達成する成分分離法としての有用性ばかりでなく,低コストな機能性材料の前処理システムとして活用できると推測される。

オルガノソルブパルプ化は,成分利用を目的としたパルピングとして有望視されているが,今後さらに,リグニンの高度利用およびヘミセルロースの利用研究が進展し,コンビナート的な一体型の連続利用システムの構築が実用化に向けての今後の課題と考える。

文　献

1) 今井将徳,松下泰幸,福島和彦,第54回日本木材学会大会研究発表要旨集,p.320 (2004)
2) 木材成分総合利用研究成果集,木材成分総合利用技術研究組合編,p.93-141 (1990)
3) K. Sudo, K. Shimizu, *J. Appl. Polym. Sci.*, **44**, 127-134(1992)
4) K. Sudo, K. Shimizu, N. Nkamura, *et al.*, *J. Appl. Polym. Sci.*, **48**, 1485-1491(1993)
5) 木材成分総合利用研究成果集,木材成分総合利用技術研究組合編,p.193-194 (1990)
6) 木質バイオマスの利用技術,日本木材学会編,文永堂出版,p.93-95 (1991)
7) G. A. Smook, *2nd Edition Handbook for Pulp and Paper Technologists*, Angus Wilde Publications, p.157-158(1991)
8) E. Sjöström, *Wood Chemistry-Fundamentals and Applications 2nd Edition*, Academic Press Inc., P.158(1993)
9) A. G. Kirkman, J. S. Gratzl, *Tappi*, **69**(5), 110-114(1986)
10) V. E. Popowska, *Holzforschung und Holzverwertung*, **40**(4), 74-77(1988)
11) R. Brezny, L. Paszner, M. M. Micko, *et al.*, *Holzforschung*, **42**, 369-373(1988)
12) I. Zoumpoulakis, J. Simitzis, *Polym. Intl.* **50**, 277-283(2001)
13) T. N. Kleinert, *U. S. Pat* **856**, 567(1931)
14) H. E. Worster, *Pulp and Paper Canada*, **75**(10), 45(1984)
15) 中野準三編,リグニンの化学-基礎と応用-増補改訂版,ユニ出版,p.463 (1990)
16) E. K. Pye, J. H. Lora, *Tappi J.* **74**(3), 113-118(1991)

17) R. Solar, E. Gajdos, D. Kachikove, *et al. Cell. Chem. Technol.*, **34**, 317-329(2000)
18) R. Solar, E. Gajdos, D. Kachikove, *et al. Cell. Chem. Technol.*, **34**, 571-580(2000)
19) M. A. Gilarranz, F. Rodriguez, M. Oliet, *Holzforschung*, **54**, 373-380(2000)
20) S. Navaee-Ardeh, J. M. Rovshandeh, A. A. Khodadadi, et al. *Cell. Chem. Technol.*, **37**, 405-413 (2003)
21) L. Jimenez, I. Perez, M. J. de la Torre, *et al. Bioresource Technol.*, **72**, 283-288(2000)
22) L. J. Alcade, J. C. G. Domingue, I. P. Ot, *Tappi J.*, **2**, 27-31(2003)
23) H. T. Sahin, *J. Chem. Technol. Biot.*, **78**, 1267-1273(2003)
24) D. S. Ruzene, A. R. Goncalves, *Appl. Biochem. Biotech.*, **105**, 769-774(2003)
25) L. Jimenez, I. Perez, J. C. Garcia, *et al. Bioresource Technol.*, **78**, 63-69(2001)
26) L. Jimenez, A. Rodriguez, I. Perez, *et al. Wood Fiber Sci.*, **36**, 423-431(2004)
27) L. Jimenez, A. Rodriguez, M. J. Diaz, *et al. Holzforschung*, **58**, 122-128(2004)
28) T. Kishimoto, Y. Sano, *Holzforschung*, **55**, 611-616(2001)
29) T. Kishimoto , A. Ueki, H. Takamori, *et. al. Holzforschung*, **58**, 355-362(2004)
30) D. Yawalata, L. Paszner, *Holzforschung*, **58**, 1-6(2004)
31) D. Yawalata, L. Paszner, *Holzforschung*, **58**, 7-13(2004)
32) H. H. Nimz, *Holz als Roh- und Werkstoff*, **44**, 207-212(1986)
33) K. Poppius-Levlin, R. Mustonen, T. Huovila, *et al.*, *Paperi ja Puu*, **73**, 154-8(1991)
34) H. H. Nimz, M. Schoene, *Proceedings of the Brazilian Symposium on the Chemistry of Lignins and Other Wood Components* -3rd, Belo Horizonte, Brazil, p. 63-72(1993)
35) J. Puls, B. Saake, L. U. Knuth, *et al.*, *AFINIDAD*, **60**(505), 233-238(2003)
36) H. Sixta, H. Harms, S. Dapia, *et al.*, *Cellulose*, **11**, 73-83(2004)
37) H-P. Fink, P. Weigel, J. Ganster, *et al.*, *Cellulose*, **11**, 85-98(2004)
38) H. D. Rozman, K. W. Tan, R. N. Kumar, *et al.*, *Polym. Intl.*, **50**, 561-567(2001)
39) S. Kubo, Y. Uraki, Y. Sano, *Holzforschung*, **50**, 144-150(1996)
40) Y. Uraki, S. Kubo, N. Nigo, *et al.*, *Holzforschung*, **49**, 343-350(1995)
41) Y. Uraki, S. Kubo, T. Kurakami, *et al.*, *Holzforschung*, **51**, 188-192(1997)
42) S. Kubo, M. Ishikawa, Y. Uraki, *et al.*, *Mokuzai Gakkaishi*, **43**, 655-662(1997)
43) S. Kubo, Y. Uraki and Y. Sano, *Carbon*, **36**, 1119-1124(1998)
44) Y. Uraki, A. Nakatani, S. Kubo, *et al.*, *J. Wood Sci.*, **47**, 465-469(2001)
45) Y. Uraki, N. Ishikawa, M. Nishida, *et al.*, *J. Wood. Sci.*, **47**, 301-307(2001)
46) M. Nishida, Y. Uraki and Y. Sano, *Bioresource Tech.*, **88**, 81-83(2003)
47) Y. Uraki, M. Morito, T. Kishimoto, *et al.*, *Holzforschung*, **56**, 341-347(2002)
48) H. Sato, Y. Uraki, T. Kishimoto, *et al.*, *Cellulose*, **10**, 397-404(2003)

3 超臨界流体による細胞壁成分の分離技術

3.1 はじめに

坂　志朗*

　木質バイオマスはリグノセルロースとも呼ばれ，その細胞壁主要成分であるセルロース（40～50％），ヘミセルロース（20～30％）およびリグニン（20～30％）から構成されている。木質バイオマスを有効利用するためには，これらの構成成分を分離することなく総体利用する場合と，それぞれの成分を分離して別々に利用する場合がある。本節ではこれらの分離技術の一つとして超臨界流体技術を取り上げ，その成果を紹介する。

3.2 超臨界流体とは[1~4]

　物質は温度と圧力条件により，気体，液体，固体と形を変えるが，気体と液体の間で臨界点が存在する。超臨界流体は臨界点を超えた高密度の物質で非凝縮性の流体であり，液体の1/2～1/5程度の密度で粘性率は気体なみである。したがって，気体分子と同等の大きな運動エネルギーを有し，液体に匹敵する高い密度を兼ね備えた高活性な流体と言え，その中では反応速度が大幅に増大する。さらにその誘電率やイオン積を温度，圧力によって制御でき，溶媒特性を連続的に変えることができ，溶媒系から非溶媒系の特性を包括し，イオン的反応場からラジカル的反応場までを実現する。

3.3 超臨界水による細胞壁成分の分離

3.3.1 超臨界水処理

　図1には，流通型超臨界水バイオマス処理装置の模式図を示す。本装置の反応部の材質はハステロイ-C276で，450℃，45MPa までの超臨界状態での使用が可能である。リグノセルロース試料はスラリー状で注入器に充填され，沈殿を防ぐため高圧循環ポンプにより常に攪拌されている。所定温度および圧力に保たれた反応管において，超臨界水（臨界温度（Tc）；374℃，臨界圧力（Pc）；22.1MPa）とスラリーを合流させることで反応が開始され，反応部位を通過した後，直ちに大量の冷水を注入することで超臨界状態から解放され，さらに冷却管によって外部冷却することで反応が停止される。この仕組みにより，380℃，40MPa の超臨界水処理が0.1秒単位で制御可能である。

　図2には，リグノセルロース試料の超臨界水処理後の分画スキームを示す。処理物は，ろ過により超臨界水可溶部と超臨界水不溶部に分離される。超臨界水可溶部を室温で12時間放置すると，

---

*　Shiro Saka　京都大学　大学院エネルギー科学研究科　教授

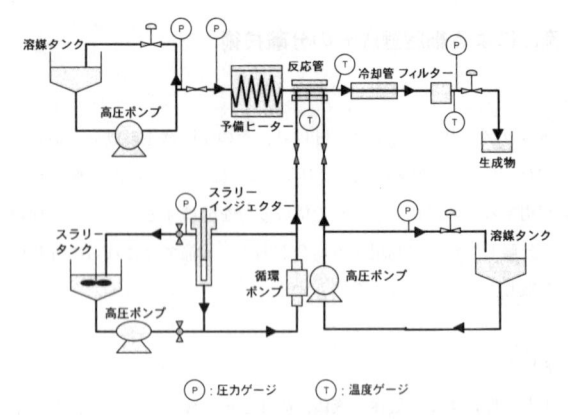

図1　流通型超臨界水バイオマス処理装置の模式図[6]

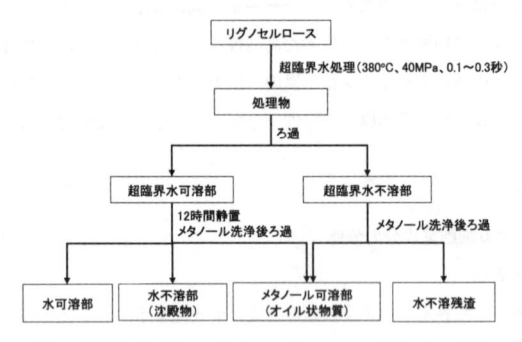

図2　超臨界水処理したリグノセルロースの分離スキーム[5,6]

白色の沈殿物とオイル状の物質が析出してくる。これらはそれぞれ，ろ過およびメタノール抽出によって水不溶部（沈殿物）およびメタノール可溶部として分離される。また，超臨界水不溶部は水不溶残渣として回収される。なお，水可溶部には主にセルロースおよびヘミセルロース由来の物質が，メタノール可溶部にはリグニン由来の物質が含まれることが明らかになっている[5]。

3.3.2　セルロースおよびヘミセルロース

図3にはセルロースの超臨界水処理で得られる水可溶部のHPLCクロマトグラムを示す。また，図4には水可溶部と水不溶部（沈殿物）からの生成物の化学組成を示す。0.12秒の処理では，多糖，セロオリゴ糖，単糖（グルコース，フルクトース）などの加水分解物の収率が75%に達して

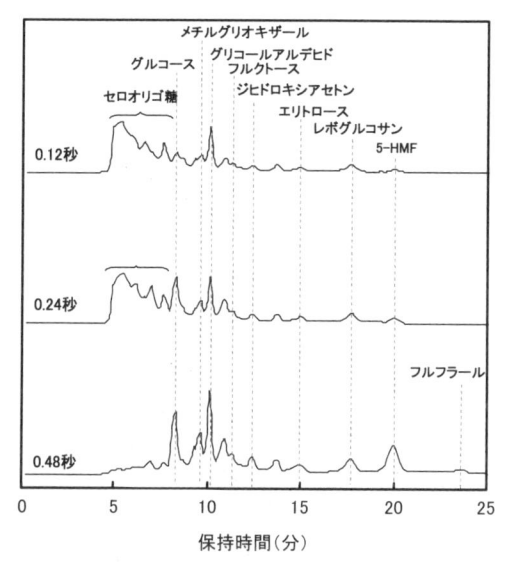

第3章 植物細胞壁の精密リファイニング

図3 セルロースの連続流通型超臨界水処理で得られる水可溶部のHPLCクロマトグラム（380℃，40MPa）[6]

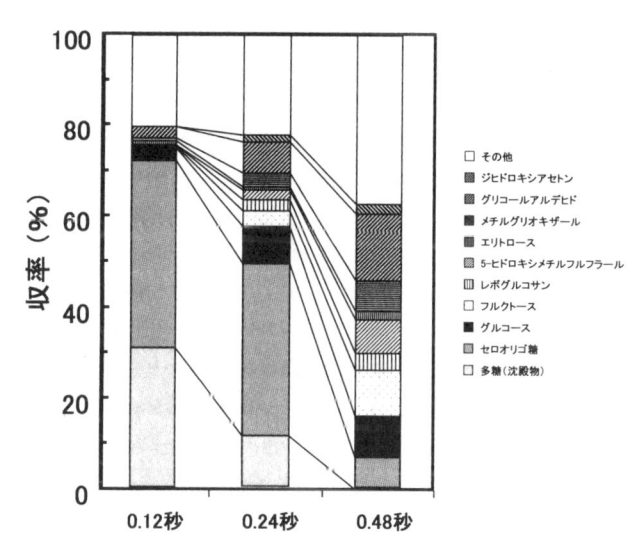

図4 セルロースの超臨界水処理による生成物の化学組成（連続流通型処理，380℃，40MPa）[6]

木質系有機資源の新展開

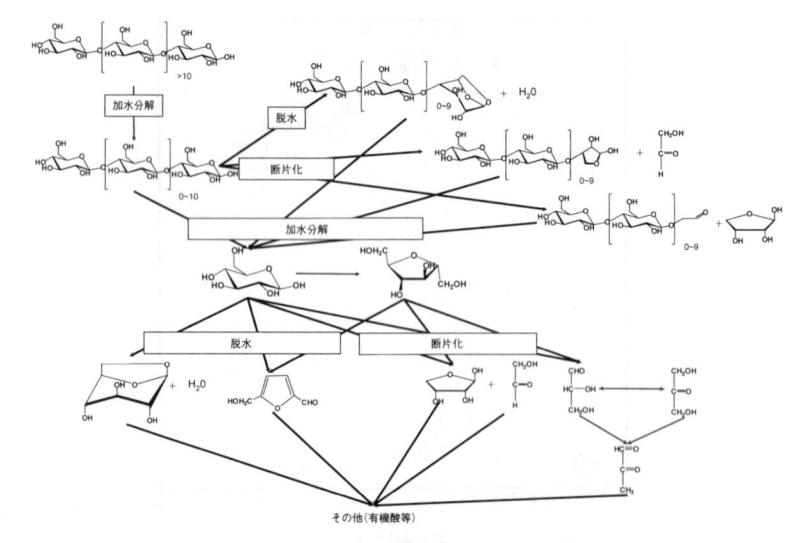

図5 超臨界水処理によるセルロースの分解反応プロセス[6]

いる。一方,処理時間0.48秒では,レボグルコサン,5-ヒドロキシメチルフルフラール(5-HMF),エリトロース,メチルグリオキザール,グリコールアルデヒド,ジヒドロキシアセトンなどの熱分解物の収率が70%に達し,加水分解物の収率が減少している。この結果から,超臨界水処理の初期に加水分解が起こり,その後熱分解反応が追従していることがわかる。これより,エタノール製造のための糖生産には0.12秒付近の極めて短時間の処理が適切であると言える[6]。

セルロースは超臨界水条件下で水素結合が開裂し,結晶構造に"ゆるみ"が生じ骨抜き状態になる[2,3]。同時にイオン積の大きい超臨界水により加水分解を受け,図5に示すように,多糖やセロオリゴ糖となり,さらにグルコースにまで分解され,一部はフルクトースに異性化する。これら糖類は還元性末端で脱水されるとレボグルコサン,5-HMFに,断片化を受けるとメチルグリオキザール,グリコールアルデヒド,ジヒドロキシアセトン,エリトロースに変換され,さらに処理を続けるとギ酸,グリコール酸,酢酸,乳酸などの有機酸にまで熱分解される[7]。

ヘミセルロースについては,基本的にはセルロースと同様の反応を示すが,非晶であるため,その分解は結晶性セルロースよりもさらに速い。そのため,セルロースの分解に処理条件を合わせると,ヘミセルロースは過分解する。そこで,2段階処理からなる半流通型処理[8]や,超臨界水処理と亜臨界水処理を組み合わせた方法[9]が提案されている。前者では180℃近辺でリグノセルロース中のヘミセルロースを加水分解させながら細胞壁より加圧抽出により,キシロオリゴ糖

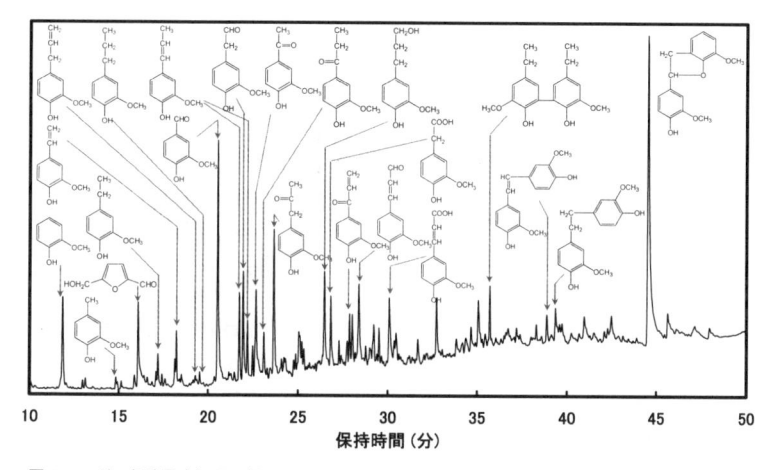

第 3 章　植物細胞壁の精密リファイニング

図 6　スギの超臨界水処理で得られるメタノール可溶部中のリグニン由来物質の GC-MS 分析[10]

などのヘミセルロース由来の糖類を抽出した上で超臨界水処理を後続させ，ホロセルロースからの分解物を効率よく回収している。

3.3.3　リグニン

リグニンはフェニルプロパン単量体の脱水素重合体であり，エーテル結合と縮合型結合から成っている。超臨界水条件下ではエーテル結合がセルロースと同様極短時間で開裂し，低分子化して可溶化する。処理後，超臨界水（誘電率10～20程度）は通常の水に戻り，それに伴って誘電率が80程度まで上昇し，疎水性のリグニン由来物質はオイル状物質として分離，回収される[5]。図6にはスギから得られたオイル状物質の GC-MS 分解結果を示す。このように針葉樹の場合，イソオイゲノール，オイゲノール，プロピルグアイアコール，コニフェリルアルコールなどのグアイアシルリグニン由来の芳香族化合物が生成する。また，プロピル側鎖が開裂したバニリン，バニリン酸，ビニルグアイアコール，メチルグアイアコール，エチルグアイアコール，ホモバニリン酸なども得られている。2量体にはビフェニル型構造，スチルベン型構造，フェニルクマラン型構造のものが生成され，いずれも縮合型結合を有している[10]。

広葉樹ではこれらの化合物に加えてシリンギルリグニン由来のプロピルシリンゴール，シナピルアルコール（C_6-C_3骨格）やビニルシリンゴール，シリンガアルデヒド（C_6-C_2，C_6-C_1骨格）などが生成する。これらはいずれも超臨界水処理のみによる生成物であるため，パルプの蒸解により得られる黒液中のリグニンとは異なりクリーンであり，有用ケミカルスとして有望である[10,11]。

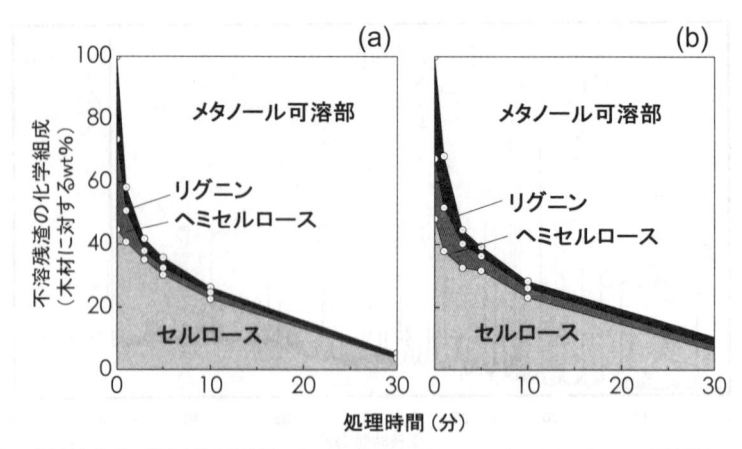

図7 ブナ(a)およびスギ(b)木粉の超臨界メタノール処理（350℃, 43MPa）によるメタノール可溶部とメタノール不溶残渣量の変化[12]

以上のことから，超臨界水処理により得られるバイオケミカルスをペトロケミカルスの代替として用いることで，現存する石油プラントをそのまま利用することが可能となる[2,3]。

3.4 超臨界メタノールによる木質細胞壁成分の分離および総体利用
3.4.1 木質バイオマスの超臨界メタノール分解

超臨界水（Tc；374℃, Pc；22.1MPa）の代わりに超臨界メタノール（Tc；239℃, Pc；8.09MPa）を用いると，超臨界状態がより低温より低圧となり，反応時間は秒オーダーから分オーダーとなる。これにより超臨界処理条件をコントロールすることが容易になる。図7に350℃, 43MPaの条件でブナおよびスギ木粉を超臨界メタノール処理したときのメタノール不溶残渣量を示す。この条件では，リグニン，ヘミセルロースおよびセルロースが効果的にメタノールに可溶化する。結局，処理時間30分でブナ，スギ共に90％以上がメタノールに可溶化する。リグニンについては，反応初期（3分以内）の段階で速やかに可溶化しているが，処理時間5分以降では，木材ベースで1.5〜3％（リグニンベースで5〜10％）程度のリグニンが可溶化せずに残存した。これは後述するように，超臨界メタノール中で安定な縮合型結合に富んだリグニンが不溶残渣として残存したものであると考えられる[12]。

一方，メタノール可溶部のHPLC分析から，セルロース由来の主要な分解生成物として，メチル-α, β-D-グルコシド，レボグルコサン，フルフラールおよび5-ヒドロキシメチルフルフラールなどが確認された。また，リグニン由来の主要な生成物として，グアイアシルリグニン（ブナ

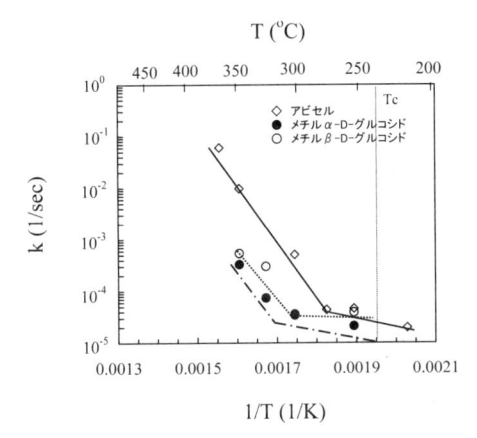

第3章 植物細胞壁の精密リファイニング

図8 超臨界メタノールによるアビセルおよびメチルα-, およびメチルβ-D-グルコシドの分解速度定数のアレニウスプロット (メタノールの Tc = 239℃)[13]

およびスギの両者) からはコニフェリルアルコールが, シリンギルリグニン (ブナの場合) からはシナピルアルコールが確認された。これらはさらにγ位のメチル化により, それぞれコニフェリルアルコールγ-メチルエーテル, シナピルアルコールγ-メチルエーテルに変換された。また, これらの他, グアイアシルリグニン由来としてグアイアコール, シリンギルリグニン由来として2,6-ジメトキシフェノール等の生成も確認された。

(1) セルロースの分解挙動[13]

セルロースの分解挙動をさらに検討するため, アビセル (微結晶セルロース), コットンリンター, 溶解パルプなどの各種セルロースの超臨界メタノール処理を検討した。その結果, 350℃, 43MPa の条件において, アビセルは処理時間7分ですべて可溶化したが, 繊維形態を持つコットンリンターおよび溶解パルプは90%を可溶化するのに約20分を要した[13]。これより, セルロースの繊維形態が超臨界メタノール中での可溶化に大きく影響することが判明した。

図8には超臨界メタノールによるアビセルの分解速度定数のアレニウスプロットを示す。処理温度290℃付近で急激に反応速度が高まり, 350℃付近でメタノールの臨界点近傍での500倍もの分解速度となった。したがって, セルロースの分解には290℃以上の処理温度が効果的であることがわかる。一方, 370℃以上の温度ではメタノールそのものの熱分解が起こるため[14], 結局, 超臨界メタノールによる木質系バイオマスの分解には, 350℃程度での処理が最適であると考えられる。

さらにメタノール可溶部の HPLC および LC-MS 分析により, セルロースの分解経路が明らか

61

となった（図9）[13]。すなわち，セルロースは加溶媒分解によりセロトリオース，セロビオース，さらにはグルコース単位にまで低分子化し，それぞれのメチル化物となる。ここで，グルコースのメチル化物，メチル-β-D-グルコシドはアノマー化により一部メチル-α-D-グルコシドになり，相互に安定化している。これらは，処理時間を長くすると熱分解によりさらにレボグルコサンなどへと低分子化するが，図8に示したように，メチル-D-グルコシドはα体，β体共に分解速度がセルロースよりも1/20程度小さく，超臨界メタノール中で比較的安定に存在する。これは，メチル-D-グルコシドに対するメタノール分子の"かご効果"によるものと考えられる[13]。

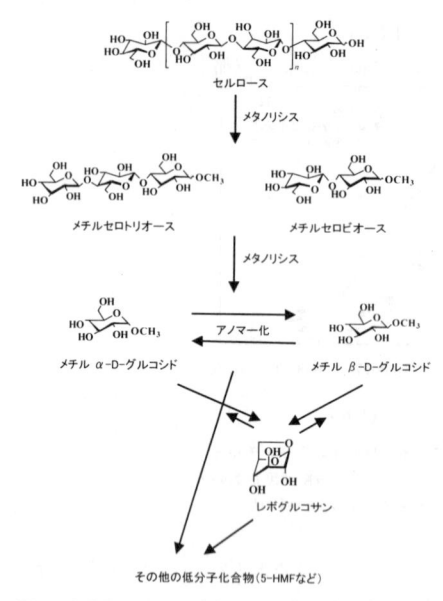

図9　超臨界メタノール処理によるセルロースの分解反応機構[13]

(2) リグニンの分解挙動[15,16]

表1に，針葉樹（Spruce材）および広葉樹（Beech材）リグニンにおけるフェニルプロパン（C_6-C_3）単位100個当たりの結合様式を示す[16,17]。針葉樹リグニンではβ-O-4型エーテル結合はフェニルプロパン単位100個中48〜50個，α-O-4結合を含めると54〜58個，広葉樹リグニンでは65個とさらに多い。一方，5-5，β-5の縮合型結合は，針葉樹リグニンでそれぞれ10個程度であるが，広葉樹リグニンではより少なくなる。このように，針葉樹リグニンでは縮合型結合とエーテル型結合の割合はおよそ1：2であるが，広葉樹リグニンでは後者の割合がさらに多く，一般にシリンギルプロパン構造が多い材ほどエーテル結合の割合が多くなる[18]。これらの結合に対する超臨界メタノールの反応挙動を明らかにすることは極めて重要である。

そこで，超臨界メタノール中での縮合型および非縮合型（エーテル型）リグニンモデル化合物の反応挙動を調べた。まず，縮合型モデル化合物としてビフェニル（5-5）型化合物，およびβ-1型化合物を用いて超臨界メタノール処理を行った。その結果，フェノール性5-5型化合物の78％，非フェノール性5-5型化合物の91％が未反応物として回収された[15]。また，β-1型化合物の場合，γ位の脱離によりスチルベン誘導体を生成するが，β-1結合の解裂は起こらず，モノマー化合物

第3章　植物細胞壁の精密リファイニング

表1　針葉樹および広葉樹リグニンにおけるフェニルプロパン C_6-C_3 単位100個当たりの結合様式

結合の種類	C_6-C_3単位100個当たりの結合の数	
	針葉樹（Spruce材）[13]	広葉樹（Beech材）[14]
エーテル型		
β-O-4	48～50	65
α-O-4	6～8	
5-O-4	3.5～4	1.5
縮合型		
5-5	9.5～11	2.3
β-5	9～12	6
β-1	7	15
β-β	2	7.5

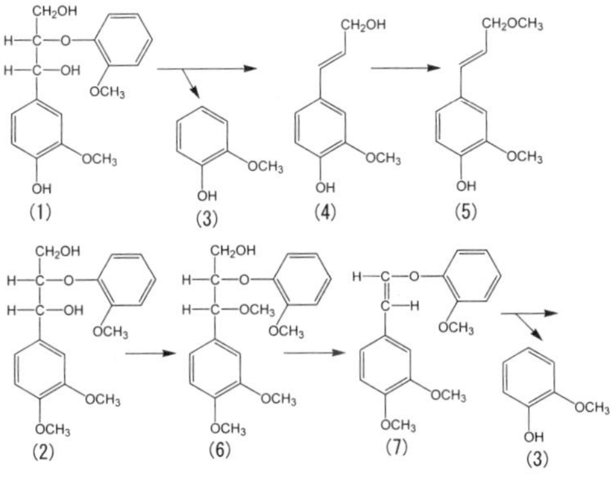

図10　超臨界メタノール条件下でのフェノール性および非フェノール性 β-O-4型リグニンモデル化合物の分解経路[15]

は生成されなかった[16]。

　一方，β-O-4型モデル化合物(1)(2)は超臨界メタノール中で高い反応性を示した。分解経路を図10に示す[15]。フェノール性モデル化合物(1)の場合，まずグアイアコール(3)とコニフェリルアルコール(4)に解裂し，後者はさらに超臨界メタノールの酸触媒作用[19]により，γ位がメチルエーテル化されたコニフェリルアルコールγ-メチルエーテル(5)となることが明らかとなった。また，非フェノール性 β-O-4型モデル化合物(2)については，酸に不安定な α-水酸基がまずメチル化され(6)，さらにγ位の脱離により，2-(2'-メトキシフェニル)-1-(3,4'-ジメトキシフェニル)エテンのシス体およびトランス体(7)へと変換され，その後 β-エーテルが解裂し，グアイアコールを生成した。同様に α-O-4型モデル化合物の場合でも，α-エーテルが速やかに解裂し，グアイ

表2 超臨界メタノール中での各種リグニンモデル化合物の反応性[16] (270℃, 27MPa)

	縮合型			エーテル型			
	5-5		β-1	β-O-4		α-O-4	
	ph *	nph	nph	ph	nph	ph	nph
結合の反応性**	×	×	×	○	○	◎	○
分解速度定数 (10^3/秒)	—	—	—	2.8	0.34	***	0.17
活性化エネルギー (kJ/mol)	—	—	—	69	85	***	113

* ph；フェノール性, nph；非フェノール性
** ×；非常に安定 ○；すみやかに解裂 ◎；きわめてすみやかに解裂
*** 分解性がきわめて高く, 評価が困難。

アコール等のモノマー化合物を生成した[16]。

　以上, 各種リグニンモデル化合物の反応性をまとめたものを表2に示す[16]。これにより, 縮合型結合は超臨界メタノール中で解裂せず, これらの結合はリグニンの低分子化には寄与していないことが示唆される。一方, エーテル型結合は超臨界メタノール中で速やかに解裂しており, これらエーテル結合が主にリグニンの低分子化に寄与しているものと考えられる。さらに, フェノール性モデル化合物の方が非フェノール性のものよりも短時間で解裂している。針葉樹リグニンでのフェノール性β-O-4構造は僅か9％程度[20]であるが, フェノール性β-エーテル結合が開裂すると, 新たにフェノール性β-O-4構造が生成し, 木材中のリグニンは連鎖的に低分子化し, 超臨界メタノールに可溶化するものと推察される。

　これらの知見を基に, 図7の結果を見てみると, 反応初期（処理時間3分程度まで）の急激なリグニン量の減少はエーテル結合の解裂によるものであり, 一方, 処理時間5分以降での残存リグニンは縮合型構造に富んでいるものと推定できる。このリグニンの残存量はスギの方がブナより倍程度多いが, これは針葉樹材と広葉樹材のリグニン構造の差を反映している。

3.4.2 メタノール可溶部の液体燃料としての可能性[21]

　メタノール可溶部の液体燃料としてのポテンシャルを明らかにするため, メタノール可溶部の定容着火試験を行った[21]。まず, 図1で示した流通型超臨界流体バイオマス変換装置を用いて, 350℃, 40MPaの条件にてベイスギ木粉の超臨界メタノール処理を行い, バイオマス濃度10wt％のメタノール可溶部（燃料1）を得た。一方, モデル燃料として, グアイアコール濃度30wt％（燃料2）およびフルフラール10wt％＋メチル-α-D-グルコシド5wt％＋グアイアコール10wt％（燃料3）のメタノール溶液を調製した。これら燃料1〜燃料3の着火特性を, 定容燃焼装置を用いて調べた結果を図11に示す[21]。ベイスギからのメタノール可溶部（燃料1）は純粋メタノールよりも着火遅れが短縮された。燃料1をディーゼル軽油とほぼ同等のセタン価（CN＝56）を持つn-ヘプタンおよび非常に低いセタン価（CN〜10）を持つi-オクタンと比較すると, 雰囲気温度

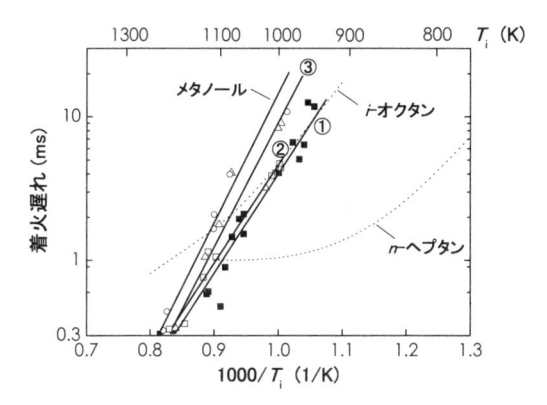

第3章　植物細胞壁の精密リファイニング

図11　メタノール可溶部および各種モデル燃料の着火遅れ[21]
■　（燃料1）：メタノール可溶部（ベイスギ；10wt%）
□　（燃料2）：グアイアコールのメタノール溶液（30wt%）
△　（燃料3）：グアイアコール，フルフラールおよびメチル-α-D-グルコシドのメタノール溶液（それぞれ10, 10, 5wt%）
○：メタノール

が1,100K以上ではn-ヘプタンよりも着火遅れが短いが，1,000K付近ではi-オクタンに近いという結果を得た。したがって，圧縮比が18程度の無過給機関（圧縮温度800～900K）において利用するならば，自着火は難しく，グロープラグなどの着火補助手段が必要と考えられる。一方，モデル燃料2の場合でも同様に着火遅れの改善が確認されたが，モデル燃料3の場合ではメタノールとほぼ同等の着火遅れであった。したがって，メタノール可溶部の着火遅れの改善はリグニン由来生成物に起因するものと示唆される。

結局，バイオマス濃度10wt%のメタノール可溶部ではディーゼル燃料としては着火遅れが大きすぎるが，これはメタノールの着火特性が強く反映されたものである。したがって，リグニン由来生成物が高濃度のメタノール可溶部が得られれば，着火特性がn-ヘプタン（軽油相当燃料）に近づくものと期待される。

バイオマス資源からのメタノール合成には，H_2OとO_2の混合ガスをガス化剤とした噴流床方式による水蒸気ガス化がある。これにより得られたH_2とCOからバイオメタノールが生産できる[22]。このバイオメタノールを用いてバイオマスを超臨界処理すると，上述の如く，そのほとんどが液化され，100%バイオマスベースの液体が得られる。木質バイオマスは古くから燃料として用いられてきたが，かさ高く取り扱いにくいことから，液体の石油や気体の天然ガスが燃料として多用されてきた。しかし，この100%バイオマスベースのメタノール溶液は，固体のバイオマスと違っ

て，これだけで燃料としての価値がある．さらに，メタノールに可溶化した成分は，メチル α, β-D-グルコシドをはじめ，リグニン構成単位であるフェニルプロパンの2～3量体などからなっており，それらを分離・回収することで，これまで化石資源から得ていた多くの有用なケミカルスを得ることができる．

3.5 おわりに

　超臨界流体技術は，21世紀の科学を切り拓く注目すべき技術の一つであるが，その実現のためには装置の開発が重要である．すなわち，高温，高圧に耐え得る特殊な合金が必要であることや，超臨界流体をバイオマスの加水分解場とする場合には，高温領域で一般にみられる熱分解よりも，イオン的反応場として捉え得る短時間の処理条件が必須である．超臨界流体装置にはバッチ型と連続流通型があるが，後者の場合，固液反応系に対する流通型高圧ポンプの実用レベルでの開発が課題である．

　今後，エネルギーおよび資源問題の解決に向けて，水やメタノールのみならず他の溶媒の超臨界流体を用いた，バイオマスの有用物質への化学変換やエネルギー化の研究に大きな期待が寄せられるであろう．

文　　献

1) 坂志朗, APAST, **35**, 5 (2000)
2) 坂志朗, 木材工業, **56**, 105 (2001)
3) 坂志朗, バイオマス・エネルギー・環境, アイピーシー出版, 291 (2001)
4) 坂志朗, 技術予測シリーズ第2巻, 日本ビジネスレポート㈱, 33 (2000)
5) S. Saka, R. Konishi, *Progress in Thermochemical Biomass Conversion*, 1338, Blackwell Sci., Oxford, (2001)
6) K. Ehara, S. Saka, *Cellulose*, **9**, 301(2002)
7) K. Yoshida, K. Ehara, S. Saka, *26th Symp. on Biotech. for Fuels and Chemicals*, accepted.
8) 安藤浩毅 ほか5名, 木材学会誌, **49**, 293 (2003)
9) 江原克信, 坂志朗, 京都大学21世紀COEプログラム, 第2回国内シンポジウム予稿集, P-BE-3 (2004)
10) D. Takada, K. Ehara, S. Saka, *J. Wood Sci.*, **50**, 253(2004)
11) 江原克信, 高田大士, 坂志朗, 京都大学21世紀COEプログラム, 第2回国内シンポジウム予稿集, P-BE-4 (2004)
12) E. Minami, S. Saka *J. Wood Sci.*, **49**, 73(2003)

第3章 植物細胞壁の精密リファイニング

13) Y. Ishikawa, S. Saka, *Cellulose*, **8**, 189(2001)
14) R. Labrecque, et al., *Ind. Eng. Chem. Prod. Res. Dev.*, **23**, 177(1984)
15) J. Tsujino, H. Kawamoto, S. Saka, *Wood Sci. Technol.*, **37**, 299(2003)
16) E. Minami, H. Kawamoto, S. Saka, *J. Wood Sci.*, **49**, 158(2003)
17) E. Adler, *Wood Sci. Technol.*, **11**, 169(1977)
18) H. Nimz, *Angrew. Chem.*, **13**, 313(1974)
19) W. Benjamin, K. Michael, S. Stanley, *AIChE J.*, **36**, 1129(1990)
20) P. Whiting, D. A. I. Goring, *Paperi ja Puu*, **10**, 592(1982)
21) M. Shioji et al. *Proceedings of Kyoto Univ. Int. Sym. on Post-Petrofuels in the 21st Century*, Montreal, Sept. 3-4(2002)
22) 坂井正康, バイオマスが拓く21世紀エネルギー, 森北出版, 48 (1998)

4 生体触媒による分子変換制御技術

渡辺隆司*

4.1 はじめに

　化石資源の枯渇と二酸化炭素問題が深刻化するにつれ，様々な有用ケミカルスをバイオマスから体系的に生産すること，即ちバイオマスを粗原料とする新たなリファイナリー産業の創製が強く求められており，関連する生体触媒技術の開発が活発化している。微生物発酵を伴う植物細胞壁成分の変換法には，濃硫酸，希硫酸などで多糖を酸加水分解した後に生成した単糖を酵母や細菌類で発酵する方法と，多糖の加水分解に酵素を用いる方法があるが，酵素加水分解法では，植物細胞壁をあらかじめ破壊して多糖を露出させる前処理が必要となる。こうした前処理には，爆砕，マイクロ波加熱などの熱化学的手法，粉砕などの物理的方法，ソルボリシスなどの化学的リグニン分解法，リグニンを常温で分解する白色腐朽菌の利用，あるいはこれらの複合処理が検討されている。ここでは，木質細胞壁の精密リファイニングに関連した白色腐朽菌によるリグニン分解と関連技術，ならびに白色腐朽菌処理プロセスを組み込んだ木材の糖化発酵プロセスの実例について述べる。また，多糖加水分解酵素の触媒機能についても概説する。

4.2 白色腐朽菌によるリグニン分解

　微生物発酵により植物細胞壁成分を有用ケミカルスへ変換するためには植物細胞壁を固め，細胞同士を接着しているリグニンが大きな障害となる。リグニンは自然界では微生物により分解されるが，その中心的役割を担うのが白色腐朽菌である。白色腐朽菌には，シイタケ，ヒラタケ，ナメコ，エノキタケなど食卓にならぶ食用菌も多い。木材腐朽菌には白色腐朽菌の他，オオウズラタケ，キチリメンタケなどセルロースを急激に分解しリグニンも変質させる褐色腐朽菌や，*Chaetomium globosum* など主としてセルロースを分解するがリグニンも緩やかに分解して木材を軟腐させる軟腐朽菌がある。褐色腐朽と白色腐朽は一般に担子菌のみにより起こるとされているが，チャゴブタケ，マメザヤタケなどキノコをつくる木材腐朽性の子のう菌も，白色腐朽菌に分類される場合がある。リグニン分解能のある微生物としては，担子菌，子のう菌の他，不完全菌，放線菌などが知られている。パルプ工場廃液や低分子のリグニンフラグメントは *Pseudomonas, Xanthomonas, Micrococcus* などの細菌類でも分解される。自然界においては，はじめに担子菌が植物細胞壁中に埋め込まれた高分子リグニンを分解し，生成したリグニンフラグメントを上記の微生物群が協調して分解すると考えられている。

　リグニンは，不規則な芳香族ポリマーであるために，特異性の高い酵素反応では分解されない。

＊　Takashi Watanabe　京都大学　生物圏研究所　教授

第3章 植物細胞壁の精密リファイニング

即ち,酵素は基質を鍵穴にたとえられる基質結合部位に取り込んで分解するが,不規則なポリマーであるリグニンは酵素の小さな鍵穴に入りこむことができない。白色腐朽菌が,鍵穴に入れないリグニンを分解する機構は多様で複雑である。

　白色腐朽菌は,リグニン分解酵素であるリグニンペルオキシダーゼ (LiP),マンガンペルオキシダーゼ (MnP),ラッカーゼ (Lac) の中の少なくとも1種の酵素を菌体外に分泌する。この中で,LiP は酵素の表面から酵素の活性中心のヘムに至るロングレンジ電子移動経路をもち,酵素の表面において高分子の基質を直接酸化する。また,Phanerochaete chrysosporium などの白色腐朽菌は,LiP とともに二次代謝産物であるベラトリルアルコール (3,4-ジメトキシベンジルアルコール;VA) を生産する。LiP は VA を酸化してカチオンラジカル ($VA^{·+}$) にし,この $VA^{·+}$ が,酸化型の LiP の表層のトリプトファン残基に結合して酵素-ラジカル複合体となり,リグニン分解を一層促進する。LiP や LiP-$VA^{·+}$ 複合体は,リグニンの構成ユニット間の主要な結合様式である非フェノール型エーテル結合を開裂する。この非フェノール型エーテル結合の開裂能はリグニン分解のための一つの前提条件と考えられている。$VA^{·+}$ は過剰量の過酸化水素による LiP の失活を防ぐ役割も担う。LiP は,フェロチトクローム c をメディエーター非存在下で酸化するが,酸化還元電位の高い高分子色素 Poly-R 478に対しては,ベラトリルアルコール,2-クロロ-1,4-ベンゾキノンなどのメディエーターの存在下でのみ酸化活性を示す。リボヌクレアーゼ (RNase) は酵素表層にチロシン残基をもっており,このチロシン残基が酸化されるとダイマーやトリマーが生成する。LiP は,RNase を直接酸化できないが,ベラトリルアルコール存在下では酸化して,RNase の重合物を生成する。一方,Pleurotus 属や Bjerkandera 属の白色腐朽菌では,LiP と MnP のハイブリッド型酵素バーサタイルペルオキシダーゼ (VP) が報告されており,この VP は,メディエーターの存在に依存せず,直接 Poly-R 478や RNase をロングレンジ電子移動経路を利用して酸化する (図1,2)[1]。VP と LiP では,ロングレンジ電子移動経路に関連する酵素表層のトリプトファン (Trp) 残基の酸性アミノ酸残基の配置に顕著な違いがある。LiP では,メディエーターカチオンラジカルを安定する酸性アミノ酸残基が4つあるのに対し,ヒラタケの VP は2つであり負の電荷も小さい (図3)。また,LiP では,Trp 残基近傍のフェニルアラニン (Phe) が外側に大きく突き出しているのに対し,ヒラタケ (Pleurotus ostreatus) の VP では突起が小さく,立体障害を受けにくい構造をとっている。これらの違いが両酵素のメディエーターへの依存性の違いの大きな要因になっていると考えられる。

　LiP や VP に対し,ほとんどの MnP と Lac は,酵素単独ではリグニンの主要結合である非フェノール型エーテル結合を開裂できない。しかしながら,LiP や VP を生産しない白色腐朽菌は多数存在する。LiP や VP 非生産菌のリグニン分解に関しては,低分子代謝物を介したいくつかの機構が提案されている。MnP は,フェノール性の基質とともに2価のマンガンを3価に酸化す

木質系有機資源の新展開

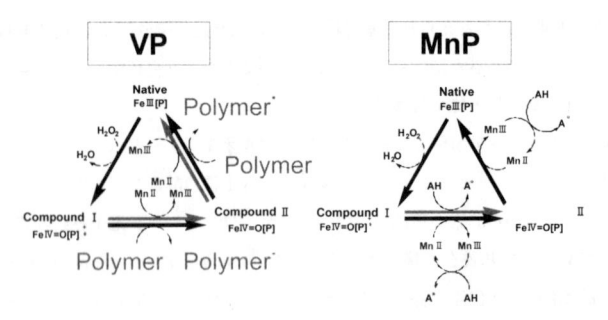

図1 バーサタイルペルオキシダーゼ (VP) とマンガンペルオキシダーゼ (MnP) の触媒サイクル
MnP, VP の触媒サイクルは, LiP と同様, 休止型酵素 [Fe^{3+} P] が初めに過酸化水素などの電子受容体により2電子酸化されて Compound I [Fe^{4+} = OP・] を生成し, Compound I が基質によって2回1電子還元されることによって Compound II [Fe^{4+} OP] を経て休止型酵素に戻り完結する。Phanerochaete chrysosporium の MnP では, Compound I から Compound II への還元は Mn (II), フェノールのいずれをも電子供与体としうるが, Compound II から休止型への還元は電子供与体として Mn (II) を必ず必要とする。これに対し, ヒラタケ (Pleurotus ostreatus) の VP は, Compound I と Compound II の還元のいずれのステップにおいても, Mn (II), フェノール, の他, 高分子体を電子供与体として利用しうる[1]。

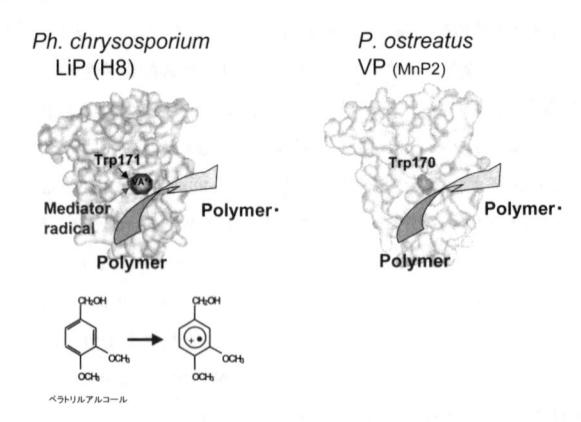

図2 リグニンペルオキシダーゼ (LiP) とバーサタイルペルオキシダーゼ (VP) による高分子基質の分解
ヒラタケ (Pleurotus ostreatus) の VP は, Phanerochaete chrysosporium の LiP の W171に相当する位置に W170をもっており, Poly R-478, RNase などの高分子基質をメディエーター無しで直接酸化できる[1]。これに対し, P. chrysosporium の LiP では, ベラトリルアルコール存在下のみこれらの基質を酸化する。

る酵素であり, 生成した3価のマンガンはシュウ酸, セロビオン酸などのキレート剤により安定化されて酵素から拡散し, リグニンを酸化する。但し, 3価のマンガン錯体はリグニンの主要構造である非フェノール性リグニンユニットを分解できない。しかし, MnP と不飽和脂肪酸が共

第3章 植物細胞壁の精密リファイニング

(a) *Ph. chrysosporium*
LiP (H8)

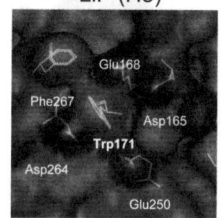

(b) *P. ostreatus*
VP (MnP2)

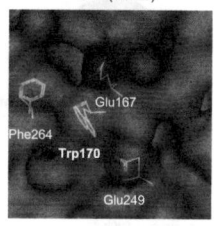

図3 リグニンペルオキシダーゼ (LiP) とバーサタイルペルオキシダーゼ (VP) の酵素表層 Trp 残基周辺のアミノ酸配置と電荷の分布
Phanerochaete chrysosporium LiP のロングレンジ電子移動に関与する Trp の周囲には酸性の4種のアミノ酸が取り巻いているのに対し，*Pleurotus ostreatus* の VP (MnP2) では2つの酸性アミノ酸が存在しているのみであり，LiP の方がメディエーターカチオンラジカルと安定なコンプレックスを作りやすい構造をとっている。また，LiP の方がフェニルアラニンが突出しており，立体障害の回避にメディエーターカチオンラジカルとの複合化が有利と推定される[1]。

存すると酵素単独では分解できない非フェノール性リグニンユニットが分解される[2]。*Ceriporiopsis subvermispora* などある種の白色腐朽菌は，木材腐朽中に MnP とともにリピッドを生産し，それを酸化してラジカルを発生させる[3,4]。ほとんどの Lac も非フェノール性リグニンユニットを直接酸化しないが，ABTS，HBT などのラジカルメディエーターが存在すると，難分解性のリグニン構造を酸化分解する (図4)。また，MnP と飽和脂肪酸の反応と同様，ラッカーゼとメディエーターにさらに不飽和脂肪酸が加わると，分解できる基質の範囲が広がり，架橋したゴムまで分解する[5,6]。これらの反応は，環境汚染物質の分解やパルプの漂白への応用が研究されている。

　白色腐朽菌のリグニン分解では，リグニン分解酵素が木材細胞壁内に進入するか否かで大きく2つの腐朽様式に分けられる。木材の細胞壁には小さな孔があいているが，その孔の直径は10-20Å 以下である。これに対し，酵素の分子直径は40Å 以上はあるため，白色腐朽菌は木材細胞壁に大きな孔を開けない限り，自分の出す菌体外酵素を木材細胞壁内に進入させることができない。カワラタケなど多くの白色腐朽菌は，活性酸素であるヒドロキシラジカル (・OH) を発生させることにより，木材に大きな孔をあけて細胞壁をぼろぼろにしながら木材を分解する。ヒドロキシラジカル (・OH) は Fe (II) と H_2O_2 の反応により生成する。このような白色腐朽菌による腐朽では，木材細胞壁に孔を開けた後に，リグニン分解酵素や多糖分解酵素を進入させる。このため，木材成分である多糖もリグニンもすべて失われてしまい，バイオマス利用にはあまり役立たない。ところが，*C. subvermispora* 等の選択的白色腐朽菌は木材細胞壁に大きな孔を開けることなく2週間程度の短い期間の間に細胞壁や細胞間層の広い範囲のリグニンを分解する[7]。即ち，*C. subvermispora* はセルロースの分解を最小限に抑えてリグニンを分解する。セルロース

木質系有機資源の新展開

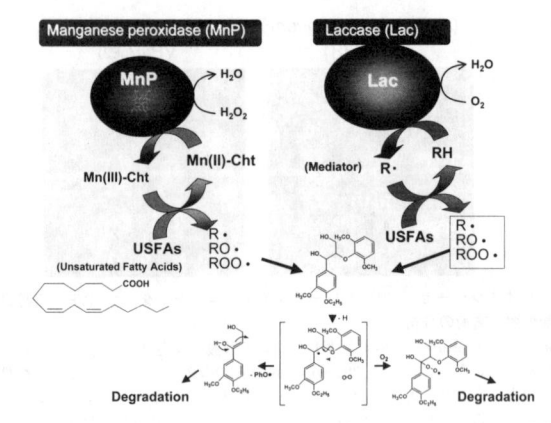

図4 マンガンペルオキシダーゼ（MnP）およびラッカーゼ（Lac）-メディエーターを開始系とするリピッドペルオキシデーション
LiPは，リグニン芳香環から1電子を引き抜いて分解反応が進行するのに対し，リピッドペルオキシデーションでは，リグニンベンジル位からの水素引き抜きにより分解反応が開始される。

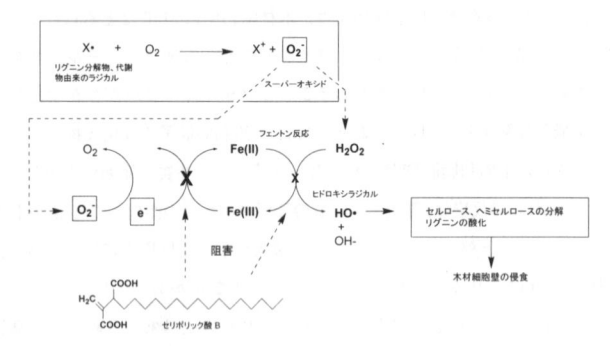

図5 選択的白色腐朽菌の生産する新規代謝物 ceriporic acid によるセルロース分解性活性酸素ヒドロキシラジカル（・OH）の生産抑制機構
菌代謝物による鉄のレドックス反応抑制によりヒドロキシラジカル（・OH）の生成を阻害する。これにより木材腐朽時のセルロースの分解を抑える。

の分解抑制に関しては，この菌がヒドロキシラジカル（・OH）の生成を抑制する菌体外代謝物を生産することが大きく寄与していると考えられる（図5）。我々は，*C. subvermispora* が生産するヒドロキシラジカル（・OH）生成抑制代謝物を単離しその機能を明らかにした[8,9]。選択的白色腐朽菌は，酵素から遠く離れた場所で細胞壁や細胞間層のリグニンを広範囲に分解している（図6）。こうした現象は，酵素の直接反応や酵素-メディエーター反応のみでは説明されず，低分子

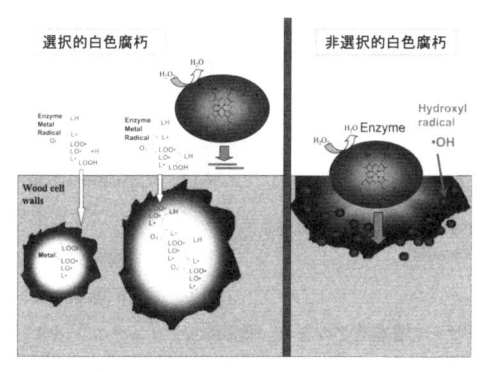

第3章 植物細胞壁の精密リファイニング

図6 選択的および非選択的白色腐朽菌の木材腐朽様式
C. subvermispora などの選択的白色腐朽菌では，木材細胞壁に酵素や菌糸を進入させることなく，酵素から離れた場所でリグニンを高選択的に分解する。*C. subvermispora* は腐朽初期に不飽和脂肪酸とMnPを生産し，不飽和脂肪酸の酸化物であるヒドロペルオキシドとアルデヒド類が生成することから，リピッドペルオキシデーションが腐朽初期のリグニン分解に関与する機構として提案されている。これに対し，非選択的白色腐朽菌では，フェントン反応により水酸化ラジカルを生成させて木材細胞壁を侵食し，大きく開いた孔に酵素が侵入してリグニンとセルロースを同時分解する。

代謝物を介した *in situ* ラジカル反応が関与している。先に述べたようにMnPは，Mn(II)をMn(III)に酸化し，Mn(III)はシュウ酸などのキレート剤により安定化されて酵素から拡散し，これがリピッドを酸化してラジカルを発生させる[4]。この反応系はリグニンモデルを強力に分解する。

以上のように，白色腐朽菌のリグニン分解機構は様々であり，リグニン分解酵素の他に，木材中に含まれる鉄，マンガン，銅などの遷移金属のレドックス反応，スーパーオキシドや水酸化ラジカルなどの活性酸素種，遷移金属に配位する低分子代謝物，アリルアルコールなどの酵素メディエーター，さらにはオリゴ糖，単糖，アリルアルコール，キノンなどの酸化還元酵素が連携して分解が達成される。

4.3 白色腐朽菌によるバイオパルピングプロセス

バイオパルピングは，白色腐朽菌を用いてできるだけセルロースに損傷を与えずにリグニンを選択分解することにより，機械パルプや化学パルプ化におけるエネルギーや薬品の投入量を減らす方法であり，この工程は，バイオマスリファイナリーのための前処理としても有用と考えられる。選択的白色腐朽菌 *C. subvermispora* は，最も優秀なバイオパルピング菌として位置付けられており，現在この菌を用いた日産50tのセミコマーシャルプラントが米国において稼動している[10]。このプラントの概略図を図7に示した。白色腐朽菌処理を大規模スケールで行う場合，雑菌の影

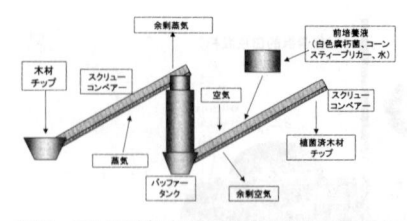

図7 白色腐朽菌によるバイオパルピングのセミコマーシャルプラント[10]

響を少なくするための滅菌処理をいかに行うかがひとつのポイントとなる。Akthar らが検討した結果，蒸気を15秒間木材チップに噴射すると，チップの表面が殺菌され，この表面殺菌のみで，*C. subvermispora* は，十分雑菌に対抗して屋外のチップヤードで木材チップに蔓延してリグニンを分解できることが明らかとなった。

即ち，図7に示したとおり，木材チップは2つのスクリューコンベヤーで菌処理されるが，最初のスクリューコンベヤーの中段に蒸気噴射装置をつけ，ここでチップは15秒間蒸気にさらされる。表面滅菌されたチップは2つのスクリューコンベヤーの中段のバッファー貯蔵タンクに一時ストックされ，そこからさらに2番目のスクリューコンベヤーで上部へ運ばれる。この過程でチップはエアーブローにより100℃付近から30℃以下に急速に冷却される。とうもろこしの搾り汁で前培養された植菌源は，2番目のスクリューコンベヤーで木材チップに振りかけられる。菌のかかった木材チップは，スクリューコンベヤーで均一に攪拌されるとともにチップヤードに運ばれる。培養は野積みされた状態で2週間行われる。野積みしている間木材チップを放置すると，チップは発酵熱で40℃付近まで温度が上昇する。このため，チップパイルの下部から滅菌した湿った空気を吹き込んで27～32℃の最適な温度に制御する。バイオパルピング菌 *C. subvermispora* で木材チップを4週間処理するとパルプ化に必要なエネルギーが40％以上削減できる。Biopulping International 社のセミコマーシャルプラントでも2週間の菌処理で30％以上のエネルギー削減が達成されている。このような *C. subvermispora* によるエネルギー削減効果は木材のみでなくケナフやバガスなどの草本性植物に対しても認められる。

バイオメカニカルパルピングによるエネルギー削減効果は，主として木材細胞同士を接着する細胞間層のリグニンの分解に起因するものであるが，白色腐朽菌は木材細胞壁内に沈着したリグニンも分解するため，菌処理はバイオケミカルパルピングや木材の酵素糖化前処理（4.5参照）にも利用される。例えば，*C. subvermispora* で4週間カバ材を培養した後，菌処理チップをサルファイト法でパルプ化すると，脱リグニンが48％促進されると報告されている[11]。*C. subvermispora* 以外の白色腐朽菌によるバイオパルピングに関しては，王子製紙がアンチセンス法を用いてセルラーゼ活性を抑制したアラゲカワラタケの形質転換株を作成し，同形質転換体を用いたバイオパルピングへの応用研究を実施中である。また，*Physisporinus rivulosus* は，スプルースに対して *C. subvermispora* CZ3株を上回るリグニン分解の選択性があると報告されているが，メカニカルリファイニングのエネルギー削減率は20％と報告されている[12]。

第3章　植物細胞壁の精密リファイニング

4.4　セルラーゼおよびその他の植物細胞壁多糖加水分解酵素

　リグニン分解や粉砕などの前処理を受けることにより多糖が露出した木材は，セルラーゼ，ヘミセルラーゼにより糖化することができる。近年の DNA 組換え技術の進展により，これらの多糖加水分解酵素の構造・機能解析が飛躍的に進展している。セルラーゼの分類に関しては，1980年代の後半以降，hydrophobic cluster analysis（HCA）と呼ばれる疎水性アミノ酸配列のクラスタ構造に基づく A から L までの分類が Henrissat によりなされたが，現在では，この分類法が糖質加水分解酵素全体に拡張され，セルラーゼは97のファミリーからなる糖質加水分解酵素群の一員として分類されている[13]。この分類では，基質特異性は全く考慮されていないため，同一ファミリーに属する酵素でも，しばしば異なる多糖を基質とする。しかしながら，加水分解によって新たに生成した還元性末端水酸基の立体配置が保持（retention）されるか，反転（inversion）されるかはファミリー間で一致する。

　セルラーゼは，水に不溶性のセルロースを分解する酵素である。一般に，不溶性の基質は，酵素の基質結合部位に取り込まれる頻度が，水溶性基質より著しく低い。このため，セルラーゼには基質に結合するためのセルロース結合モジュール（CBM）をもつものがある。CBM はリンカーを介して加水分解反応を行う触媒ドメインと結合している。セルラーゼのセルロース結合モジュール（CBM）では，基質-タンパク間の結合に CBM 内のトリプトファンやチロシン残基の芳香環とグルコースの疎水領域とのファンデスワールス力が関与している。糖質加水分解酵素の CBM は，現在42のファミリーに分類されている[13]。セルラーゼの CBM の中には，複数の多糖類に結合するものが知られている。例えば，ファミリー29の CBM は，セルロースのみでなく，マンナンやグルコマンナンにも結合する[14]。キシランとセルロースの双方に結合する CBM は数多く知られている。Kroon らは，*Penicillium funiculosum* の生産するフェルラ酸エステラーゼがセルロース結合能をもつ CBM をもつことを見出した[15]。イネ科植物などの細胞壁において，フェルラ酸はアラビノース残基を介してキシランとエステル結合する。その一方で，フェノール性水酸基や芳香環を介してリグニンとも結合し，リグニン-糖結合体（LCC）を形成する。セルロースの近傍には，この LCC がマトリックスとして覆われていることから，*P. funiculosum* のフェルラ酸エステラーゼは，セルロースを足場として利用して，周囲に存在するキシラン-フェルラ酸—リグニンのマトリックスを分解するものと予想される。

　Clostridium 属などの嫌気性セルロース分解細菌は，「セルロソーム」と呼ばれる酵素複合体をもつ。その構造は，C 末端側にセルロース結合モジュール CBM をもち，疎水性の高いドメインが繰り返して存在する。一方，セルロソームを構成する酵素サブユニットには，24アミノ酸からなる繰り返し配列をもち，この24アミノ酸の繰り返し配列と，骨格をなす蛋白質に存在する疎水性の高い繰り返しドメインが結合する。この骨格をなす蛋白質はスキャフォールディン，酵素サ

ブユニットを結合する疎水性の高い繰り返しドメインはコヘシン，酵素サブユニットがもつコヘシンへの結合に関与する24アミノ酸の繰り返し配列はドックリンと呼ばれる。セルロソームを構成する酵素サブユニットには，EG，CBH，β-1,3-1,4-グルカナーゼ，キシラナーゼ，マンナナーゼ，α-ガラクトシダーゼ，ペクトリアーゼ，フェルラ酸エステラーゼ，クマル酸エステラーゼ，アセチルキシランエステラーゼなど様々な植物細胞壁加水分解分解酵素が含まれる。このように，セルロソームは，植物の細胞壁の分解のために，関連する酵素群をタンパク質上に合理的に配置した合体構造をもつ[16,17]。

従来，セルラーゼはエンド型とエキソ型に分類され，エンド型はセルロース鎖をランダムに切断し，エキソ型は分子鎖を非還元末端から順次分解するとされてきた。また，エキソ型セルラーゼは，主要な生成物としてセロビオースを与えることから，一般的にセロビオヒドロラーゼ（CBH）の名称で呼ばれている。しかし，糸状菌 *Trichoderma reesei* の生産する主要なエキソ型セルラーゼ（CBH I, CBH II）や他の多くのエキソ型セルラーゼの機能研究から，エキソ型セルラーゼも少なからずエンド型の性質を持ち合わせていることが明らかにされている[18]。セルラーゼの作用様式は，エンド，エキソ型より，プロセッシブ型，非プロセッシブ型で区別する方がセルラーゼの構造と触媒機能の関係を理解しやすい。プロセッシブ型酵素では，セルロース分子鎖を捕捉したまま連続的に移動しながら加水分解反応を行う。これに対し，非プロセッシブ酵素では，一回の反応ごとに活性中心からセルロース分子鎖が脱離する。プロセッシブ酵素としては，例えばファミリーの6，7，9，48の酵素が知られている。ファミリー6や7では，活性中心付近がトンネル状になっているものは，CBH活性を示し，活性中心付近のクレフトが，トンネル状になっていないものは，EG活性を示す。このように，CBH活性とEG活性は，セルロース鎖が結合する酵素のサブサイトと活性中心付近の構造に依存している。トンネルの屋根にあたる部分は，ペプチドループから形成されており，このループのある無しが活性の様式を分けている。一方，トンネル部分のペプチドループの開閉がセロビオヒドロラーゼで認められているので，セロビオヒドロラーゼは，トンネル部分が開いた状態で，エンド活性，閉じた状態でエキソ活性という二つの活性を示すと考えられる。ファミリー6では，非還元末端側より，ファミリー7，48では還元末端側よりセロビオースを遊離する[17,18]。

4.5 白色腐朽菌前処理を組み込んだ木材の糖化発酵プロセス

様々な前処理により露出した木材細胞壁多糖は，セルラーゼ，ヘミセルラーゼによる酵素糖化と微生物発酵によりエタノールなどの有用物質に変換される。この前処理に白色腐朽菌処理を利用する研究例が知られている。例えば，白色腐朽菌処理に爆砕処理を加えると，少ない爆砕のエネルギー投入量で高い酵素糖化率が得られる。白色腐朽菌 *P. chrysosporium* により28日間培養し

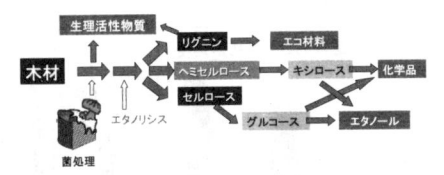

第3章　植物細胞壁の精密リファイニング

図8　白色腐朽菌処理，エタノリシス処理による木材の総合変換プロセス（広葉樹の場合）[18,19]
エタノールの他，ファインケミカルス，材料，生理活性物質などを同時生産する。エタノリシスに使用するエタノールは回収・再利用する。

た木粉を215℃，6.5分間の条件で加熱後爆砕すると，対腐朽木粉当たりの糖化率は最大82％に達した[19]。

木材糖化前処理に筆者らは，*C. subvermispora* などの白色腐朽菌による木材腐朽とエタノリシスを組み合わせた木材の糖化・エタノール発酵のための前処理法を検討し（図8），本菌による前処理が木材の併行複発酵（SSF）によるアルコール生産に高い効果を示すことを明らかにした[20,21]。図9は180℃でブナ材をエタノリシスし，得られた不溶性パルプ画分をセルラーゼと酵母 *Saccharomyces cerevisiae* で併行複発酵した場合の，エタノール収率である。使用した白色腐朽菌の中では，非選択的白色腐朽菌 *Coriolus versicolor* や *Pleurotus ostreatus* に比べて，リグニン分解の選択性が高い *C. subvermispora* や *Dichomitus squalens* が高い発酵収率の増大効果を与えた。特に，選択的白色腐朽菌 *C. subvermispora* で処理したものは，菌未処理のものに比較し，1.6倍発酵収率を増大させた。*C. subvermispora* で処理した前処理チップをエタノリシス後，SSFによりエタノールに変換してその収率とエタノリシスの電力消費を比較したところ，*C. subvermispora* による処理は，生産されたエタノール1g当たりの前処理の電力消費を15％低減させた。ここでの白色腐朽菌の培養には，木材チップに水のみを加えた培地を使用している。エタノリシスで使用したエタノールは回収・再利用される上，エタノールは木材の発酵によって生産されるため，本法は化石資源由来の有害な化学薬品に依存しない安全なプロセスである。分離された成分の中で，キシラン画分はキシリトール，キシロオリゴ糖などの原料としても使用できるし，*Pichia stipitis* や *Candida shehatae* などのペントース発酵性の酵母や遺伝子組換え細菌を用いてエタノールや有機酸などに変換できる。また，本法で分離されたリグニンは抗酸化性があり，ポリマー原料として使用できる[22]。木材の変換では，汎用の燃料アルコールのみならず付加価値の高い多様なケミカルスや材料なども同時に生産することが求められ，こうしたバイオマスリファイナリーの要求に，本プロセスは合致している。一般に，針葉樹は爆砕や化学的リグニン分解法において広葉樹よりはるかに分解を受けにくい。また，多くの白色腐朽菌は広葉樹を好んで腐朽するが，*C. subvermispora* は，針葉樹，広葉樹とも高選択的に脱リグニンする。実際，*C. subvermispora* は，

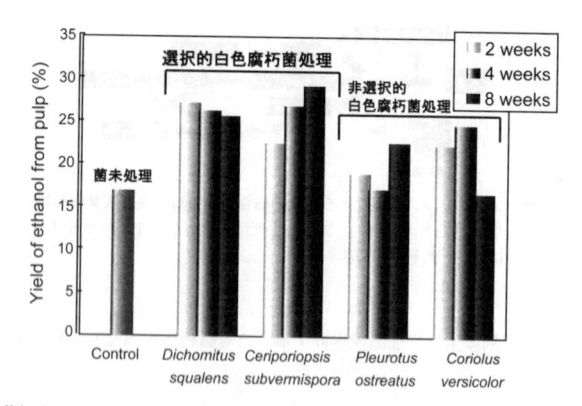

図9 白色腐朽菌処理，エタノリシス前処理によるブナチップの併行複発酵によるエタノールの生産[20,21]
Saccharomyces cerevisiae AM12とメイセラーゼによる併行複発酵によるパルプ画分からのエタノール収率。エタノリシス温度180℃。コントロール：菌処理なし。

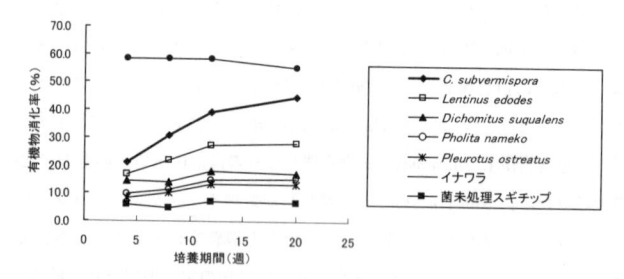

図10 白色腐朽菌処理スギ材及びイナワラの消化性試験（有機物消化率）[23,24]
スギ材チップを白色腐朽菌で処理し，処理物をめん羊のルーメン液と反応させ，有機物消化率を測定した。選択的白色腐朽菌 C. subvermispora は，スギ材の消化性を大きく向上させた。

スギ材の家畜飼料化に大きな効果を示した。スギ材を C. subvermispora で腐朽させると，白色腐朽菌処理のみによってイナワラと比較しうるほどの高い消化性をもつ粗飼料に変換された[23,24]。こうした処理効果は，非選択的白色腐朽菌であるヒラタケなどには認められない（図10）。白色腐朽菌処理は，メタン発酵前処理としても有効である[25]。

木質バイオマスの微生物発酵においては，発酵阻害の低減も大きな課題である。発酵阻害物質の除去にはオーバーライミング，活性炭やイオン交換樹脂による吸着，減圧除去，ラッカーゼ処理など様々な方法が知られている。白色腐朽菌処理は，菌処理と組み合わせる爆砕やソルボリシスなどの前処理の温度を下げることによって，前処理によって生成する発酵阻害物質の量を低減

第3章 植物細胞壁の精密リファイニング

させる。また，*C. subvermispora* などの一部の白色腐朽菌は木材にもともと含まれていた脂肪酸などのリピッド類を分解除去するため，木材糖化物の微生物発酵における発酵阻害の軽減に寄与すると期待される。

文　献

1) Kamitsuji, H., *et al., Biochem. J.*, Immediate Publication, doi ： 10.1042/BJ20040968 (2004)
2) Bao, W., *et al., FEBS Lett.*, **354**, 297-300
3) Enoki, M., *et al., FEMS Microbiol. Lett.*, **180**, 205-211 (1999)
4) Watanabe, *et al., Eur. J. Biochem.*, **267**, 4222-4231 (2000)
5) Messner, K. and Srebotonik, E., *FEMS Microbiol. Rev.*, **13**, 351-364 (1994)
6) Sato, S. *Biomacromolecules.* **4**, 321-329 (2003)
7) 佐藤伸,渡辺隆司,環境修復と有用物質生産－環境問題へのバイオテクノロジーの利用,シーエムシー出版，東京, 126-132 (2003)
8) Enoki, M. *et al., Chem. Phys. Lipid*, **120**, 9-20 (2002)
9) Watanabe, *et al., Biochem. Biophys. Res. Commun.* **297**, 918-923 (2002)
10) Akhtar, M., *et al.*, Abst. of 8th Intern. Conf. on Biotechnol in the Pulp and Paper Industry, 39-41 (2001)
11) Messner, K. Forest Prodcuts Biotechnology, Bruce, J., Palfreyman, J. W.,-eds. Taylor & Francis, London, 63-82 (1998)
12) Hattaka, A., *et al.*, Abst. of 9th Intern. Conf. of Biotechnol. In the Pulp and Paper Industry, 59-60 (2004)
13) http://afmb.cnrs-mrs.fr/CAZY/index.html
14) Charnock, S. J. *et al., Proc. Natl. Acad. Sci. USA*, **99**： 14077-14082 (2002)
15) Kroon, P. A., *et al., Eur. J. Biochem.* **267**： 6740-6752 (2000)
16) Bayer, E. A. *et al., Ann. Rev. of Microbiol.*, doi ： 10.1146/ annurev. micro. 57.030502.091022 (2004)
17) 苅田修一, http://www.bio.mie-u.ac.jp/~karita/cellulosome.html # cbm
18) 鮫島正浩, ウッドケミカルスの最新技術, シーエムシー出版, 49-65 (2000)
19) Sawada, T., *et al., Biotechnol. Bioeng.*, **48**, 719-724 (1995)
20) Itoh, H., *et al., J. Biotechnol.*, **103**, 273-280 (2003)
21) 渡辺隆司, ケミカルエンジニアリング, **48**, 30-35 (2003)
22) 磯部泰充ほか, 特許出願中
23) 渡辺隆司ほか, 特許出願中
24) Okano, K. *et al., Anim. Feed Sci. Technol.*, in press (2004)
25) Amirta, R. *et al.*, Proc. 5th Intern. Wood Sci., 307-312 (2004)

第4章　リグニン応用技術の新展開

1　天然リグニンの精密機能制御システム

舩岡正光*

　リグニンは有機資源循環の上流側に位置付けられる長期循環資源である。したがって，その活用に際しては，分子の特性に深く関与する単位間主要エーテル結合を任意に精密制御し得るシステムが必須となる。

　リグニン系素材に循環機能を付与するため，機能変換素子という新しい概念を導入した。

　機能変換素子とは，次のように定義される。『高分子内において，反応を選択的かつ精密に制御し得る構造ユニットを指し，その発現によって分子の機能が変換される。』

　天然リグニンは全構成単位の約50％が$C\beta$-O-アリールエーテル構造を介してリンクしており，これによってリグニンのフェノール活性，分子量および分子形態が制御されている。第3章で述べたように，リグノフェノール分子内には，環境対応部位（$C\alpha$）に高頻度でフェノール核が結合しており，かつその隣接位（$C\beta$）には主要単位間エーテル結合が存在する（図1）。この分子内最多ユニット〔1,1-ビス（アリール）プロパン-2-O-アリールエーテル構造〕をリグニン素材の機能可変ポイントとして位置づけ，$C\alpha$フェノール核を隣接エーテル結合の解裂スイッチとして機能させることによって，リグニンの特性（分子量とフェノール活性）は自在に制御可能となる。フェノール核のスイッチング機能には，電子欠損した隣接炭素に対する求核攻撃性を活用し，その開始はフェノール核の塩基性と運動性によって制御する（図2）。立体

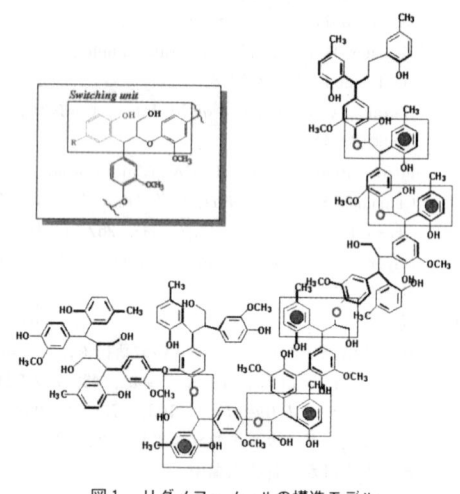

図1　リグノフェノールの構造モデル

＊　Masamitsu Funaoka　三重大学　生物資源学部　教授

第4章 リグニン応用技術の新展開

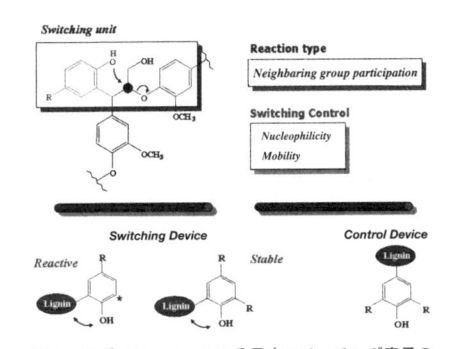

図2 リグノフェノールの分子内スイッチング素子の設計

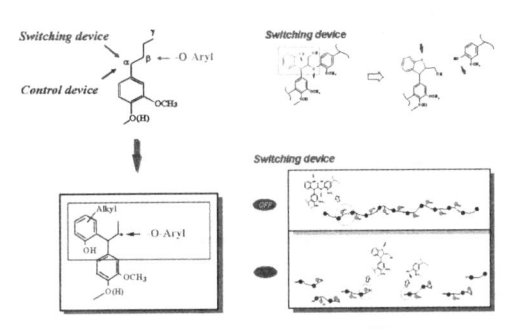

図3 分子内スイッチング素子の機能

的に隣接炭素攻撃が可能な p-アルキル置換フェノールはいずれもスイッチング素子として機能し，それによってフェノール活性が結合フェノールからリグニン母体へと交換され，その個所で分子鎖が解放される(図3)。2次素材の機能はスイッチング素子の分子内頻度によって決定され，それは天然リグニンから1次素材を誘導する際，フェノール系機能環境媒体におけるスイッチング素子とコントロール素子の混合比によって制御可能である（図4）。

スイッチング素子の隣接基効果によって機能変換された2次素材は，オリジナル素材と比較し分子サイズは大きく異なるもののそのフェノール性水酸基総量に大差はない。しかし，スイッチング素子とリグニン母体芳香核はプロパン側鎖に対し構造的には対等であるが，水酸基に隣接するバルキーなメトキシル基の有無によってそのフェノール活性の発現性は大きく異なる。さらに，個々の分子におけるその水酸基の分子内分布，配向はオリジナル素材と大きく異なり，このような構造制御は分子サイズの規制と相まって，分子に大きな機能変換をもたらすことになる(図5)。

スイッチング素子の特性をさらに発展させることによって，リグニン系高分子の高次構造を制

木質系有機資源の新展開

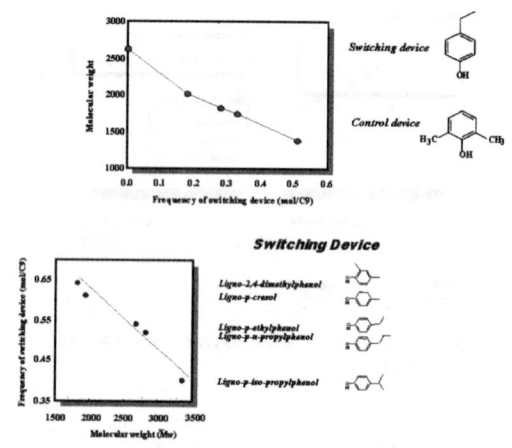

図4 分子内スイッチング素子の頻度と制御分子量

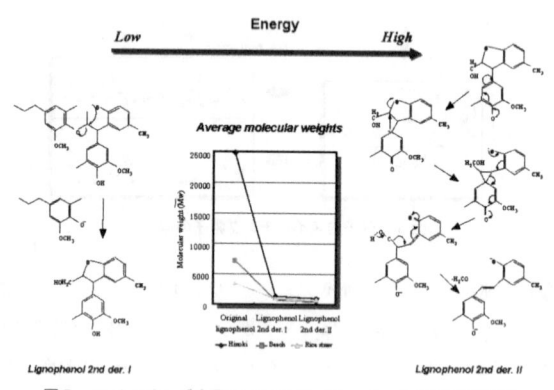

図5 スイッチング素子によるリグノフェノールの分子量制御

御することが可能である（図6，7）。芳香核上に活性ポイントを保持したフェノール核（反応性素子）は，架橋により隣接分子との接合ユニットとして機能し，リグノフェノール分子は安定な3次元構造へと生長するが，一方活性ポイントを有しないフェノール核（安定素子）を保持した素材では，分子末端でのみ結合が生じ，リニア型へと成長する。両素子の分子内頻度を制御することにより，高分子の架橋密度をコントロールすることができ，様々な物性を有するリグニン系循環型機能材料を誘導することができる。

　相分離工程にて天然リグニンを変換する際，長期視点でその循環活用システムを計画し，求め

第4章 リグニン応用技術の新展開

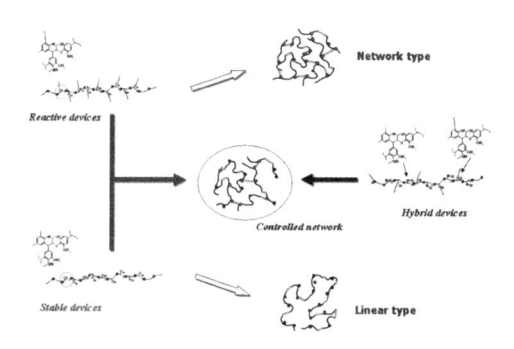

図6 スイッチング素子の活用によるリグノフェノールの高次構造制御(1)

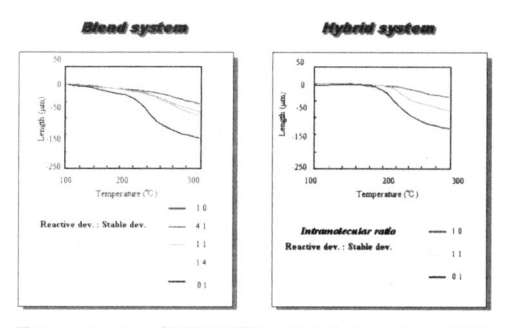

図7 スイッチング素子の活用によるリグノフェノールの高次構造制御(2)

るリグニン素材の特性にしたがい，原料バイオマス，フェノール誘導体，酸を選択する。

各因子の選択基準を以下に示す。

① 原料バイオマス

針葉樹，広葉樹，草本により，天然リグニンの基本構造が異なる。リグノフェノールは原料天然リグニンの分子構造を反映する。

分子量：針葉樹系＞広葉樹系

流動性（リニア性）：広葉樹系＞針葉樹系

草本系は広葉樹系に近い特性を有する。

② フェノール誘導体

疎水性強調：アルキルフェノール誘導体（クレゾール，エチルフェノールなど）

親水性強調：多価フェノール誘導体（カテコール，レゾルシノールなど）

循環性強調：p-置換フェノール誘導体（スイッチング素子）（p-クレゾール，2,4-キシレノールなど）
安定性強調：2,6-置換フェノール誘導体（コントロール素子）（2,6-キシレノールなど）
ネットワーク構造形成：反応性スイッチング素子（p-クレゾール，カテコールなど）
リニア構造形成：安定スイッチング素子（2,4-キシレノールなど）
高次構造制御：反応性素子＋安定素子（分子内分布頻度を制御する）
分子機能制御（分子サイズ，フェノール活性など）：スイッチング素子＋コントロール素子（分子内分布頻度を制御する）

③ 酸

常温にてセルロース膨潤能およびリグニン変換能を備えている必要がある。
低分子量炭水化物確保：65%濃度以上の硫酸，39%以上の超塩酸など。
長鎖セルロース確保：85%濃度以上のリン酸など。

目的とするリグノフェノールの特性およびリグノセルロース資源の活用分野そしてそれらの循環ステップをあらかじめ詳細に計画，設定し，それにしたがい上記システム構成ユニットを選択，森林資源から最適な特性を保持した分子素材を誘導する。これによって長期循環資源であるリグニンを，エネルギーミニマム型に，そして様々な機能性素材として，姿を変えながら長く我々の生活空間を通してフローさせることができるようになる。

文　　献

1) M. Funaoka, *Polymer International*, **47**, 277(1998)
2) Y. Nagamatsu, M. Funaoka, *Trans. Materials Res. Soc. J*, **26**, 821(2001)
3) 永松ゆきこ，舩岡正光，繊維学会誌，**57**, 54 (2001)
4) 永松ゆきこ，舩岡正光，繊維学会誌，**57**, 75 (2001)
5) 永松ゆきこ，舩岡正光，繊維学会誌，**57**, 82 (2001)
6) 永松ゆきこ，舩岡正光，接着学会誌，**37**, 479 (2001)
7) Y. Nagamatsu, M. Funaoka, *J. Advan. Sci.*, **13**, 402(2002)
8) Y. Nagamatsu, M. Funaoka, *Material Sci. Res. International*, **9**, 108(2002)
9) Y. Nagamatsu and M. Funaoka, *Green Chemistry.*, **5**, 595(2003)

2 機能性バイオポリマーとしての新展開
2.1 酵素複合系の機能変換

三亀啓吾[*1], 舩岡正光[*2]

2.1.1 はじめに

　酵素は生体反応を触媒するための極めて重要な機能性分子であるが，近年，酵素の持つこのような巧みな生化学反応を応用することによって新しい工業が起こっている。洗剤用酵素などの化学工業，異性化糖などの食品工業，成人病予防の低エネルギー甘味料，整腸剤など数々の医薬品工業，診断酵素の開発，工学活性を持つキラルな化合物の酵素合成，あるいは環境保全のための酵素利用などである。これらの酵素合成の特徴は，環境汚染が無く，低エネルギー消費である。さらに酵素反応の基質特異性，位置特異性などの特性を利用することにより，選択的に目的化合物を合成することが可能であり，近年注目されている有機不斉合成と比べ容易に高純度な化合物を誘導することが可能である。しかし，酵素は水溶性であり，均一反応系で行われた場合反応生成物との分離が難しく，酵素触媒の特徴である繰返し使用することが困難である。そこで酵素は不溶性担体に固定化され，バッチワイズや連続的に利用される。また，固定化による酵素の有機溶媒や酸，塩基に対する不安定さの改善も期待されている。固定化酵素は1967年にアミノアシラーゼを DEAE-Sephadex に固定化し，N-アシル-DL-アミノ酸の工業的な不斉加水分解による L-アミノ酸の製造に世界で初めて利用された技術である。固定化酵素の利用により L-アミノ酸の製造費は50％に減少した。固定化酵素の技術は固定化増殖微生物，固定化動物細胞・植物細胞と拡大し，固定化生体触媒としてバイオリアクター工業化へと進化している。生体触媒の固定化にあたっては，利用目的に適した酵素や微生物の選択が重要であることはいうまでもないが，それとともに単体の種類と固定化法の組み合わせを考える必要がある。担体は機械的強度が大きく，物理的・化学的・生化学的に安定であるとともに無害であることが望ましい。特に固定化した生体触媒を食品工業，医薬品工業用のバイオリアクターに使用する場合は，衛生上問題がないことが重要な条件となる。担体の化学構造は生体触媒を固定化するのに必要な官能基に富むか，あるいは官能基を導入することができるものでなければならない。また，固定化生体触媒はリアクターの設計に合わせて種々の形で用いられるので，加工成形が容易であることも必要である。さらに経済性を考慮することも大切である。

　固定化の方法としては，①共有結合，イオン結合，物理的吸着，生化学的親和力などにより不溶性の担体に固定化する担体結合法，②生体触媒どうしをグルタルアルデヒドのような二官能性

---

* 1　Keigo Mikame　住友林業㈱　筑波研究所　研究員
* 2　Masamitsu Funaoka　三重大学　生物資源学部　教授

あるいは多官能性試薬で架橋して不溶化する架橋法,③低分子化合物を重合あるいは会合させるか,高分子化合物を可溶の状態から不溶の状態に移すことによって生ずる高分子ゲル,マイクロカプセル,リポソームに生体触媒を包み込んだり,中空繊維や限外ろ過膜に生体触媒を閉じ込める包括法などがある。これらの固定化法は長所や短所をあわせもっており,利用目的や生体触媒の種類に応じて使い分ける必要がある。例えば担体結合法においては,共有結合法は担体と酵素との結合が強固であるが,酵素が部分的な修飾を受けることにより,タンパク質の高次構造や活性中心などが部分的に破壊される恐れがある。さらに酵素の自由な動きが制限されることにより基質との相互作用が起こりにくくなり,その結果,活性低下が生じる。一方,イオン結合法や物理的吸着法は酵素を全く修飾することなく固定化できるが,酵素と担体の結合は一般的に弱く,温度,pHの変化,共存物質の濃度により酵素が容易に担体から離脱することもあり,また,タンパク質の結合量を多くすることが困難な場合もある。しかし,最近では優れた吸着性を持つ多孔質の合成樹脂が開発され,目的に適した孔径のものを選ぶことができるようになってきている。例えば,近年活発に研究が行われているナノテクノロジーを応用し,酵素分子の直径とよく一致する2～30nm程度の均一の細孔を有するメソ多孔体が合成可能となり,その多孔質の中に目的の酵素を選択的に固定化させる技術などが開発されている[1]。実用化例としては,グルコースを果糖に異性化するグルコースイソメラーゼをカラム形式に固定化し,連続運転により国内で年産100万トンレベルの生産が行われている。また,酵素の基質特異性を利用した分析にも利用されている。

この固定化システムのキーは支持体の選択といかに酵素活性を下げないで容易に強固な固定化するかである。その一つとして,タンニンやフェノール樹脂のようなさまざまなタイプの天然または合成フェノールポリマーが酵素担体として検討されてきた[2-5]。一般に芳香核におけるフェノール性水酸基の置換パターンがフェノール性高分子のタンパク質アフィニティーにとってたいへん重要であるとされてきた[4,6]。特に,1,2-置換体はタンパク質と最も高いアフィニティーを示すと言われている。

2.1.2 リグノフェノールとタンパク質のアフィニティー

舩岡らは三重大学で開発された相分離系変換システムにより誘導されるリグノフェノールを用いて酵素の固定化を試みている[7-9]。リグノフェノールは従来のリグニン試料と比べ高いフェノール活性を持ち,また導入するフェノールの種類を変えることによりそのフェノール活性をコントロールすることが可能である。例えばカテコール,ピロガロールなどの1,2-置換体を導入することにより高いフェノール活性を付与できる。この特性を酵素の固定化に利用できるか確かめるため,まず,タンパク質の一つである牛血清アルブミン(BSA)のリグノフェノールへの吸着特性について検討している。図1は従来の工業リグニン試料とspruce由来のリグノフェノール(リ

第4章 リグニン応用技術の新展開

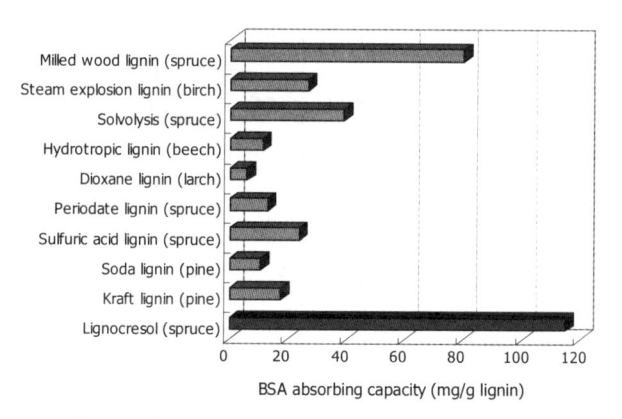

図1 リグノフェノールと従来のリグニン試料のBSA吸着能

グノ-p-クレゾール）のBSA吸着能を比較した結果である。リグノ-p-クレゾールはモノフェノールのポリマーである。しかしそのBSAアフィニティーは従来リグニン試料の5～10倍を示している。リグノ-p-クレゾールはγ-globulin, hemoglobin, そして, β-glucosidaseなど様々なタンパク質にもほとんど同様のアフィニティーを示す。このリグノフェノールのタンパク質吸着能は使用したタンパク質の等電点付近で達成される。また, 分子量分画したリグノフェノールを用いたBSA吸着能の検定では, フェノール性水酸基の多い低分子化区分よりフェノール性水酸基の少ない高分子画分において高いBSA吸着能を示している。これらの結果はリグノフェノールとタンパク質のアフィニティーがイオン的相互作用よりも疎水的親和性が大きく関与していることを示している。

表1は導入フェノールの置換パターンが異なるリグノフェノールのBSA吸着能を比較した結果である。リグノモノフェノールはフェノール核のアルキル置換基に関係なくほとんど同様のBSA吸着能を示している。リグノカテコールやリグノピロガロールなどのリグノポリフェノールのBSA吸着能は, リグノモノフェノールよりもかなり高い値を示している。リグノポリフェノールのタンパク質アフィニティーはフェノール性水酸基の置換パターンの大ききに影響され(o > m > p), 疎水性アルキル置換基の導入によっても影響を受ける。しかしながら, リグノフェノールのBSA吸着能は, 樹種間でのリグノフェノール構造特性はほとんど変わらないにもかかわらず, 誘導された樹種によって異なる値を示している。したがって, リグノフェノールの高いタンパク質アフィニティーは, ポリマーネットワークの開放によるフレキシビリティーの増加とフェノールグラフティングによるフェノール特性の増加だけでなく, リグニン分子におけるフェ

表1 各種リグノフェノールの BSA 吸着能

87	115	80	90	81
66	80	635	149	478
85	164	80	547	(mg/g lignin)

BSA affinity

ノール核の立体配置に大きく依存すると考えられる。これは、リグノフェノールが得られる天然リグニンの基本構造と官能基の分布と立体配置によって決まる。また、リグノクレゾールのタンパク質アフィニティーはフェノール核の分子内求核攻撃を利用した2次機能変換によって増減させることが可能であることも報告されている[10]。

また、リグノフェノール-タンパク質複合体の脱着試験も行っており、いかなる pH 領域においてもこの複合体の脱離は見られない。しかし、500mg/g lignin 以上の高いタンパク質吸着能を持つリグノポリフェノール類の場合、一部の固定化されたタンパク質の pH の変動による分離が見られる。これは、リグノポリフェノールのタンパク質吸着特性が疎水的相互作用に加えて電気的効果にも依存することを意味している。

これらの結果から、リグノフェノール誘導体とタンパク質の相互作用の形式は、以下のように考えられる。フェノール特性の増加のため、リグノフェノール誘導体は容易に水系媒体に分散する。そのためリグニンのタンパク質のアクセシビリティーは増加し、両物質は電気的作用によって相互作用しはじめる。その後、疎水的相互作用が発現すると考えられる。

2.1.3 リグノフェノールの固定化酵素担体への応用

これらの検討結果に基づき、リグノフェノールに β-glucosidase を固定化させ、酵素活性の検定を行っている。この固定化は極めて簡易であり、リグノフェノールの粉体に酵素水溶液を加え、撹拌するのみで固定化が可能である。図2は各種リグノフェノール固定化した β-glucosidase の酵素活性を示した結果である。一般に不溶性担体への酵素の固定化は基質へのアクセシビリティーの減少により、活性は低下する。しかしながら、リグノクレゾールに固定化された β-glucosidase の活性は85%以上と非常に高く、その pH-活性 profile はフリーな酵素とよい相関を示す。また、リグノクレゾールに固定化された β-glucosidase の温度安定性は60℃以上での安定

第4章 リグニン応用技術の新展開

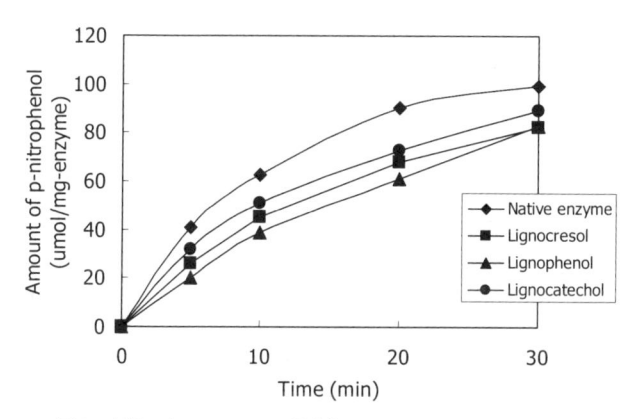

図2 各種リグノフェノールに固定化したβ-glucosidaseの酵素活性

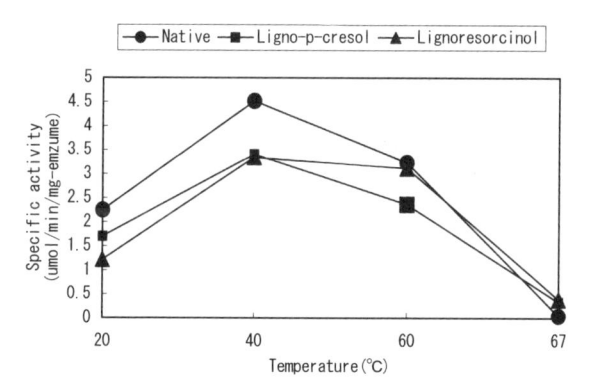

図3 リグノフェノールに固定化したβ-glucosidaseの温度安定性

性が向上している(図3)。また,リグノフェノールを吸着させた多孔質ガラスビーズに固定化したβ-glucosidaseにおいてもpH変化,温度変化に対して安定性の向上がみられる。これらの結果は,リグノクレゾールの酵素の固定化方法に基づいて説明できる。この方法は,従来の固定化方法と全く異なっている。つまり,リグノクレゾールの分子量はタンパク質よりもずっと小さく,そして,酵素の不溶化は,その上でのリグノクレゾールの凝集による。酵素の分子構造はリグノクレゾールによってほとんど影響されない。そしてこの複合体は,水溶媒中で高い運動性を持っている。リグノクレゾール-酵素複合体は水媒体中でたいへん安定であるが,非プロトン性溶媒中で完全に分離することも可能である。

木質系有機資源の新展開

　迅速且つ簡便な酵素の固定化，複合体の高い安定性，固定化酵素の高い活性，複合体の完全な分離というユニークな特徴は，バイオリアクターシステムにおける酵素担体だけでなく，タンパク質の分離精製やアフィニティークロマトにも利用可能であることを意味する。

文　　献

1) 高橋治雄, ナノバイオテクノロジーの最前線, シーエムシー出版, 113 (2003)
2) M. F. Chaplin et al, *J. Chem.Soc.*, 2144(1979)
3) W. L. Stanley et al, *Biotech.Bioeng.*, **15**, 597(1973)
4) Y. Nakamoto et al, *Kobunshi Ronbunshu.*, **10**, 559(1984)
5) I. Chibata et al, *Enzyme Microb. Technol.*, **8**, 130(1986)
6) E. Haslam, *Biochem. J.*, **139**, 285(1974)
7) M. Funaoka et al, *J. Thermosetting Plastics*, **16**, 151(1995)
8) M. Funaoka et al, *Trans. Material Res. Soc. J.*, **20**, 163(1996)
9) M. Funaoka et al, *Polymer International*, **47**, 277(1998)
10) 舩岡正光, 高分子加工, **48**, 66 (1999)

2.2 HIV プロテアーゼ活性阻害剤としての機能

2.2.1 はじめに

関　範雄[*1]，伊藤国億[*2]，舩岡正光[*3]

　植物中に含まれるフラバノール類，ポリフェノール類などの抽出物と同様にリグニンにおいても生理活性機能として，医療や食品分野などへの応用が期待されている。日本の HIV（Human Immunodeficiency Virus）感染者および AIDS 患者数の累積報告件数[1]は，1996年以降一貫して増加傾向にあり，世界的にみてもこの増加動向は同じである。しかし，いまだワクチン開発が進んでいないため薬剤療法にのみ頼っているのが現状である。HIV 治療薬には逆転写酵素阻害剤および HIV プロテアーゼ阻害剤の 2 タイプの酵素阻害剤が用いられ，これら治療薬は高価な薬剤であること，副作用が強いため，開発途上国はもとより先進国でも十分な治療が受けられていない。AIDS ワクチンの開発が重要であると同時に，AIDS 流行の90%以上が開発途上国で起きていることからも安価かつ低副作用の薬剤として様々な天然物由来物質の探索が急がれている。リグニンに関してはキノコや菌床から抽出されるリグニン様物質[2~4]，リグノスルホン酸塩[5]，DHP リグニン[6~8]など従来リグニンの水溶性誘導体において，HIV-1プロテアーゼの阻害作用および抗 HIV 作用が報告されている。

　相分離系変換システムを応用することによって天然リグニンから直接誘導されるリグノフェノールは従来リグニンと異なり，天然リグニンの構造・基本結合単位を高度に保持している。また，リグノフェノールに導入するフェノール誘導体の特性を選択することによってフェノール活性，親水性，疎水性などの機能を自在に設計することが可能であり，水溶性のリグノフェノールおよび誘導体を容易に得ることができる。ポリフェノール（カテコール，ピロガロールなど）を導入したリグノポリフェノールはフェノール活性および親水性が高くなり，一部水溶性区分として得られる。モノフェノール（フェノール，クレゾールなど）を導入したリグノモノフェノールは，そのフェノール活性を活用したカルボキシメチル化（CM 化）により水溶性誘導体として二次機能変換される。筆者らはリグノフェノールの生体機能性分子素材開発の過程でこれら水溶性リグノフェノールに強い HIV-1プロテアーゼ活性阻害を見いだした。

---

* 1　Norio Seki　岐阜県生活技術研究所　試験研究部　主任研究員
* 2　Kuniyasu Ito　岐阜県生活技術研究所　研究員　（現在　岐阜県庁農林商工部商工業室技師）
* 3　Masamitsu Funaoka　三重大学　生物資源学部　教授

表1 水溶性リグノフェノールの HIV-1プロテアーゼおよび各種プロテアーゼに対する活性阻害（IC_{50}）

Water-soluble lignophenol derivatives		HIV-1 protease	Pepsin	Renin	Angiotensin I converting enzyme	Carboxy peptidase A	Trypsin
Ligno pyrogallol	Rice husk	20.6	——	——	——	——	34.0
	Kenaf	13.7	——	——	——	——	28.1
	Bamboo	37.8	——	——	——	——	35.7
	Japanese cedar	1.3	——	——	——	——	8.9
Carboxy methylated lignocresol	Rice straw	0.9	——	——	——	——	6.8
	Rice husk	1.6	——	——	——	——	6.3
	Kenaf	5.8	——	——	——	——	9.5
	Bamboo	4.0	——	——	——	——	7.5
	Japanese beech	3.0	——	——	——	——	5.9
Lignin alkali (Aldrich Chemical Co. Inc.)		——	Not determined	——	Not determined	——	Not determined
Inhibitor		5.1 (Pepstatin A)	<5.0 (20%, Pepstatin A)	<10.0 (13%, Pepstatin A)	<10.0 (0%, captopril)	>200.0 (68%, ETA*)	3.9 (Trypsin infhibitor)

——：Not inhibited　　＊：Ethylenediamine tetra acetic acid

[HIV-1protease activity] Enzyme ; 3.1μg/ml recHIV-1protease (from *Escherichia coli*), Substrate ; 62.5μg/ml His-Lys-Ala-Arg-Val-Leu-p-nitro-Phe-Glu-Ala-Nle-Ser-NH₂, pH ; 4.9 (63mM Acetate buffer), Temp. ; 37℃, [Pepsin activity] Enzyme ; 50μg/ml Pepsin (from *Porcine gastric mucous*), Substrate ; 612μg/ml Z-His-Phe-Phe-OEt, pH ; 4.5 (0.04M Citrate butter), Temp. ; 37℃, [Renin activity] Enzyme ; 13.3μg/ml Renin (from *Porcine Kidney*), Substrate ; 15μg/ml Suc-Arg-Pro-Phe-His-Leu-Leu-Val-Tyr-MCA, pH ; 6.5 (0.02M Pyrophosphate buffer), Temp. ; 37℃, [Angiotensin I converting enzyme activity] Enzyme ; 7.8 μg/ml Angiotensin I converting enzyme (from *Rabbit lung*), Substrate ; 859μg/ml Hip-His-Leu, pH ; 8.5 (100mM Phosphate buffer), Temp. ; 37℃, [Carboxy peptidase A activity] Enzyme ; 1.8μg/ml Carboxy peptidase A (from *Bovine Pancreas*), Substrate ; 3264 μg/ml Hip-Phe, pH ; 7.5 (50mM Tris buffer), Temp. ; 37℃, [Trypsin activity] Enzyme ; 10μg/ml Trypsin (from *Bovine Pancreas*), Substrate ; 267μg/ml Nα-Bz-DL-Arg-p-NA, pH ; 8 (100mM Phosphate buffer), Temp. ; 40℃。

2.2.2　リグノポリフェノールの HIV プロテアーゼ活性阻害機能

　水溶性リグノポリフェノールは、ポリフェノールを用いた相分離系変換システム（2ステップ法プロセスⅠ）過程で有機相と水相（濃酸相）に分離された水相から分離・精製される。ピロガロールが導入されたリグノピロガロールの HIV-1プロテアーゼ活性阻害（表1，IC_{50}値；50%プロテアーゼ活性阻害濃度）は、その植物種の違いによって異なる。特に草本系リグノフェノール間における阻害活性の差異に比べ、木本系と草本系との差は大きく、針葉樹リグノフェノールは草本系より数十倍高く、阻害剤（ペプスタチン A）よりも高い阻害活性を示す。リグノフェノールは天然リグニンの基本結合構造をコア構造として保持していることから、HIV-1プロテアー

第4章 リグニン応用技術の新展開

表2 導入ポリフェノールの構造とリグノポリフェノールのHIVプロテアーゼ活性阻害濃度(IC_{50})

Lignopoly phenol	IC_{50} (μg/ml)
Lignocatecol	1.0
Lignoresorcinol	0.2
Lignopyrogallol	1.3

[Lignopolyphenol] Species ; Japanese cedar
[Activity condition]
Enzyme ; 3.1μg/ml recHIV-1protease (from *Escherichia cola*)
Substrate ; 62.5μg/ml His-Lys-Ala-Arg-Val-Leu-p-nitro-Phe-Glu-Ala-Nle-Ser-NH_2
pH ; 4.9(63mM Acetate buffer), Temp. ; 37℃

ゼに対するリグノフェノールの阻害機能はその素になる原料の資源特性および天然リグニンの構造特性に影響される。また、リグノポリフェノールに導入されるポリフェノールの種類によってHIV-1プロテアーゼ阻害活性は異なる(表2)。水酸基数の異なるカテコール(2価)およびピロガロール(3価)導入リグノポリフェノールの阻害活性は大差ないのに対して、水酸基の位置の異なる2価のカテコール(オルト位)、レゾルシノール(メタ位)導入リグノポリフェノールでは、リグノレゾルシノールが高い活性阻害を示し、HIV-1プロテアーゼ活性阻害作用は、導入ポリフェノールの水酸基の数よりその位置が重要である。以上のことから、水溶性リグノポリフェノールのHIV-1プロテアーゼに対する活性阻害はその分子のコアとなる天然リグニン構造(資源特性)と導入ポリフェノール構造(水酸基の位置)との相乗効果によって機能する。

2.2.3 カルボキシメチル化リグノフェノールのHIVプロテアーゼ活性阻害機能

モノフェノールを用いた相分離系変換システムによって得られるリグノモノフェノール、例えばリグノ-p-クレゾール(以下、リグノクレゾール)は疎水性が高いため、水不溶性である。このような水不溶性リグノフェノールの水酸基にカルボキシメチル基を置換することによって、親水性リグノフェノールへと変換することができ、高置換度では水溶性誘導体が得られる。リグノフェノールのCM化はカルボキシメチル化セルロースと同様の調製方法で行うことができる[9]。HIVプロテアーゼ活性阻害機能検定に用いられた水溶性CM化リグノクレゾールのCM基当量は約1.9～2.4mEq/g(約11～14wt%)であり、導入CM基の95%以上がフェノール性水酸基への置換であった。CM化リグノクレゾールのHIV-1プロテアーゼ活性阻害は、低濃度から強いプロテアーゼ阻害活性を示す(図1)。特に、イネワラやモミガラのCM化リグノクレゾールはペプスタチンAに匹敵もしくはそれ以上の阻害作用を示す。草本系リグノピロガロールのIC_{50}値は約15～35μg/mlであったのに対して、そのCM化リグノクレゾールでは約1～6μg/mlになり、リグノフェノールへのCM基の導入がHIV-1プロテアーゼ阻害活性に非常に有効であることがわかる(表1)。また、リグノポリフェノールの阻害活性にあった植物間の違いによる資源特性はCM化リグノフェノールでは明確に認められなくなる。水溶性リグノフェノールのHIV-1プロテアーゼに対する活性阻害機能は基本的にはその由来植物に依存するものの、CM基のようなイオン性基の導入によってその資源特性が見かけ上少なくなり阻害活性は均質化されると言える。

木質系有機資源の新展開

図1 カルボキシメチル化リグノフェノール濃度とHIV-1プロテアーゼ活性

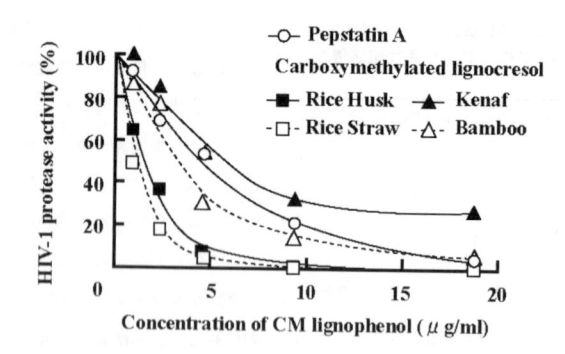

[Activity condition]
Enzyme; 3.1μg/ml recHIV-1protease (from Escherichia coli)
Substrate; 62.5μg/ml His-Lys-Ala-Arg-Val-Leu-p-nitro-Phe-Glu-Ala-Nle-Ser-NH$_2$
pH; 4.9 (63mM Acetate buffer) , Temp.; 37℃

2.2.4 リグノフェノールの特異的HIV-1プロテアーゼ活性阻害

　水溶性リグノフェノールの酵素活性阻害機能をHIV-1プロテアーゼの他に各種プロテアーゼに対して検定した（表1）。HIV-1プロテアーゼはペプシンやレニンと同様にアスパラギン酸を活性中心に持つアスパラギン酸プロテアーゼに属する。そのためこれら酵素は同じインヒビター（ペプスタチンA）によって拮抗阻害される。しかし水溶性リグノフェノールはHIV-1プロテアーゼ活性にのみ特異的に阻害し，この阻害メカニズムが拮抗阻害ではないことは明らかである。また比較したプロテアーゼの中で活性阻害を示した酵素は，HIVプロテアーゼ以外にトリプシンのみであり，水溶性リグノフェノールはいずれも同じ酵素に対してのみ阻害機能を発現している。つまりリグノフェノールと酵素とのアフィニティーには，第一段階としてすべてのリグノフェノールに共通する構造，すなわちコアとなる天然リグニン由来の構造が重要な役割を果たす。この第一段階のアフィニティーによってリグノフェノールの基本的な酵素活性阻害機能等の発現が決定され，第二段階としてリグノフェノールに任意に導入したフェノールの特性および官能基の特性などによってその発現機能の規模が決定されると示唆される。

2.2.5 リグノフェノールの抗HIV活性

　HIVプロテアーゼ活性阻害機能を有する水溶性リグノフェノールはいずれも培養T細胞株（MT-4細胞）系において，抗HIV-1活性を有することが確認された。IC$_{50}$値（50% HIV-1増殖抑制濃度）はリグノピロガロール（スギ）が6.0μg/ml，CM化リグノクレゾールがイネモミガラ，タケ，ブナでそれぞれ2.3, 4.6, 6.6μg/mlであり，抗HIV活性の指標であるデキストラン硫酸

第4章 リグニン応用技術の新展開

(DS8000) の2.7μg/ml に匹敵し，HIV-1による細胞変性が抑制された。それらの SI 値（選択指数；増殖抑制濃度と細胞毒性濃度の差）はいずれも40以上あり，特に CM 化リグノフェノールの細胞毒性は低くその SI 値は非常に高く107（イネモミガラ）であった。さらに，水溶性 CM 化リグノフェノールのマウスへの単回投与による急性毒性試験では，2,000g/kg 以上の投与で動物の一般症状による変化は全く認められず，極めて急性毒性は低いことが確認されている。

水溶性リグノフェノールには HIV プロテアーゼ活性阻害，HIV 増殖抑制機能の他に動物細胞死（アポトーシス）抑制機能[10]も見出されており，今後これらの生体機能分子素材としての活用が期待される。

文　献

1) 厚生労働省エイズ動向委員会，平成15年エイズ発生動向年報（2003）
2) Y. Jiang et al., *Anticancer Res.*, **21**, 965(2001)
3) T. Ichimura et al., *Biosci. Biotechnol. Biochem.*, **62**, 575(1998)
4) H. Suzuki et al., *Biochem. Biophys. Res. Commun.*, **160**, 367(1989)
5) H. Suzuki et al., *Agric. Biol. Chem.*, **53**, 3369(1989)
6) T. Ichimura et al., *Biosci. Biotechnol. Biochem.*, **63**, 2202(1999)
7) H. Nakashima et al., *Chem. Pharm. Bull.*, **40**, 2102(1992)
8) N. Simizu et al., *Chem. Pharm. Bull.*, **16**, 434(1993)
9) 関範雄ほか，岐阜県生活技術研究所研究報告，**3**, 20 (2001)
10) Y. Akao et al., *Bioorg. Med. Chem.*, **12**, 4791(2004)

2.3 酵素による重合制御

2.3.1 はじめに

吉田　孝[*1]，舩岡正光[*2]

　酵素による重合制御は酵素の基質特異性を利用し，化学反応での副生成物の生成や低収率を改善するために有効な手段である。さらに，毒性のある有機溶媒や金属触媒などの使用がなく反応も室温に近い状態で進行するためエネルギーが抑えられ環境にも優しい方法である。体の中で行なわれている反応はすべて酵素反応でありきわめて高く基質特異性が維持されている。酵素を利用した重合制御は，酵素の基質特異性の高さを利用するものと，それほど高い基質特異性がない方がよい場合もある。前者は糖鎖の転移反応など極めて有効である。後者は，例えば洗濯洗剤などに使われるような酵素で，逆に最適pH幅や温度範囲の広さや基質特異性が低い方がよい。

　リグノフェノールの酵素重合では，リグニンに導入したフェノール類をターゲットとして酵素重合を行わせるため，基質特異性の高い酵素では反応しない可能性があり基質特異性の低い酵素の方がよいと考えられる。今回用いたペルオキシダーゼは自然界に広く存在し，リグニンの分解など植物の成長や防御などに関わっている。ペルオキシダーゼはフェノールの酸化還元酵素に分類され，主にフェノール類を基質としているが，基質特異性はそれほど厳密ではない。ペルオキシダーゼを用いるフェノール類の酵素重合は1987年ころにDordickとKlibanovらによって発表されたのが初めだと思われる[1]。リグニンは構造が複雑なため，そのままでは利用が限定され，燃料やコンクリート混和剤などに限られている。しかも酵素重合ではフリーのフェノール性水酸基が少なく，ペルオキシダーゼなどによる重合性は高くはなく，リグニンを直接利用して新しいプラスチックス材料を作ることは難しい。そこで，これらの酵素をうまく利用すればリグノフェノール[2-7]は重合して，石油によらない新しい機能性ポリマーが得られるのではないかと考えた。

　ここでは，主にリグノクレゾールのペルオキシダーゼ酵素重合の結果について述べる。

2.3.2 リグノフェノールの酵素重合

(1) リグノフェノールのペルオキシダーゼ酵素重合性の検討

　図1に示した構造を持つリグノカテコール，リグノクレゾール，リグノフロログルシノールの3種類のリグノフェノールを用いてペルオキシダーゼによる重合を行った[8,9]。p-クレゾール，カテコール，およびフロログルシノールは，リグニン側鎖の最も反応性が高い$C_α$位で共有結合している構造を持つ。

　これらのリグノフェノールを用いて重合性を検討した。表1にペルオキシダーゼ酵素による重

---

*1　Takashi Yoshida　北見工業大学　工学部　化学システム工学科　教授
*2　Masamitsu Funaoka　三重大学　生物資源学部　教授

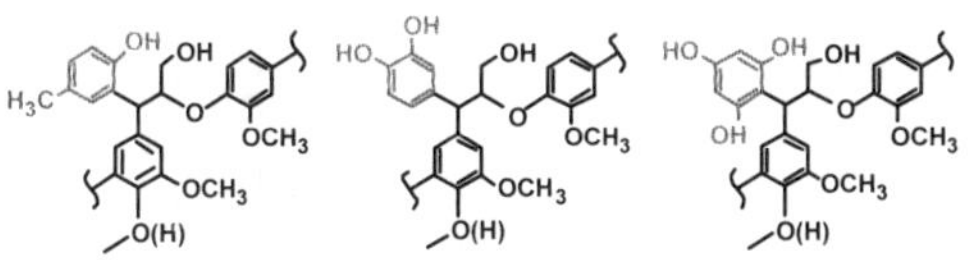

第4章 リグニン応用技術の新展開

Lignocresol　　**Lignocatechol**　　**Lignophloroglucinol**

図1　リグノフェノールの構造

表1　リグノフェノールの酵素重合

No.	Lignophenol (mg)	Peroxidase		Reactivity	
		HRP mg	SBP mg	Conv. %	Polymer %
1	Lignocresol (60)	5		51	15
2	Lignocresol (60)	10		72	33
3	Lignocresol (60)	10		85	52
4	Lignocresol (60)	20		87	55
5	Lignocatechol (60)	10		84	67
6	Lignocatechol (60)	20		100	83
7	Lignocatechol (60)		3	nd	20
8	Lignocatechol (60)		6	nd	52
9	Lignocatechol (30)		5	nd	87
10	Lignophloroglucinol (60)	10			—

HRP：西洋ワサビペルオキシダーゼ，SBP：大豆ペルオキシダーゼ

合の結果を示す。ペルオキシダーゼは西洋ワサビ由来のもの（HRP）と大豆由来のもの（SBP）の2種類を用いた。No.1-4に示すリグノクレゾールでは、酵素量を増やすに従ってリグノクレゾールの転換率は上がったが、ポリマーの収率は55％程度でそれ以上は向上が見られなかった。また、溶媒を水およびメタノール、エタノール、アセトンを用いたが、溶媒の違いによる収率の向上は見られなかった。従ってペルオキシダーゼ酵素重合には、水-メタノール系溶媒を用いることにした。No.4に示すように西洋わさびペルオキシダーゼ20mgを用いたとき、出発原料の転換率は87％、ポリマー収率は55％であった。すなわち残りのリグノクレゾールは酵素分解が優先して起こり低分子量化したと考えた。分解生成物はメタノール可溶性であった。

また、No.5-9に示すようにリグノカテコールでは、西洋わさびおよび大豆由来ペルオキシダーゼ酵素の量により収率よくポリマーを与えることが分かった。No.6では83％の収率で、No.9では87％の収率で溶媒に不溶なポリマーを与えることが分かった。西洋さわびと大豆由来ペルオキシダーゼ酵素を用いて重合を検討したが、ペルオキシダーゼ酵素の起源の違いは、リグ

木質系有機資源の新展開

図2 ポリリグノクレゾールのFT-IRスペクトル

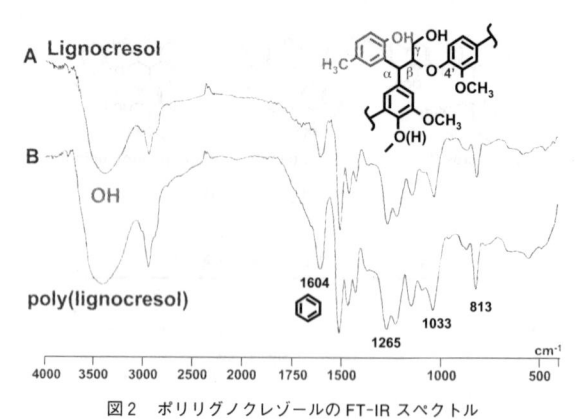

ノフェノールの重合にそれほど大きな影響を与えないと考えられた。

リグノフロログルシノールではポリマーは得られずにほとんどが分解性生物であった。これはフロログルシノールがペルオキシダーゼの基質とはならないため，ペルオキシダーゼによるリグニン骨格の加水分解が起こったためと考えられる。このようにリグノフェノール中のフェノールの違いにより酵素重合性は大きく変わることが明らかになった。

p-クレゾールはペルオキシダーゼ酵素によって重合して不溶なポリマーを与える。しかし，表1に示すようにリグノクレゾールでは最高収率が55％であった。この結果は，クレゾールの1つのオルト位（2位）がリグニン側鎖$C_α$位での結合に使われたためにペルオキシダーゼによるクレゾールオルト位での反応が抑制されたためと推定した。また，カテコールもペルオキシダーゼ酵素のよい基質であるので，リグノカテコール中では効率よく酸化反応が進んだためにポリマー収率も高くなったと考えた。フロログルシノールはペルオキシダーゼの基質ではないので重合は起こらずリグニン由来部分での分解反応が優先して起こり低分子量化したと推定した。

(2) IRスペクトルによる重合機構の推定

図2に酵素重合によって得られたポリリグノクレゾールのIRスペクトルを示す。図2では，Aのリグノクレゾール，Bのポリリグノクレゾールにおいてはカルボニル基由来吸収はほとんど現れていない。また，Bのポリマーでは，ウルシオールなどの酵素重合時に1650cm^{-1}付近に現れるキノンの吸収が見えないことからフェノキシラジカルはキノンを経ないで直接重合に関与したと考えた。このような例は，m-クレゾールのペルオキシダーゼ酵素重合にも見られる。さらに813cm^{-1}にフェノール性水酸基の隣接2または3置換構造に由来する吸収が現れていること，および，リグノクレゾールでは，リグニン由来部分の重合性は低いと考えられるので，導入した

第4章 リグニン応用技術の新展開

図3 ポリリグノクレゾールの熱分解 GC-MS スペクトル

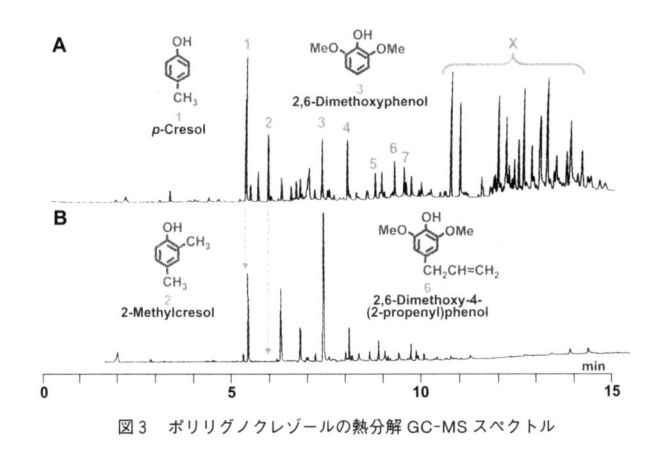

p-クレゾール部分でペルオキシダーゼによるラジカル重合が進行し架橋ポリマーが生成したと推定した。

(3) 熱分解 GC-MS スペクトルによる重合機構の推定

図3は, リグノクレゾールとポリリグノクレゾールの熱分解 GC-MS のガスクロマトプロフィールスである。各吸収は, マススペクトルおよびコンピューターによるライブラリー検索の結果から同定した。A では p-クレゾールに由来する吸収が大きく出ているが, B では p-クレゾールの吸収は減少し, 2,6-dimethoxyphenol の吸収が大きくなった。これは, ペルオキシダーゼによって p-クレゾール核ラジカルによるカップリング反応が起こり結合が生成したためと推定した。また, 2-methylphenol のピークは, A では大きく現れたが, B では消失した。これは, リグニン骨格中でもラジカルによるカップリング反応が起こり結合が生成しポリマー化したためと推定した。

以上のように, FT-IR スペクトルと熱分解 GC-MS スペクトルの測定結果から, リグノクレゾールは図4に示すように主に導入した p-クレゾール環で酵素により発生したラジカルでカップリング反応が起こり重合が進行したと推定した。また, 2,6-ジメチルフェノールなど p-クレゾール以外の元のリグニンに由来すると思われる吸収も存在することからリグニン骨格中でも少しはカップリング反応が起こると考えられる。

(4) ポリリグノクレゾールの熱的性質

図5にはリグノクレゾールの単独重合体および共重合体の DSC を測定した結果を示す。リグノクレゾールでは192℃と390℃付近で発熱ピークとして比熱の変化が観測された。192℃の発熱吸収は, この温度で測定した IR スペクトルには原料段階と比べてほとんど変化がなかったの

図4 リグノクレゾールの酵素重合の推定機構

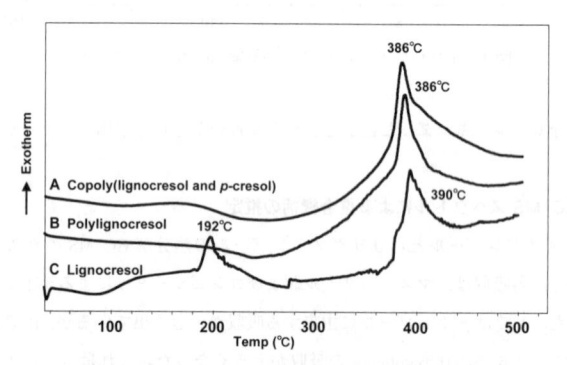

図5 ポリリグノクレゾールの DSC プロフィール
(A)リグノクレゾールと p-クレゾールの共重合体、(B)ポリリグノクレゾール、(C)リグノフェノール。昇温速度 10℃/分、窒素気流下で測定。

で、熱による架橋すなわち熱重合による比熱の変化ではないかと推定した。300℃くらいまでは不均一な非連続的なプロファイルとなり390℃で発熱ピークが再び現れる。この吸収は炭化に由来すると思われる。ポリマーになると熱安定性が増すので単独重合体、共重合体では低温の吸収は現れず386℃の炭化に由来すると考えられる発熱吸収だけになる。また、p-クレゾールとの共重合体では386℃に発熱吸収だけが現れ、p-クレゾールに由来する吸収はなかったのでそれぞれ単独重合したのではなく共重合していると判断した。

続いてポリリグノクレゾールの TG スペクトルを測定した（図6）。10%重量減少は、リグノクレゾールでは、230℃であるのに比べ、ポリリグノクレゾールおよび共重合対では310℃、328℃と80℃から100℃近く高くなることが分かった。これはポリマーの架橋構造により熱安定性が向

第4章　リグニン応用技術の新展開

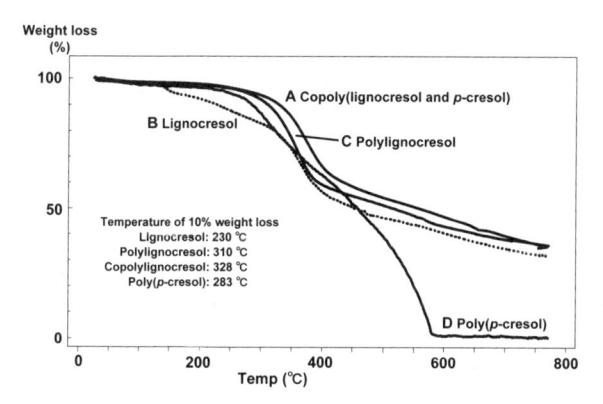

図6　ポリリグノクレゾールの TG プロフィール
(A)リグノクレゾールと p-クレゾールの共重合体，(B)リグノフェノール，(C)ポリリグノクレゾール，(D)ポリ（p-クレゾール）。昇温速度 10℃/分，窒素気流下で測定。

上したためと考えた。さらにポリ p-クレゾールに比べてリグノクレゾールおよびそのポリマーでは750℃の高温でも30％重量が残ることも明らかになり，リグノクレゾールの熱安定性が明らかになった。これは，材料として優れている性質と思われる。原料のリグノクレゾールでは，DSC の結果なども考慮して熱による架橋重合が進行したため，酵素重合させたポリマーと近い架橋構造となり高い熱安定性を示したと推定した。

2.3.3　おわりに

リグノクレゾールを中心に酵素重合の結果と得られたポリマーの熱的性質について調べた。リグニンにフェノール核を導入したリグノフェノールの酵素重合は，リグニンに比べて効率よくポリマーを与えることを見出した。石油に依存しない原料を用いて，酵素重合という環境に優しい方法により新しい機能性材料を開発するために，導入するフェノール類の性質を利用してウイルスやタンパクの選択的吸着性能などを調べ，血液中のウイルスを体外で選択的に除去し，再び体内に戻すことができるような新しい機能性材料への応用が期待される。

木質系有機資源の新展開

文　　献

1) Dordick J. S. Marletta M. A. Klibanov A. M. *Biotech. Bioeng.*, **30**, 31 (1987)
2) Funaoka M. Matsubara M. Seki N. Fukatsu S. *Biotechnol. Bioeng.*, **46**, 545 (1995)
3) Funaoka M. Fukatsu S. *Holzforschung*, **50**, 245 (1996)
4) Funaoka M. *Polymer International*, **47**, 277 (1998)
5) Nagamatsu Y. Funaoka M. *Sen'i Gakkaishii*, **57**, 54 (2001)
6) Nagamatsu Y. Funaoka M. *Sen'i Gakkaishii*, **57**, 75 (2001)
7) Nagamatsu Y. Funaoka M. *Sen'i Gakkaishi*, **57**, 82 (2001)
8) Xia Z. Yoshida T. Funaoka M. *Biotechnology Lett.*, **25**, 9 (2003)
9) Xia Z. Yoshida T. Funaoka M. *Eur. Polym. J.*, **39**, 909 (2003)

2.4 バイオポリエステル可塑剤への応用

大前江利子[*1], 舩岡正光[*2]

2.4.1 はじめに

石油由来のプラスチックの代替品として、ポリヒドロキシブチレート（PHB）が注目されている。PHBは水素細菌など多くの微生物体内で生合成され、エネルギー源として菌体内に貯蔵される[1]。自然界の微生物が合成するPHBホモポリマーは生分解性を有する一方、結晶性が極めて高いため非常に脆く、材料としての活用が困難であった。これまでに共重合体形成による内部可塑化[2]、ブチルヒドロキシアニソール（BHA）やトリアセチンなどの添加による外部可塑化[3,4]が検討されてきた。

近年、相分離系変換システムおよびスイッチング機能にて天然リグニンから誘導したリグノフェノール二次誘導体がPHB可塑剤として効果を発現することが見出されている。

2.4.2 リグノフェノール複合フィルムの機械的特性

ヒノキ、ブナおよびイナワラ天然リグニンより誘導したリグノ-p-クレゾール（LP-P）は、140℃および170℃でのスイッチング機能化により、極端に低分子化したLP-P（二次誘導体-I）およびLP-P（二次誘導体-II）に変換される（表1）。

バイオポール（モンサント社製、D400P、HV 8％含有）とアセチル化リグノフェノール試料から、溶媒キャスト法にて平滑な複合フィルムが調製可能である。バイオポールのみのコントロールフィルムは乳白色、リグノフェノール誘導体複合フィルムは淡褐色を呈する。図1に複合フィルムの引張試験から得られた引張強さおよび伸び率を示す。従来のPHB可塑剤として報告されているBHAおよびトリアセチンを複合化した場合、伸び率はコントロールフィルムの2〜3倍であるのに対し、LP-Pは分子量が大きくPHBとの相溶性が悪いため、複合フィルムの伸び率はコントロールフィルムを下回る[5]。一方、ブナLP-P（二次誘導体-I）およびLP-P（二次誘導体-II）は高い強度を保持しながら、コントロールフィルムの約12倍および22倍と、高い伸び率を

表1 リグノフェノール（アセチル化物）の重量平均分子量（$\overline{Mw}$）

	LP-P	LP-P（二次誘導体-I）	LP-P（二次誘導体-II）
ヒノキ	25,000	1,430	1,040
ブナ	7,400	700	520
イナワラ	3,600	930	830

---

*1 Eriko Ohmae 三重大学 生物資源学部 木質分子素材制御学研究室 技術員
*2 Masamitsu Funaoka 三重大学 生物資源学部 教授

木質系有機資源の新展開

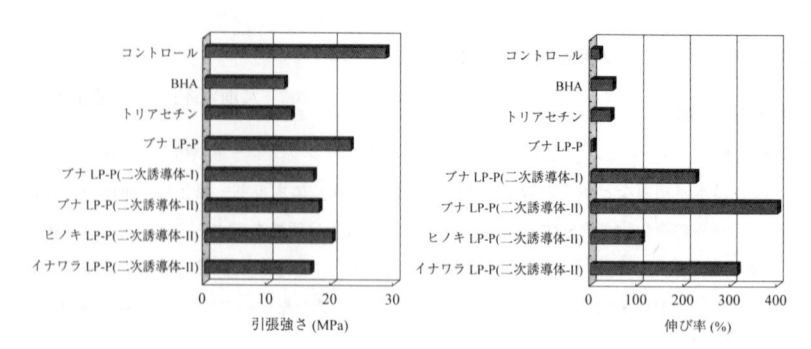

図1　複合フィルムの引張強さおよび伸び率（複合化量：20%）

発現する[5]。LP-P（二次誘導体-I）はスイッチング機能化により分子内に5員環が形成した立体的にバルキーな素材である[6]が，さらに反応が進行することによりスチルベン構造を有する平面型分子へと転換する[7]。平面型のLP-P（二次誘導体-II）がPHB分子鎖間に介在することにより，PHB分子鎖のスライド効果を引き起こし，より優れた伸び率が発現したと考えられる。

　ヒノキLP-P（二次誘導体-II）を複合化した場合，伸び率はコントロールフィルムの約6倍にとどまるのに対し，イナワラLP-P（二次誘導体-II）の複合化により，ブナ素材に次ぐ高い可塑効果が発現する。針葉樹リグニンはグアイアシル核（G核）のみから構成されるため縮合構造が多いが，広葉樹リグニンはG核とシリンギル核（S核）から成るため，よりリニアな構造を有する。したがって，ヒノキLP-P（二次誘導体-II）は枝分かれの多い高分子素材である一方，ブナLP-P（二次誘導体-II）はよりリニアな低分子素材であり，この分子形態の差異が可塑効果の違いを引き起こしたといえる。また，草本リグニンはG核とS核から成るコアリグニンの末端にp-ヒドロキシフェニル核（P核）がエステル結合にて付加した構造を有している。相分離系変換システムによってP核は脱離，またエーテル結合が多いため低分子フラグメントが増加し，その結果得られたLP-PはG核を多く含む素材である。したがって，ブナ素材より分子量は大きく，可塑効果もブナ素材に及ばなかったと考えられる。

　リグノフェノールにメチロール基を導入した後，熱架橋することにより，LP-Pはネットワーク型に，リグノ-2,4-ジメチルフェノール（LP-24）はリニア型に高分子化する[8]。このようなリグノフェノールメチレン架橋体（LP-HM-P）は溶媒に対する溶解性が極めて低い素材であるが，スイッチング機能の発現により溶媒に可溶な低分子化体へと分子が解体された。LP-HM-Pから得られた低分子化体の分子量は，LP-Pの場合で約3,600，LP-24の場合で約1,300であり，その複合フィルムの伸び率はそれぞれコントロールフィルムの2倍および7.5倍と，リニア型高分子

第 4 章 リグニン応用技術の新展開

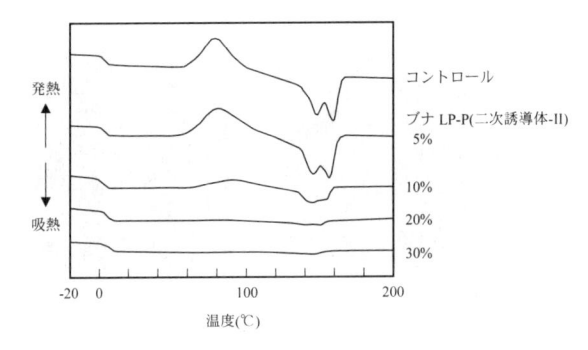

図2 複合フィルムの DSC 曲線

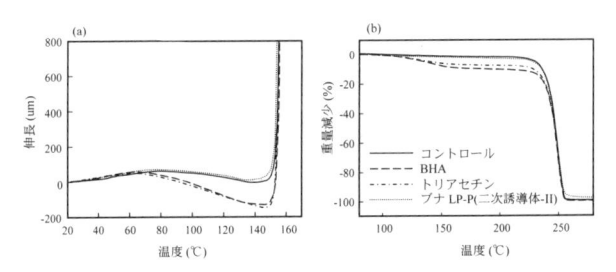

図3 複合フィルムの(a) TMA 曲線および(b) TG 曲線 (複合化量：5％)

体から誘導された低分子化体において従来の可塑剤より高い可塑効果が発現した。

2.4.3 複合フィルムの熱的特性

コントロールフィルムの示差走査熱量測定（DSC）において，約75℃に結晶化にともなう発熱ピーク，約160℃に融解による吸熱ピークが明確に観察され，PHB が結晶性高分子であることが分かる（図2）。一方，ブナ LP-P（二次誘導体-II）複合フィルムは複合化量が高い場合，発熱，吸熱ピークとも観察されず，PHB の結晶化を完全にブロックしている[9]。

図3に複合フィルムの熱機械分析（TMA）および熱重量測定（TG）の結果を示す。コントロールフィルムでは約150℃にて軟化による伸長（図3(a)）が，約230℃にて分解による重量減少（図3(b)）が観察される。BHA およびトリアセチン複合フィルムでは120℃付近での BHA およびトリアセチンの揮散にともない PHB 分子鎖間で結晶が再生することにより，フィルムの大幅な収縮が生じる[9]。一方，ブナ LP-P（二次誘導体-II）は約170℃まで熱的に安定であり，昇温過程における溜出は観察されないことから，その複合フィルムはコントロールフィルムと同様の熱安定

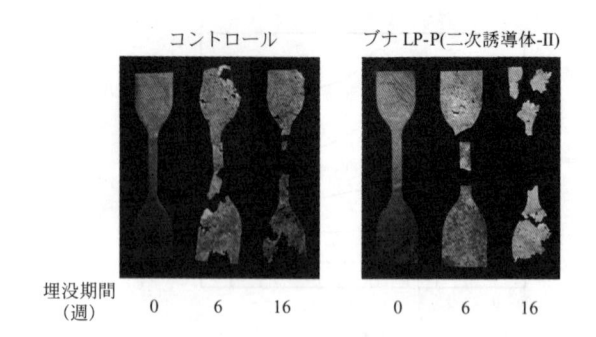

図4　複合フィルムの生分解試験（複合化量：10%）

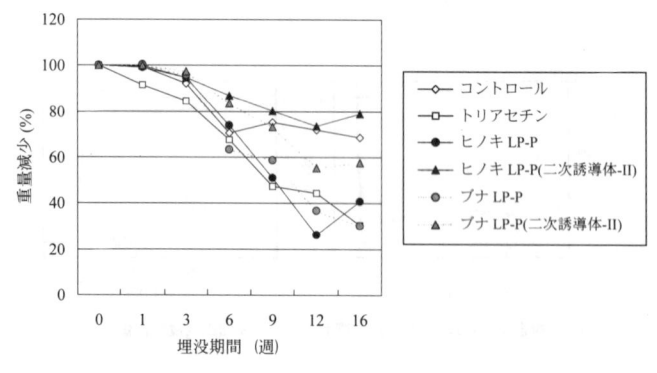

図5　生分解試験におけるフィルムの重量減少（複合化量：10%）

性を有することが分かる。

2.4.4　複合フィルムの生分解性

　PHBは土壌中の微生物が有する菌体外酵素により低分子の有機酸に分解された後，菌体内にて最終的には炭酸ガスと水にまで分解されることが知られている[1]。土壌中に3週間以上埋没したフィルムにおいて多数の穴が観察され，埋没期間が長くなるにしたがいフィルムの崩壊は顕著になることが分かる（図4）。16週間の土壌埋没においてコントロールフィルムの重量は初期重量の70%まで減少した[10]（図5）。ヒノキおよびブナLP-P複合フィルムは相溶性の低い脆い材料であるため，微生物による分解よりも物理的欠損が優先的に生じ，その結果，重量減少率が大きくなったと考えられる。それに対し，LP-P（二次誘導体-II）はPHBとの相溶性が高く，PHBと一体構造体を形成したことから，その複合フィルムの物理的重量減少は抑制されたと考えられる。

第4章 リグニン応用技術の新展開

2.4.5 おわりに

　高結晶性であるため加工困難な生分解性バイオポリエステル・PHBの可塑剤として，相分離系変換システムにて広葉樹系天然リグニンより誘導したLP-Pの機能変換体が優れた機能を発現することが分かった．特に，スチルベン型構造を有するLP-P（二次誘導体-II）はPHBの結晶化を阻害するとともに，効果的にPHB分子鎖のスライドを引き起こし，またその複合フィルムはコントロールフィルムと遜色ない熱安定性，生分解性を示す．さらにリグノフェノール-PHB複合フィルムは，紫外線吸収能を有するのみならず，アセトンにてリグノフェノールとPHBに定量的に分離することも可能である．また，リニア型高分子化体から誘導した低分子化体であってもPHBを可塑化すると考えられ，リグノフェノールのPHB可塑剤としての活用が，カスケード型循環活用システムの下流側における応用として効果的に機能すると期待される．

文　　献

1) 土肥義治編著，「生分解性高分子材料」，工業調査会（1990）
2) P. A. Holmes, *Phys. Technol.*, **16**, 32(1985)
3) T. Hammond, J. M. V. Blanshard, S. Fujita, ZENECA CASE SBI 40277 1994. Sep 9
4) 石川健次，川口靖，土肥義治，高分子論文集，**48**, 221（1991）
5) E. Ohmae, M. Funaoka, S. Fujita, *Trans. MRS-J*, **26**(3), 829(2001)
6) 舩岡正光，井岡浩之，寳勝智貴，田中ゆきこ，ネットワークポリマー，**17**(3), 121（1996）
7) 井岡浩之，修士論文，三重大学（1996）
8) 永松ゆきこ，舩岡正光，繊維学会誌，**57**(3), 75（2001）
9) E. Ohmae, M Funaoka, S. Fujita *Mater. Sci. Res. Int.*, **10**(1), 78(2004)
10) 大前江利子，舩岡正光，藤田修三，第52回ネットワークポリマー講演討論会　講演要旨集，p 17（2002）

2.5 金属元素吸着固定化体としての機能

2.5.1 はじめに

井上勝利[*1], Durga Parajuli[*2], 牧野賢次郎[*3], 舩岡正光[*4]

本項では相分離系変換システムで得られるリグノフェノール，ならびにパルプの製造において廃棄物として大量に発生しているリグノスルホン酸の重金属に対する吸着特性を比較し，前者の金属吸着剤としての優れた特性を紹介する[1,2)]。

リグノフェノールは水への溶解を避けるために濃硫酸存在下でパラホルムアルデヒドで架橋処理し吸着剤として調製した。また比較のために用いたリグノスルホン酸は㈱エムエヌビー製のコンクリート減水剤ポゾリスNo.70を使用した。これはリグノスルホン酸を含む黒色の液体であり，リグノフェノールと同様にパラホルムアルデヒドで架橋処理して吸着に供した。

2.5.2 各種のリグノフェノールによるアンチモン (III) の吸着

図1に上記の各種のリグノフェノールならびに木粉自体によるによるアンチモン (III) の吸着百分率と平衡 pH との関係を示す。いずれのリグノフェノールもほぼ同程度の吸着を示すが，リグノカテコールによる吸着が若干優れている。また木粉自体によってもかなりの吸着が認められ

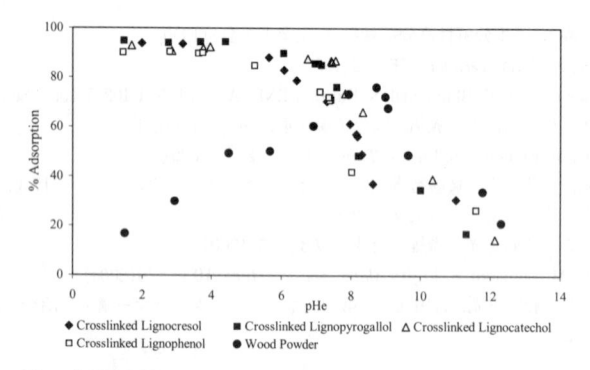

◆ Crosslinked Lignocresol　■ Crosslinked Lignopyrogallol　△ Crosslinked Lignocatechol
□ Crosslinked Lignophenol　● Wood Powder

図1　各種の架橋リグノフェノール誘導体および木粉によるアンチモン
(III) の吸着に及ぼす pH の効果
アンチモン (III) の初濃度＝0.2mM，各種の架橋リグノフェノール
誘導体および木粉の重量＝20mg，アンチモン水溶液の体積＝15ml

＊1　Katsutoshi Inoue　佐賀大学　理工学部　機能物質化学科　教授

＊2　Durga Parajuli　佐賀大学　大学院　博士後期課程

＊3　Kenjiro Makino　㈲山曹ミクロン

＊4　Masamitsu Funaoka　三重大学　生物資源学部　教授

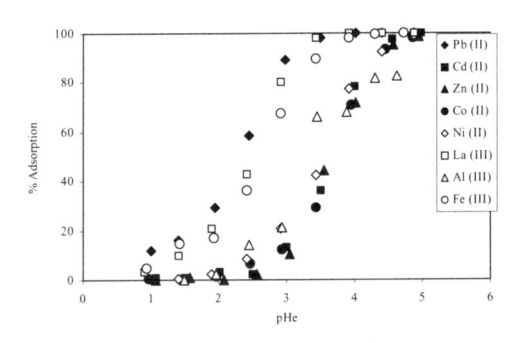

第4章 リグニン応用技術の新展開

図2 架橋リグノカテコールによる各種の重金属イオンの吸着
に及ぼすpHの効果
重金属の初濃度初濃度＝0.2mM，架橋リグノカテコール
の重量＝20mg，水溶液の体積＝15ml

る。pHの増加に伴い吸着が低下しているのはフェノール化合物による陽イオン交換反応では吸着できないアンチモン（III）の陰イオン種が生成したためと考えられる。

2.5.3 リグノカテコールによる各種の重金属イオンの吸着特性

図2にリグノカテコールによる各種の重金属イオンの吸着百分率と平衡pHとの関係を示す。アンチモンの吸着とは異なり，これらの金属イオンの吸着はpHの増加と共に増加している。これはこれらがいずれも陽イオン種であるため，陽イオン交換反応により吸着が起こっているためである。この結果よりリグノカテコールによる吸着における選択性の順序は Pb (II) ～ La (III) ＞ Fe (III) ＞ Al (III) ＞ Ni (II) ～ Zn (II) ～ Cd (II) であり，リグノカテコールを用いることにより鉛，ランタン，鉄等の金属がニッケル，亜鉛，カドミウムなどより容易に分離可能であることが分かる。

図3にリグノカテコールに対する各種の重金属の吸着量（q）と吸着後の平衡濃度（Ce）との関係を示す。いずれの金属も Langmuir 型の吸着を示しており，金属濃度と共に吸着量も増加し，ある一定値に漸近している。この一定値より各金属についての飽和吸着量が図中に示すように求められた。鉛 (II) イオンについては1.79mol/kgという極めて高い値を示しており，図2に示した選択性と共にリグノカテコールの吸着剤が鉛 (II) イオンに対しての優れた吸着剤であることが分かる。

図4に比較としてリグノスルホン酸による吸着における2価の重金属イオンの吸着百分率と吸着後の平衡pHとの関係を示す。この場合もpHの増加と共に吸着が増加しており，陽イオン交換反応により吸着が起こっていることが分かる。これらの結果よりリグノスルホン酸による吸着の選択性の序列は La (III) ＞ Pb (II) ～ Fe (III) ＞ Fe (II) ～ Cu (II) ～ Al (III) ＞ Cd (II) ～ Ni (II)

木質系有機資源の新展開

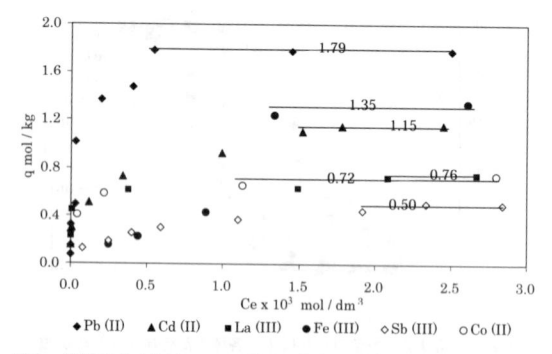

図3 架橋リグノカテコールに対する各種の重金属の吸着等温線
（架橋リグノカテコール1kg当たりの吸着量（縦軸）と吸着後の水溶液中に残存している重金属の濃度（横軸）との関係，図中の数値は各重金属の飽和吸着量を示す）

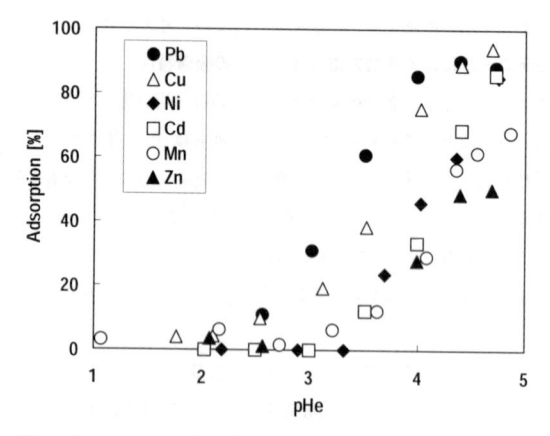

図4 架橋リグノスルホン酸による2価の重金属の吸着に対するpHの効果
金属初濃度＝15ppm，架橋リグノスルホン酸の重量＝10mg，水溶液＝7.5ml

＞ Mn (II)～ Zn (II) の順であることが明らかとなった。

　図2と4で吸着の起こるpHを比較するとリグノスルホン酸の方がより高いpHで吸着が起こっていることが分かる。これはリグノカテコールの方がより強力に金属を吸着することを意味している。スルホン酸はpKaが低く，従ってリグノスルホン酸の方がより強く金属を吸着する

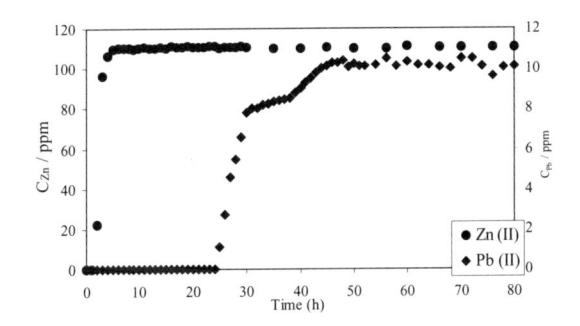

第4章　リグニン応用技術の新展開

図5　リグノカテコール充填カラムによる鉛(II)イオンと亜鉛(II)イオンの破過曲線(充填カラムからの流出液中の各金属濃度(縦軸)と流出時間(横軸)との関係)
カラムに充填されたリグノカテコールの重量＝400mg（乾燥重量），供給液流量＝3 ml/h，供給液：pH=2.5, [Pb]=11ppm, [Zn]=110ppm

と考えられ，この結果は一見矛盾しているように見える。そこで試料を王水で全溶解させ，含まれている硫黄の含有量を測定することにより，本リグノスルホン酸の吸着剤中のスルホン酸基の量を評価したところ0.68mol/kgであった。この量はリグノスルホン酸のゲル中に存在するフェノール性水酸基を始めとする陽イオン交換可能な官能基の全量（＝4.83mol/kg-乾燥ゲル）と比較するとかなり小さい。これに対してリグノカテコールでは多くのカテコールの官能基が導入されたため，陽イオン交換可能な官能基の全量が大幅に増加し，このような結果が生じたと考えられる。

　銅(II)，鉛(II)，ランタン(III)についてpH＝3.22において吸着量と平衡濃度との関係を調べたところ，図3と同様なLangmuir型の吸着等温線が得られ，リグノスルホン酸に対する銅，鉛，ランタンの飽和吸着量はそれぞれ0.81，0.81，0.45mol/kgと求められた。これらの値はリグノカテコールと比較するとかなり小さく，この点からもリグノフェノールが優れた金属吸着特性を発現していることが明らかである。

2.5.4　リグノカテコールを充填したカラムによる鉛と亜鉛の分離

　鉛と亜鉛は字でも明らかなように化学的性質が類似しており，自然界では常に共存している。亜鉛は鋼板のメッキに多く使用されており，メッキ浴からの鉛の除去が求められている。このような観点からリグノカテコールの吸着剤を充填したカラムを用いて大量の亜鉛(II)イオンから少量の鉛イオン(II)を吸着・除去することを試みた。図5に大量の亜鉛と少量の鉛を含む液をカラムに通液した場合の両者の破過曲線を示す。亜鉛イオンの破過が通液後直ちに起こるのに対

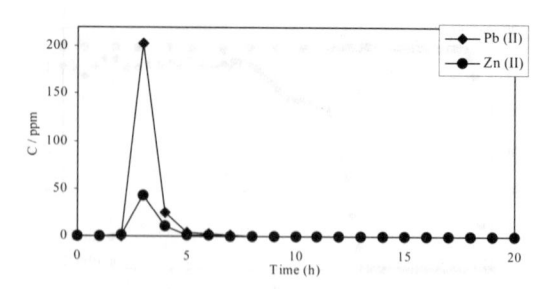

図6 1Mの塩酸を用いて金属の溶離を行った場合のリグノカテコール充填カラムからの鉛(II)イオンと亜鉛(II)イオンの溶離曲線(充填カラムからの流出液中の各金属濃度(縦軸)と流出時間(横軸)との関係)
溶離液流量＝3 ml/h

して鉛イオンの破過は約25BVで起こり，本カラムにより両者の分離が効果的に行われることが分かる。

また図6に両者の破過後蒸留水を通液して洗浄した後，1Mの塩酸を通液することにより溶離を行った場合の両イオンの溶離曲線を示す。鉛イオンが供給液と比較して20倍以上に濃縮されて溶離されるのに対して，亜鉛イオンの溶離は僅かである。

文　　献

1) D. Parajuki, K. Inoue, K. Ohto, T. Oshima, A. Murota, M. Funaoka, K.Makino, "Adsorption of heavy metals on crosslinked lignocatechol-A modified lignin gel", *React. Func. Polym.*, (in print)
2) 井上勝利，大渡啓介，大島達也，大西沙耶香，牧野賢次郎，"架橋リグノスルホン酸への金属イオンの吸着"，化学工学論文集，**30**, No.6, (印刷中)

2.6 持続的抗酸化剤としての機能

藤田修三[*1], 舩岡正光[*2]

2.6.1 要約

"相分離系変換システム"により調製したリグノフェノールはポリフェノールの一種で，抗酸化効果が期待される。広葉樹ブナおよび針葉樹ヒノキから調整した12種類のリグノフェノールについてα-リノール酸に対する抗酸化性を調べた。その結果，全ての試料に高い抗酸化活性がみられた。これらリグノフェノールには可塑剤としての機能もあり，ゴム加工，プラスティック加工時に添加することにより，加工品に抗酸化性と柔軟性の両方を賦与することが期待できる。

2.6.2 はじめに

自然界では活性酸素による酸化的傷害から組織を防御するため，さまざまな抗酸化酵素および抗酸化物質が機能している。とりわけ植物の場合，多くは終日，太陽からの紫外線を浴びており，それにより活性酸素が多量発生して処理に追われ，円滑に進まなくなると植物体は枯れてしまう。そのため活性酸素を消去するための抗酸化酵素および抗酸化物質を大量に所有している。前者として生物体では一般にSOD（スーパー・オキサイド・ディスムターゼ），GSH-Px（グルタチオンペルオキシダーゼ），カタラーゼが相互に機能している。後者について植物胚乳に存在するトコフェロールは，含有する脂質の酸化防止のための代表的な例である。近年，抗酸化物質として特にフラボノイド，アントシアン，カテキンなどポリフェノール系を中心とした植物性抗酸化物質が注目されている。

リグニンはセルロース，ヘミセルロースとともに植物の細胞壁を構成している成分で，芳香核に炭素原子3つの側鎖をもつフェニルプロパン構造にメトキシル基がつき，それが無数に結合した広義のポリフェノールである。リグニンは「p-ヒドロキシ桂皮アルコール類の酵素による脱水素重合生成物であり，一定のメトキシル基をもち，またいくつかの特性反応を示す物質[1]」と定義されているが，その構造の複雑さから未知な部分が多く，リグニンはポリフェノールの機能を潜在した安定したポリマーと理解されてきた。しかし，Braddonらはゴムの弾力体にアルカリ処理したクラフトリグニンを混合することにより弱い抗酸化効果のみられることを報告した[2]。効果の理由としてリグニン分子内に特異なフェニルエーテル構造を有し，その構造に抗酸化作用があるためとし，さらにアルキルリン酸のような過酸化物分解剤添加で相乗効果がみられるとしている。この報告からポリマー状態で抗酸化効果がみられるため，リグニンを低分子化できれば，官能基の発現によりさらに高い効果が期待される。

---

*1　Shuzo Fujita　青森県立保健大学　健康科学部　教授
*2　Masamitsu Funaoka　三重大学　生物資源学部　教授

木質系有機資源の新展開

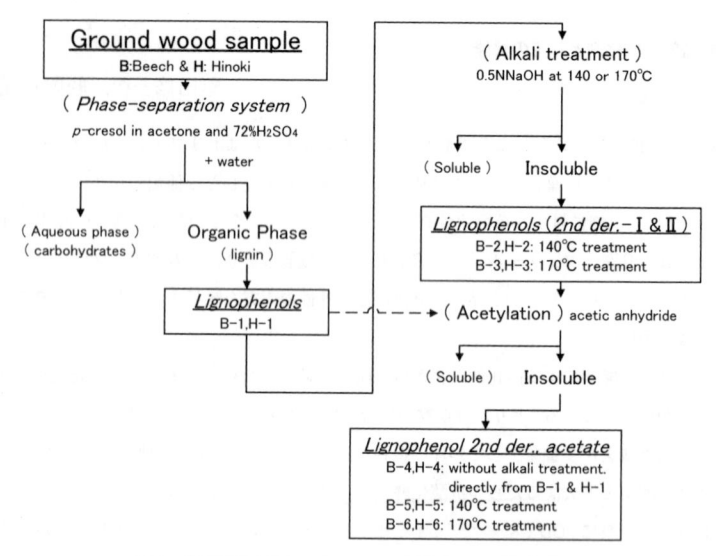

```
                    Ground wood sample
                    B:Beech & H: Hinoki
                  ( Phase-separation system )               ( Alkali treatment )
                  p-cresol in acetone and 72%H₂SO₄          0.5NNaOH at 140 or 170°C
                            + water
                                                          ( Soluble )   Insoluble
    ( Aqueous phase )    Organic Phase
    ( carbohydrates )       ( lignin )                    Lignophenols (2nd der.- I & II)
                                                          B-2,H-2: 140°C treatment
                          Lignophenols                    B-3,H-3: 170°C treatment
                             B-1,H-1     --------→ ( Acetylation ) acetic anhydride

                                                          ( Soluble )   Insoluble

                                                          Lignophenol 2nd der., acetate
                                                          B-4,H-4: without alkali treatment.
                                                                   directly from B-1 & H-1
                                                          B-5,H-5: 140°C treatment
                                                          B-6,H-6: 170°C treatment
```

図1　相分離系変換システムにより調製された12種類の試料

近年，舩岡らにより発明された"相分離系変換システム"は，リグニンの立体構造を損なわずにポリマー状態をスイッチング素子により自在に低分子化することができる[3]。リグノフェノールは取り扱いやすく，低分子化により反応性の高い物質に変換されている。そこで同システムで得られた種々のリグノフェノールを用い抗酸化性試験を行ったところ，予想される高い抗酸化性を有することがわかった[4]。ここではリグノフェノールの抗酸化剤としての高い機能性を紹介する。

2.6.3　試料と実験方法

実験材料の調製プロセスおよび試料名を図1に示した。広葉樹ブナおよび針葉樹ヒノキからリグノフェノールを調製し，その2次変換体および酢酸型を各原材料について6種類，合計12種類の誘導体を調製した。リグノフェノールの推定分子量は次の通りである：ブナ |B-1(MW＝6,700)，B-2(MW＝700)，B-3(MW＝690)，B-4(MW＝7,400) B-5(MW＝700)，B-6(MW＝520)|，ヒノキ |H-1(MW＝21,000)，H-2(MW＝1,350)，H-3(MW＝1,030)，H-4(MW＝25,000)，H-5(MW＝1,430)，H-6(MW＝1,040)|。対照にはクラフトリグニンおよび食品添加物用酸化防止剤 BHA (Butylated-hydroxyanisol, 2, [3] tert-butyl-4hydroxy-anisole, Sigma B-1253) を用いた。なお調製試料の構造を FT-IR により簡易同定した。その結果，主にアセチル

第4章 リグニン応用技術の新展開

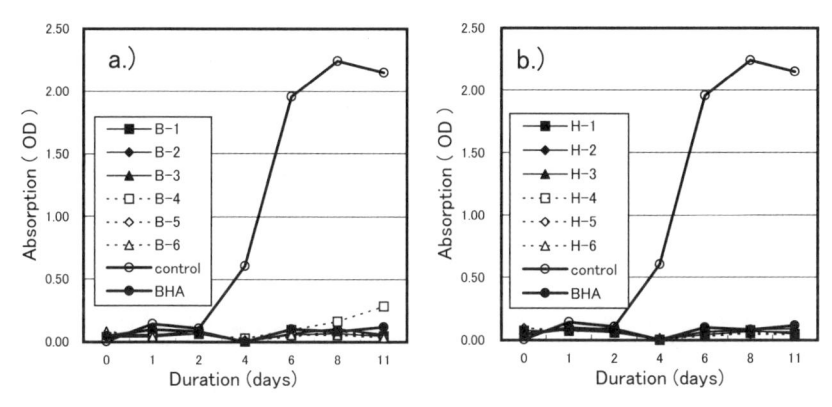

図2 ブナa）およびヒノキb）から調製した各種リグノフェノールの抗酸化性（POV法）

化による3,100-3,500cm^{-1}のフェノール性水酸基が殆ど消失，1,700cm^{-1}にエステルの吸収がみられ予想した試料が調製されていることを確認した。

分析はα-リノール酸から生じる過酸化脂質をロダン鉄法（POV）で評価し，また過酸化脂質の分解により生成するマロンジアルデヒド（MDA）および類似物質についてチオバルビツール酸法（TBA）で調べた[5]。反応はα-リノール酸0.10mlにリグノフェノール各試料を4mg（短期間実験）および2mg（長期間実験）を含む75%エタノール溶液20mlを調製して40℃恒温暗室で，α-リノール酸から生じる酸化物を経時的に測定した。

2.6.4 結果および考察

(1) POVおよびTBA法による抗酸化効果評価

リグノフェノール4mgを添加した短期抗酸化性試験を行った。POV法ではリグノフェノールはブナB-4を除いた各試料ともBHAと同様の強い抗酸化効果を示し，活性力にもほとんど差がみられなかった（図2）。また反応後期に生成するカルボニル化合物生成を検出するTBA法においても，同様に試料間で差が認められなかった（図3）。これらの結果から，全てのリグノフェノールにBHAと同様の高い抗酸化効果のあることが認められた。この実験ではリグノフェノールの抗酸化効果が予想以上に高かったため，広葉樹と針葉樹リグニンの化学的構造による酸化抑制効果の差異や，アルカリ処理および酢酸型にした誘導体の効果がみられなかった。そこでリグノフェノールを半量とした長期間の観察実験を行った。

(2) 抗酸化効果の長期的観察

長期間観察の結果，この条件（抗酸化剤としてリグノフェノール2mg）ではコントロール（抗酸化剤無添加）の吸光度が0.2-0.3位から，B-1とH-1の吸光度が少し上がり始め，コントロー

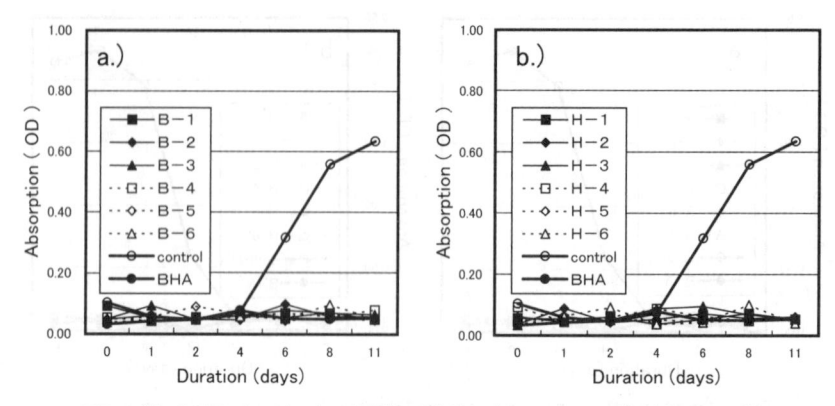

図3 ブナa）およびヒノキb）から調製した各種リグノフェノールの抗酸化性（TBA法）

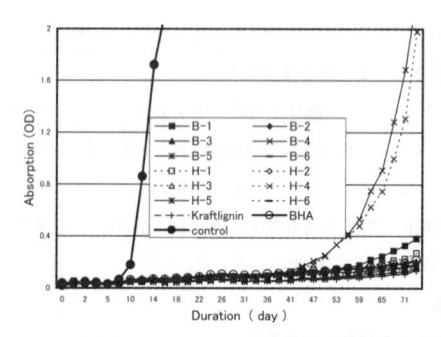

図4 長期間にわたる各種リグノフェノールの抗酸化性観察（POV法）

ルの吸光度の検出限界となる頃から，その傾向は鮮明になるとともに，B-1，H-1を酢酸型にしたB-4，H-4の抑制効果が弱まった。それ以外のリグノフェノールは，長期間にわたりBHAと同等もしくはそれ以上の酸化抑制効果が観察された（図4）。

広葉樹ブナと針葉樹ヒノキリグニンの抗酸化性効果に関して，両者の化学構造は後者がグアイアシル核のみを基本骨格としているのに対し，前者はグアイアシル核に加えてシリンギル核を含んでおり，それらの構造が抗酸化効果に影響するものと思われる。この実験でもっとも酸化抑制効果の高かった試料はB-6とH-6であった。これらは170℃でアルカリ処理後，酢酸処理を行ったが，酢酸処理をしていないB-3，H-3よりもやや酸化抑制効果が高かった。これは酢酸処理した試験溶液中でアセチル化という弱いエステル結合が，時間経過とともに加水分解して切断され，

活性 OH 基が徐々に現れてラジカルスカベンジャーとしての機能が持続することが考えられる。リグノフェノールの長期観察にみられた抗酸化効果は次の順序であった。

　　H-2,-3,-5,-6, B-2,-3,-5,-6≧ BHA ＞ H-1≧ B-1＞ H-4≧ B-4＞＞コントロール

　B-6および H-6は高い抗酸化効果を示し，かつ無色透明であるため，実用面を考えた場合，BHA 同様，添加される物質の色調に影響を与えない抗酸化剤としての使用が可能である。また多機能なリグノフェノールには可塑剤としての働きがあり[6]，ゴム加工，プラスチック加工に添加することにより，加工品に抗酸化性と柔軟性の両方を賦与することが考えられ，今後リグノフェノールの持続型抗酸化剤としての用途の広まることが期待される。

文　献

1) 中野準三編，リグニンの化学，p.15, ユニ出版（東京）(1990)
2) D. V. Braddon and S. I. Falkehag, *J. Polymer Sci.* **40**, 101 (1973)
3) 舩岡正光, 井岡浩之ら，ネットワークポリマー，**17**, 121 (1996)
4) S. Fujita, E. Ohmae and M. Funaoka, *J. Jpn Assoc. Dietary Fiber Res.*, **7**, 13 (2003)
5) 川岸舜朗編著；食品中の生体調節物質研究法，p.13, 学会出版センター (1996)
6) E. Ohmae, M. Funaoka and S. Fujita, *Materials Science Research International*, **10**, 78 (2004)

3 樹脂への応用
3.1 リグノセルロース系循環材料への展開
3.1.1 はじめに

永松ゆきこ[*1]，舩岡正光[*2]

　自然界においてリグニンはセルロースより形成された微細な繊維を集合化し，強靭性と耐水性を付与しているだけでなく，あらゆる外的因子に対する耐久性を付与していることが知られている。このような天然資源の特性に倣い，異種素材の利点を相乗的に発現させ，総体的な特性の向上を図った複合化素材の一例として，FRP（Fiber Reinforced Plastics）が挙げられる。この場合も比較的脆いマトリクス構造をアスペクト比が大きい繊維状フィラーで補強することにより強靭性が著しく向上する。しかし樹木の場合，細胞壁構成素材が環境に応じて逐次フレキシブルに対応することによって，長期間にわたり様々な外的環境に対して驚異的な耐久性を発現する一方，ひとたび寿命を迎えると速やかに分解され，自然界における炭素循環系のトータルバランスを維持しているのに対し，FRPは難分解性廃棄物として現在もなお適切な処理手法が見出されていない。相分離系変換システムにて天然リグニンより定量的に誘導された1,1-ビス（アリール）プロパン型リニア系高分子，リグノフェノールは，天然リグニンの基本骨格を高度に保持し，生体適合性に優れている。また，アセトン，THFなどの溶媒に対する高い溶解性と顕著な熱可塑特性を利用し，溶媒キャスト法，あるいは加熱流動法によって透明なフィルムを形成させることが可能であり，いずれも優れた粘結性を発現する[1〜3]。芳香核構造をメインにした比較的低重合タイプの非結晶性構造よりなるオリジナルリグノフェノールは，単体でのフィルム化は困難であるが，各種リグノセルロース系繊維とリグノフェノールとを複合化することにより，しなやかかつ強靭なリグノセルロース系循環材料を創製し得る[4〜8]。その一例としてリグノフェノール-古紙ファイバー複合材料について説明する。

3.1.2 リグノフェノール-古紙ファイバー複合材料の創製とその機能制御

　古紙を水に浸漬し，解繊後，さらに必要に応じて叩解を行ったファイバースラリーから抄造器にてウエットモールドを作成し，厚み規正を加えながら脱水することによりファイバーモールドを作成する。基本的にこの工程においては一切熱や圧力などを必要とせず，セルロース繊維の水素結合力のみで集合化される。したがって，得られるファイバーモールドの密度および物理的強度は繊維の叩解度（フリーネス）によってコントロールすることが可能である（図1）[9,10]。すなわち，叩解することによって外部及び内部フィブリル化が進行し，セルロースファイバーの強固

---

*1　Yukiko Nagamatsu　三重大学　生物資源学部，科学技術振興機構　研究員
*2　Masamitsu Funaoka　三重大学　生物資源学部　教授

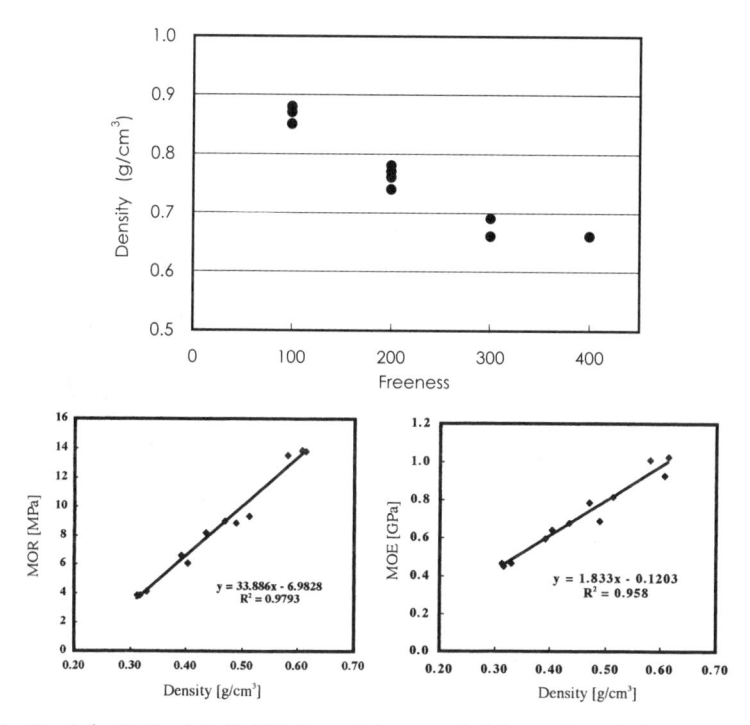

第4章　リグニン応用技術の新展開

図1　ファイバーのフリーネス（濾水性）とファイバーモールドの密度および密度と物理的強度との関係

なフレームワーク構造が崩壊し柔軟になり，ファイバー同士の接触面積が増加し，水素結合による繊維間結合力が増大するためである。また，麻，ジュート，ケナフなどの非木材資源はその生長の速さ，繊維の長さから木材に代わる新しいパルプ資源として注目を浴びているが，これらの非木材繊維を用いることによってさらに強靭かつ軽量なモールドが得られる[11]。ファイバーモールドとリグノフェノールとの複合化は溶媒収着法にて行う。リグノフェノールをアセトンなどの揮発性親溶媒に溶解させ，その溶液にファイバーモールドを浸漬し，その後引き上げて溶媒を留去させる。その結果リグノフェノールの表面ミグレートが生じ，ファイバーの極表層に高濃度のリグノフェノール添着層が形成され（傾斜収着），木質感に富み意匠性に優れたリグノフェノール-古紙ファイバー複合モールドが得られる（図2）。表面に添着したリグノフェノールコーティング層は複合化モールドの各種物理的特性および耐水性の向上に寄与し，添着複合化モールドの曲げ破壊強度および曲げ弾性率はリグノフェノールの添着量の増大にしたがって増加する（図3）。特に吸水率，吸水時の体積膨張率はともに4％の添着によって著しい低下を示す（図4）。

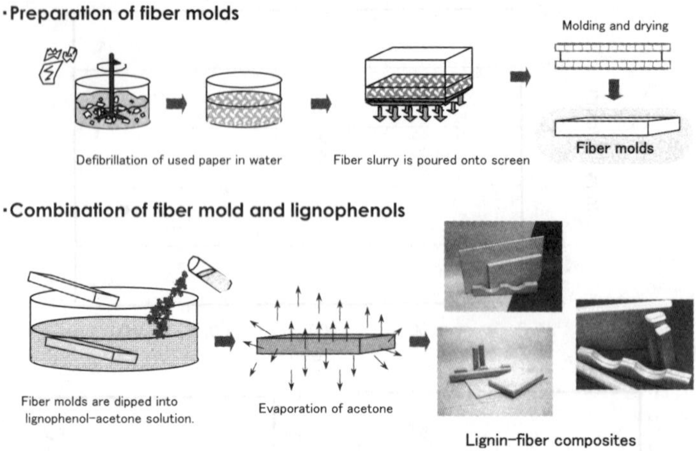
·Preparation of fiber molds
Molding and drying
Defibrillation of used paper in water
Fiber slurry is poured onto screen
Fiber molds
·Combination of fiber mold and lignophenols
Fiber molds are dipped into lignophenol-acetone solution.
Evaporation of acetone
Lignin-fiber composites

図２　リグノフェノール-古紙ファイバー複合モールドの調製

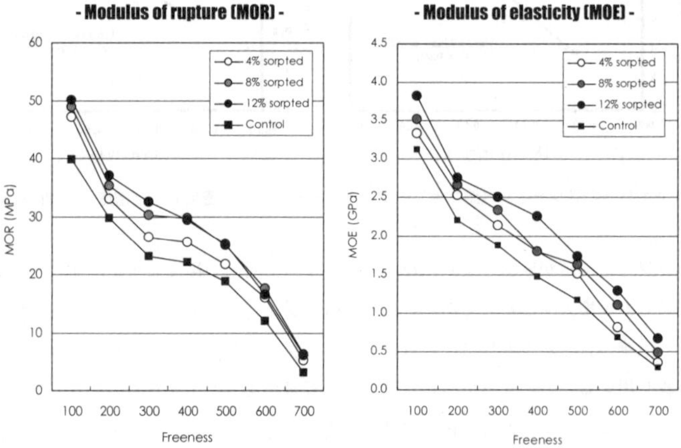
- Modulus of rupture (MOR) -
- Modulus of elasticity (MOE) -
4% sorpted
8% sorpted
12% sorpted
Control
MOR (MPa)
MOE (GPa)
Freeness

図３　リグノフェノール-古紙ファイバー複合モールドの曲げ強度

また，表面のリグノフェノール添着層をリグノフェノールの可塑化温度付近で加熱すると，物理的特性はいずれもさらに向上する[12]。リグノフェノールの添着量はファイバーモールドの密度と高い相関を示し，すなわち，密度の異なるファイバーモールドを同濃度のリグノフェノール溶液に浸漬する場合，より空隙を多く有する低密度タイプのモールドであるほどリグノフェノール添着量が増加する（図５）[13]。さらにこれらの複合化モールドはリグノフェノールの親溶媒によっ

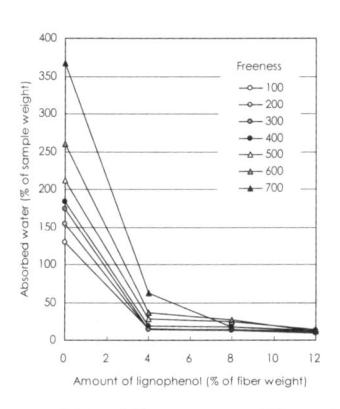

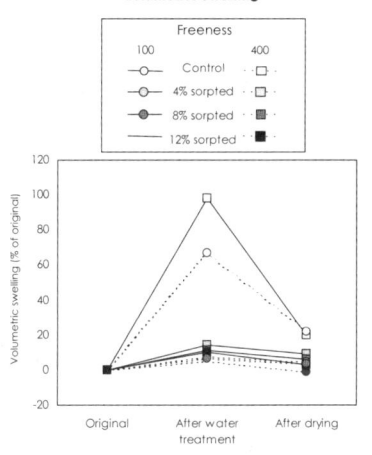

第4章　リグニン応用技術の新展開

図4　リグノフェノール-古紙ファイバー複合モールドの吸水率および体積膨張率

て容易にリグノフェノールを古紙ファイバーとに再分離することが可能であり，循環型素材としての可能性が期待される[6]。

また，芳香核活性サイト数の異なるリグノ-p-クレゾール（LP-c）及びリグノ-2,4-ジメチルフェノール（LP-2,4）よりそれぞれネットワーク生長型およびリニア生長型メチロール化誘導体（HM-LP-c, HM-LP-2,4）を誘導し，これをファイバーモールドに添着後，加熱プロセスにてリグ

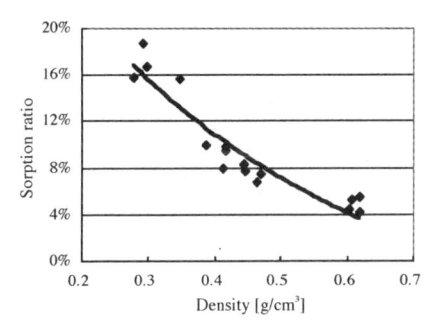

図5　ファイバーモールドのリグノフェノール添着率

ノフェノールコーティング層を高分子化させることによって，高耐久性かつ高強度の複合化モールドが得られる。特にHM-LP-cを用いた場合，LP-c複合化モールドと比較して極めて高い耐溶媒性を示すとともに，約1.5倍の曲げ破壊強度を発現する[10,14]。一方HM-LP-2,4複合化モールドの曲げ強度は，LP-2,4複合化モールドの約1.2倍であり，かつ弾性率は未添着モールドとほぼ同等の値を示し，これは高分子リニア型構造のコーティング層が形成された結果，しなやかさが発現したことを示している（図6）。また，耐水性についてもオリジナルリグノフェノールを添着した場合に比べてさらに優れ，高い安定性を有する（図7）。リグノフェノールの芳香核反応性を活用し，ファイバーモールド表面にメチレン重合型コーティング層を形成して複合化した場

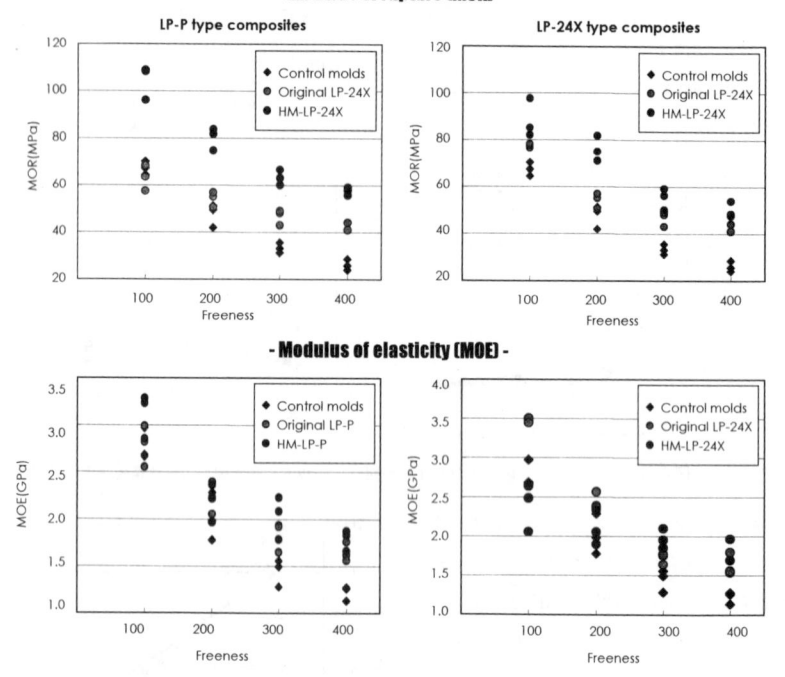

図6　各種リグノフェノール-古紙ファイバー複合モールドの曲げ破壊強度および弾性率

合，オリジナルリグノフェノールを用いて複合化したモールドのように溶媒抽出分離によるリサイクルは不可能である。しかし，リグノフェノールのスイッチング機能（C1-フェノール核のC2炭素に対する隣接基効果）[15,16]を発現することによってファイバーとリグノフェノール二次機能変換体とに分離することが可能である（図8）。

3.1.3　おわりに

　リグノフェノールとリグノセルロース系繊維素材とから成る複合素材は，その目的に応じてリグノフェノールの構造，およびファイバーの形態およびフィブリル化の度合いなどをコントロールし，適宜組み合わせることにより，その密度および物理的特性などを精密制御可能である。さらに，必要時には溶媒抽出あるいはリグノフェノールのスイッチング機能の発現により素材を再分離可能な新しいリグノセルロース系循環材料として様々な応用が期待できる。

第4章　リグニン応用技術の新展開

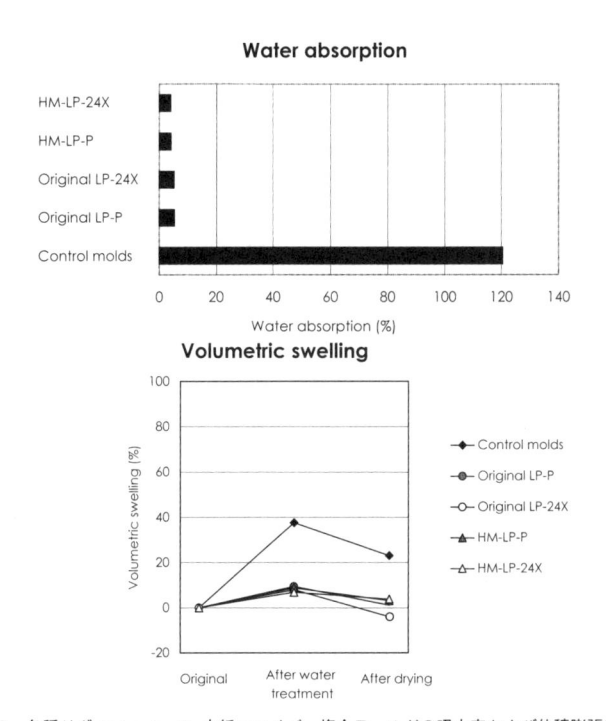

図7　各種リグノフェノール-古紙ファイバー複合モールドの吸水率および体積膨張率

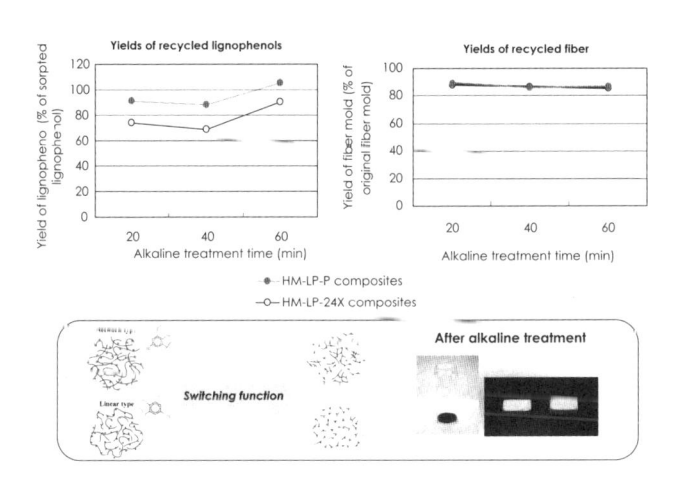

図8　リグノフェノール-古紙ファイバー複合モールドのリサイクル特性

文　献

1) M. Funaoka et al., *Tappi. J.*, **72**, 145(1989)
2) M. Funaoka et al., *Biotechnol. Bioeng.*, **46**, 545(1995)
3) M. Funaoka et al., *Holzforschung*, **50**, 245(1996)
4) M. Funaoka, *APAST*, **22**, 6(1997)
5) M. Funaoka et al., *Trans. Material Res. Soc. J.*, **20**, 167(1996)
6) M. Funaoka, *Polym. Int.*, **47**, 277(1998)
7) 舩岡正光ほか，特開平09-278904
8) 舩岡正光ほか，特開2000-072888
9) 史端甫，修士論文，(2001)
10) 市川智也，卒業論文，(2004)
11) 山元保範，卒業論文，(2001)
12) 前田雅之，修士論文，(1997)
13) 江端康高，修士論文，(2000)
14) 永松ゆきこほか，セルロース学会第11回年次大会講演要旨集，5 (2004)
15) 舩岡正光ほか，ネットワークポリマー，**17**，121 (1996)
16) 永松ゆきこほか，繊維学会誌，**57**，75 (2001)

3.2 有機・無機質集合化材への展開

永松ゆきこ[*1], 舩岡正光[*2]

3.2.1 はじめに

相分離系変換システムにて天然リグニンより誘導したリグノフェノールは,1,1-ビスアリールプロパン型構造を基本ユニットとするリニア型高分子素材であり,130~160℃付近で急激な流動化を示す[1,2]。粉末状フィラーの表面にリグノフェノールをコーティング後,加熱圧縮することによってフィラー空隙にリグノフェノールのマトリクス相が形成される結果,表面光沢性に優れた複合成形体が得られる(図1)[3,4]。リグノフェノールがフィラーを包括しバインダーとして機能するため,複合化においてフィラー間の相互凝集力を特に必要とせず,有機,無機を問わず様々な素材をフィラーとして適応可能であること,さらに研磨・切削により二次加工が可能であることなどから,多様な用途への展開が期待される。この場合,粘結性および疎水性など,リグノフェノールの基本的な特性が複合成形体の物理的強度および耐水性の向上に直接的に寄与する。一方,化学的特性はマトリクスを形成しているリグノフェノールの構造に大きく依存し,すなわち,リ

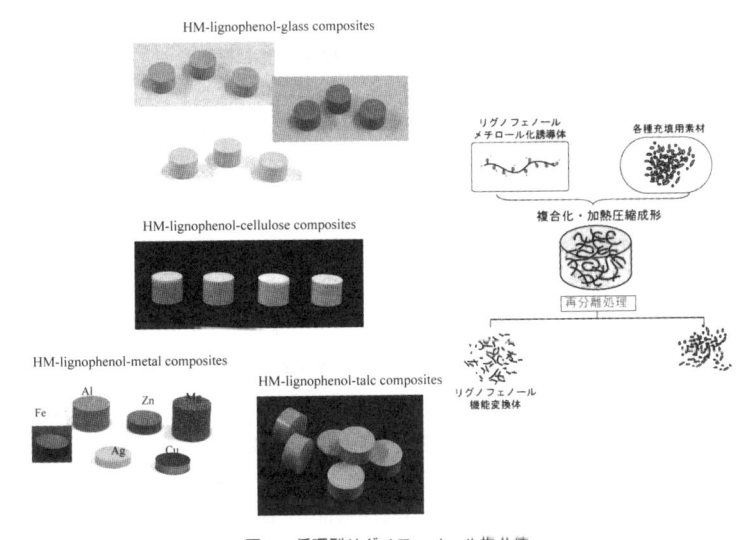

図1 循環型リグノフェノール複合体

* 1　Yukiko Nagamatsu　三重大学　生物資源学部,科学技術振興機構　研究員
* 2　Masamitsu Funaoka　三重大学　生物資源学部　教授

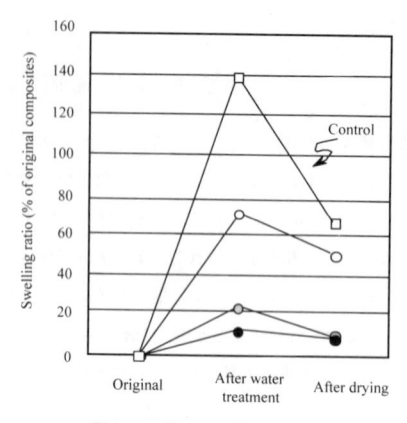

	Water absorbance (%)
HM-LP-P	9.50
HM-LP-P/24X	13.84
HM-LP-24X	68.44

図2 リグノフェノール-セルロース複合成形体の吸水率および体積膨張率

グノフェノールのアロイ化あるいはリグノフェノールを誘導する際，多成分フェノール核の導入頻度コントロールなどによってその特性を精密に制御可能である。

3.2.2 リグノフェノールをマトリクスとする複合材料の特性と機能

(1) リグノフェノール-セルロース複合系

リグノフェノールの高次構造形成能に着目し，リグノ-p-クレゾール（LP-c），リグノ-2,4-ジメチルフェノール（LP-2,4）およびp-クレゾールと2,4-ジメチルフェノールとを等モルずつ導入したリグノ-p-クレゾール：2,4-ジメチルフェノール＝1：1（LP-c/2,4）を誘導，さらにメチロール化（HM）活性体へと変換し，これらをマトリクスとしてセルロースと複合化可能である。得られるリグノフェノール複合成形体の吸水性および吸湿時の寸法安定性は，セルロースのみからなるコントロール成形体に比べて大幅に向上し，その効果はp-クレゾールの存在頻度の高い素材においてさらに向上する（図2）。また，ブリネル硬さ，MOEなどの物理的強度および耐溶剤性などの化学的安定性も同様の傾向を示して向上することから，マトリクスの架橋密度をコントロールすることによって，複合体の物理的および化学的特性を自在に制御可能であるといえる[5~7]。

さらに，リグノフェノールのスイッチング機能を活用し，複合体から素材を効果的に再分離することが可能である。その際，マトリクスの架橋密度レベルに応じてそのリサイクル特性は異なり，高度な架橋構造を形成するHM-LP-cをマトリクスとした場合，スイッチング素子として機能するp-クレゾール核がメチレン結合によって強固に拘束されているため，その分子運動性が低く，HM-LP-2,4およびHM-LP-c/2,4をマトリクスとした場合よりもやや高エネルギーが必要

第4章 リグニン応用技術の新展開

```
                    Composites
    0.5N NaOH    ┌─────────┐
    1hr, 140℃/170℃  │ Heating │
                  └────┬────┘
                  ┌────┴─────┐
                  │Filtration│
                  └────┬─────┘
        ┌──────────────┴──────────────┐
   ┌─────────┐                   ┌──────────┐
   │ Soluble │                   │Insoluble │
   └────┬────┘                   └─────┬────┘
  ┌──────────────┐               ┌───────────┐
  │ Lignophenols │               │ Cellulose │
  └──────┬───────┘               └─────┬─────┘
  0.5N HCl │
   ┌──────────┐
   │ Insoluble│
   └────┬─────┘
  Freeze drying                    Drying 60℃
```

140℃

170℃

　　　　　　　　　　HM-LP-P　HM-LP-P/24X　HM-LP-24X　Control

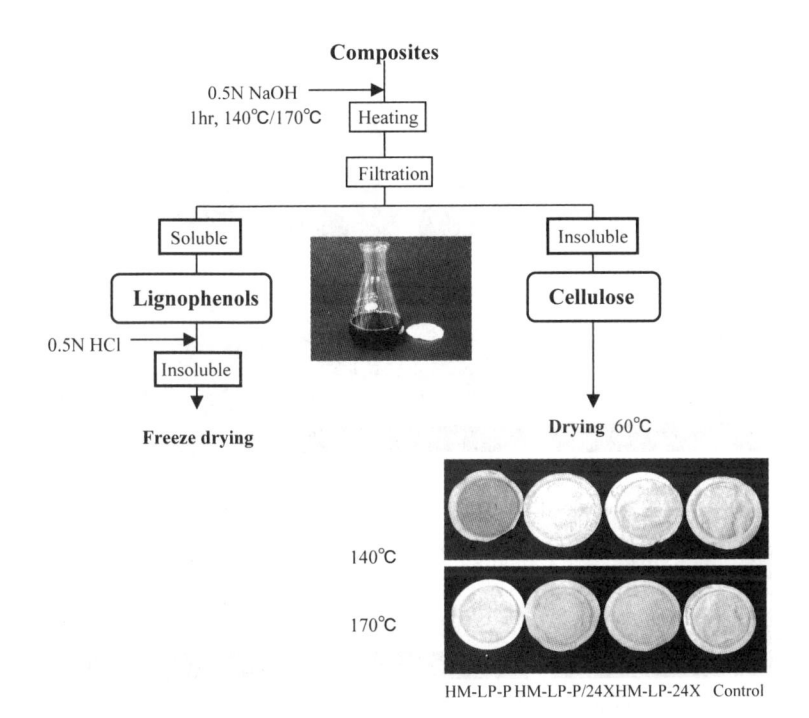

図3　リグノフェノール-セルロース複合成形体のリサイクル特性

である（図3）。

(2) リグノフェノール-無機複合系

　タルク，ガラス粉末，金属など各種無機系素材をフィラーとする場合においても同様にHM-リグノフェノールとの加熱圧縮プロセスによって高度に集合化され，複合成形体が得られる[4,6,8]。SEM観察の結果，リグノフェノールのマトリクス相はいずれも素材粒子表面および粒子間に不連続的に分布していたことから，リグノフェノールが潜在的に有する粘結性に加え，高次構造を形成し，凝集することによって素材粒子を強固に拘束しているといえる（図4）。したがって，粒子間空隙率が小さく，粒子表面形態がより複雑な素材との複合化により，より緻密化可能である。

　HM LP cをマトリクスとした無機系複合成形体の場合，無機系素材およびリグノフェノールがいずれも疎水性素材であることに加え，マトリクス素材であるHM-LP-Pの架橋構造により素材粒子が強固に拘束されているため，タルクおよび鉄をフィラーとする場合極めて高い撥水性を

127

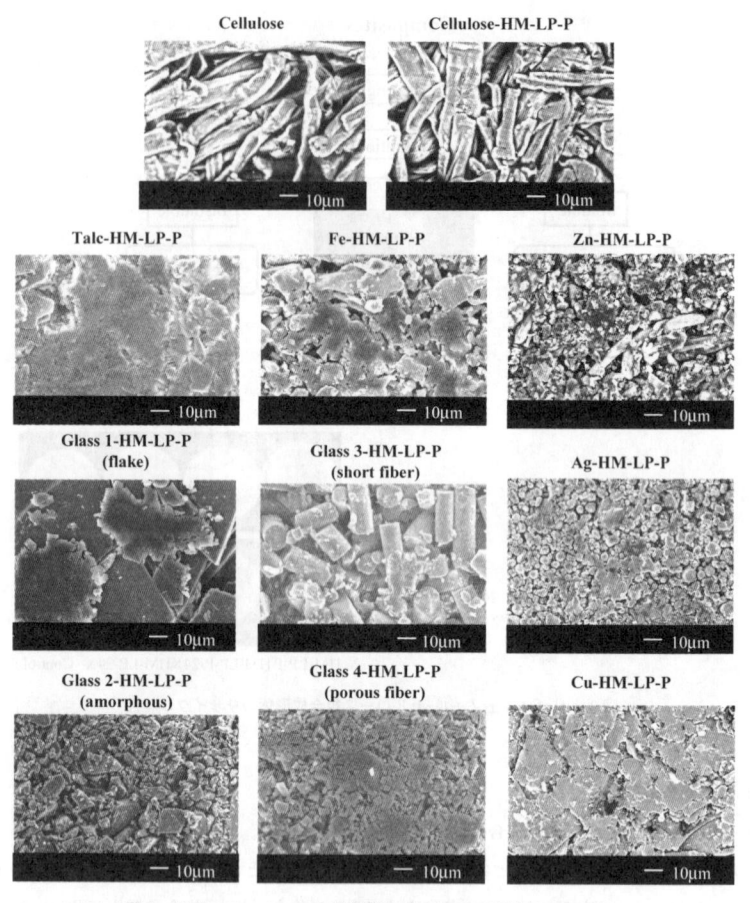

図4 リグノフェノール-無機質複合成形体の上部表面 SEM 写真

　有する複合成形体が得られる。また，ガラス系複合体のように20％程度の吸水性を示す場合においてもほとんど体積膨張は認められず，その寸法安定性は極めて高い。しかし用いる無機系素材の粒径，形状によりフィラー間の距離が大きくなるにつれて，マトリクスであるリグノフェノールの架橋による拘束力が減少し，寸法安定性等が低くなる（図5）。

　スイッチング機能によるリグノフェノール－無機質複合体からの素材分離性は，特に高度なネットワーク型構造を形成する HM-LP-c をマトリクスとした場合，アルカリに対して高い膨潤性を有するセルロースをフィラーにした場合に比べて低くなる。したがって，無機フィラーに対

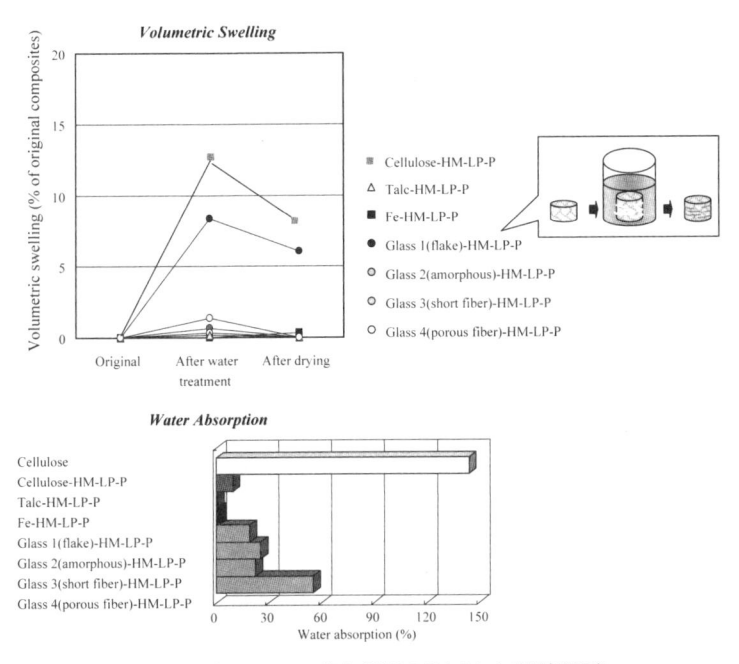

第4章 リグニン応用技術の新展開

Volumetric Swelling

- Cellulose-HM-LP-P
- Talc-HM-LP-P
- Fe-HM-LP-P
- Glass 1(flake)-HM-LP-P
- Glass 2(amorphous)-HM-LP-P
- Glass 3(short fiber)-HM-LP-P
- Glass 4(porous fiber)-HM-LP-P

Water Absorption

Cellulose
Cellulose-HM-LP-P
Talc-HM-LP-P
Fe-HM-LP-P
Glass 1(flake)-HM-LP-P
Glass 2(amorphous)-HM-LP-P
Glass 3(short fiber)-HM-LP-P
Glass 4(porous fiber)-HM-LP-P

図5　リグノフェノール複合成形体の吸水率および体積膨張率

Alkaline Soluble Parts (Lignophenols)

0.5N NaOH, 170℃, 2hr
0.5N NaOH, 170℃, 1hr
0.5N NaOH, 140℃, 1hr

HM-LP-P　　HM-LP-P/24X　　HM-LP-24X　　HM-LP-P-Cellulose10%

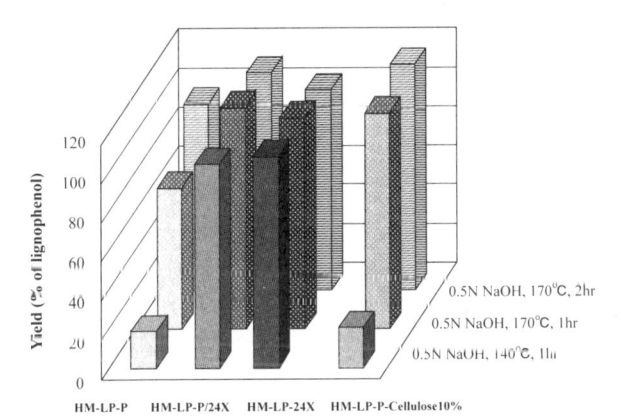

図6　リグノフェノール-タルク複合成形体のリグノフェノールリサイクル率

してセルロースなどのアルカリ膨潤性素材を数%介在させることによって，そのリサイクル特性を保持させることが可能である[8]（図6）。一方，ガラス素材のようにアルカリ溶解性無機素材を用いた場合は，HM-LP-cをマトリクスとした場合においても容易にリサイクル可能であるが，ナノ多孔を有するなど複雑な形状を有する場合はアルカリとの接触頻度が低下し，その分離性は低下する[4,8]。

3.2.3 おわりに

1,1-ビスアリールプロパン型リグニン系素材であるリグノフェノールは無機・有機系を問わずあらゆる微粒子素材のリサイクル性マトリクス素材として応用可能であり，そのマトリクス高次構造設計および複合系に用いる充填素材のモルフォロジー，粒径さらにそのアルカリ膨潤性をコントロールすることにより，その物理的特性およびリサイクル特性を自在に制御可能であるといえる。したがって，新規リサイクル型複合材料として期待される。

文　献

1) M. Funaoka *et al., Biotechnol. Bioeng.*, **46**, 545(1995)
2) M. Funaoka, *Polym. Int.*, **47**, 277(1998)
3) 舩岡正光ほか，特開2004-075751
4) 舩岡正光ほか，特開2004-123918
5) Y. Nagamatsu *et al., Material Sci. Res. Int.*, **9**, 108(2002)
6) Y. Nagamatsu *et al., Green Chemistry*, **5**, 595(2003)
7) Y. Nagamatsu *et al., Trans. Materials Res. Soc. J.*, **26**, 821(2001)
8) 永松ゆきこほか，ネットワークポリマー，**24**, 2 (2003)

3.3 機能性接着剤への展開

3.3.1 リグノフェノールを機能性接着剤へ

門多丈治[*1]，長谷川喜一[*2]，舩岡正光[*3]

樹木はセルロース，ヘミセルロースおよびリグニン（約30%）からなっており，その中でリグニンはセルロース繊維の接着剤としての働きを担っている。リグノフェノールは，そのリグニンの3次元網目構造を解きほぐして誘導されたものであるため，リグニンに由来する接着機能を有していると思われる。また，その化学構造から，接着性能の他に新しい機能を発現できる可能性がある。リグノフェノールの特徴を活かした接着剤への展開について解説する。

3.3.2 木材用接着剤

リグノフェノールとパルプの複合化によって木材と同様の性質（高強度，低吸水性）を有する材料が得られる。得られた材料は，可逆的にリグノフェノールとパルプに分離することができる。このことは，リグノフェノールとパルプ（セルロース）は，化学反応によって結合しているのではなく，水素結合によって接着していることを示している。よって，リグノフェノール単独では接着剤としてもろく弱いが，熱可塑性ポリマーと複合化すれば水素結合に基づく接着剤が得られるのではないかと考えられる（図1）。対となるポリマーとしては，水酸基やカルボニル基を有するものが適している。そこで，リグノフェノールとポリヒドロキシアクリル酸ナトリウム（以下，PHASと略，図2）を複合化した木材用接着剤を開発した[1,2]。PHASはナトリウム塩であるため水溶性であり，アルカリ性を示す。そのため，リグノフェノールを水溶液へ溶解（またはエマルジョン化）することができる。PHASと各種リグノフェノールの混合比を変えた複合物について，接着強度を評価した結果が図3である（2枚の標準木材試験片の接着，100×25mm，厚5mm）。図中のC，R，Bは，それぞれ，ヒノキ由来リグノカテコール（LP-C），ヒノキ由来リグノレゾルシノール（LP-R），ブナ由来リグノ-p-クレゾール（LP-P）を原料に用いた複合物を表す。Cのとき，最大値は3.9MPaであり，木材用接着剤として十分な値が得られている。また，それぞれの最大値は，B，R，Cの順に大きくなっている。おそらく，C，Rとも，B（クレゾールタイプ）に比較してフェノール性水酸基をより多く含むため，リグノフェノール，PHASおよび木材との間の水素結合がより有効に働いていると考えられる。次に，接着強度と水素結合性の関連を，IR測定から評価した。PHASのカルボアニオンとリグノフェノールの水酸基の間で水素結合が形成されるとき，カルボアニオンの吸収がシフトするはずである。 例とし

[*1] Joji Kadota 大阪市立工業研究所 加工技術課 研究員

[*2] Kiichi Hasegawa 大阪市立工業研究所 加工技術課 研究副主幹

[*3] Masamitsu Funaoka 三重大学 生物資源学部 教授

木質系有機資源の新展開

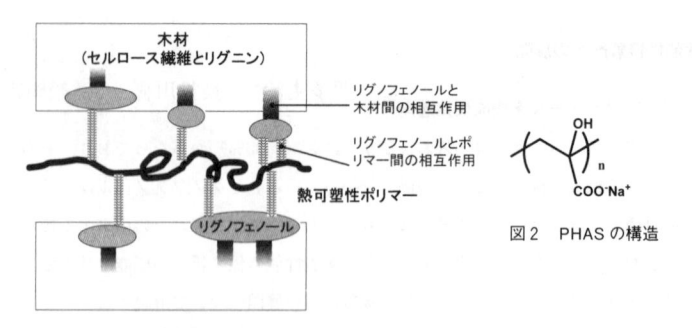

図1 水素結合による接着のイメージ

図2 PHASの構造

て，リグノカテコール（LP-C）-PHAS複合物のIRチャートを図4に示す。このチャートの中で，カルボアニオンの吸収は，1,576cm^{-1}に見られるが，リグノフェノール含量の増加とともに，高波数側へシフトしている。さらに，各種リグノフェノールについて，そのカルボアニオン吸収位置の変化を図5にまとめた。いずれのリグノフェノールでも，含量の増加に伴ってカルボアニオンの吸収が高波数側へシフトしている。このことから，リグノフェノールが，PHASのアイオノマー構造に水素結合を介して入り込み，PHAS単独のときのもろさを改善していると考えられる。以上，

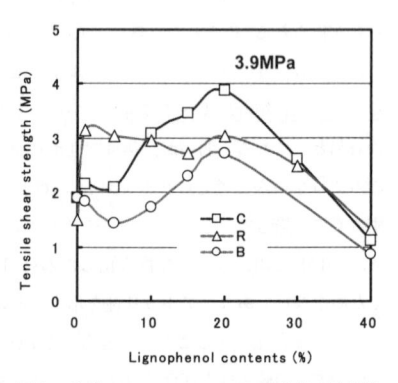

図3 リグノフェノール-PHAS複合物の接着強度

リグノフェノールと熱可塑性ポリマーとの複合化による木材用接着剤について述べた。本項で示したポリヒドロキシアクリル酸エステルは生分解性が期待され，リグノフェノールも天然植物資源由来のため環境へ負担をかけない。現在工業利用されている熱可塑性ポリマーは膨大であり，それだけの複合化材料が可能である。しかし，その中でも，例えば，生分解性のものを選んでリグノフェノールと複合化することによって，それらの機能と植物資源由来という特徴を有する接着剤が得られるものと期待される。

3.3.3 ネットワークポリマー型接着剤

リグノフェノールは，その構造中に多くのフェノール性およびアルコール性水酸基を含んでおり，植物資源由来の'ポリオール'であると捉えることができる。これをネットワークポリマーの架橋剤に用いれば，通常用いられるポリオールよりも反応点が多いため架橋点間距離が短くな

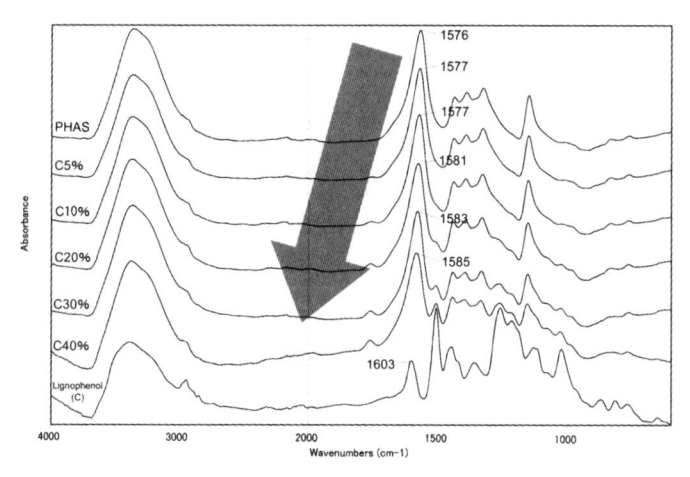

第4章　リグニン応用技術の新展開

図4　リグノフェノール-PHAS複合物のIR吸収スペクトル

り（図6），高性能化が期待される。そこで，ポリウレタン樹脂のポリオール代替材料としてリグノフェノールを添加し，その接着性能および熱的性質の向上を試みた[3]。イソシアネートにMDIおよびTDI，ポリオールにポリエステル系ポリオールを用いるポリウレタン樹脂[4]をベースに，ポリオールの一部をリグノフェノールで置き換えたときの接着強度への影響を調べた結果が図7（左MDI系，右TDI系）である。図中のB，H，Rは，それぞれ，ブナ由来リグノ-p-クレゾール（LP-P），ヒノキ由来リグノ-p-クレゾール（LP-P），ヒノキ由来リグノレゾルシノール（LP-R）を添加した材料を表す。接着強度は，2枚の標準試験板(1.6

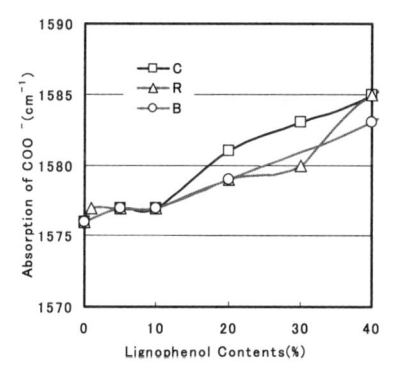

図5　リグノフェノール-PHAS複合物のカルボアニオン吸収のシフト

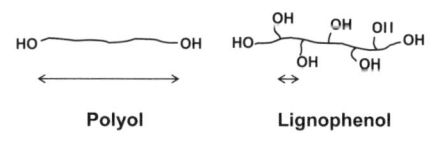

図6　ポリオールとリグノフェノールの架橋点間距離

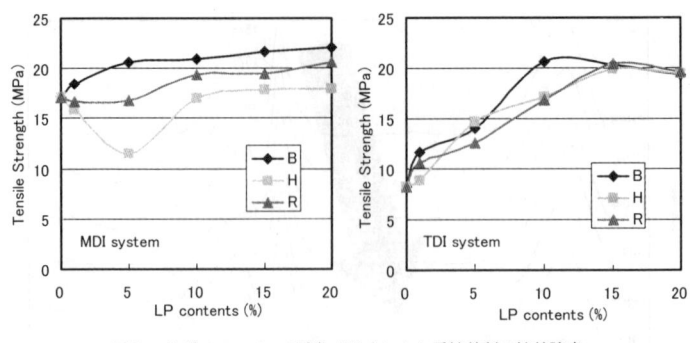

図7 リグノフェノール強化ポリウレタン系接着剤の接着強度

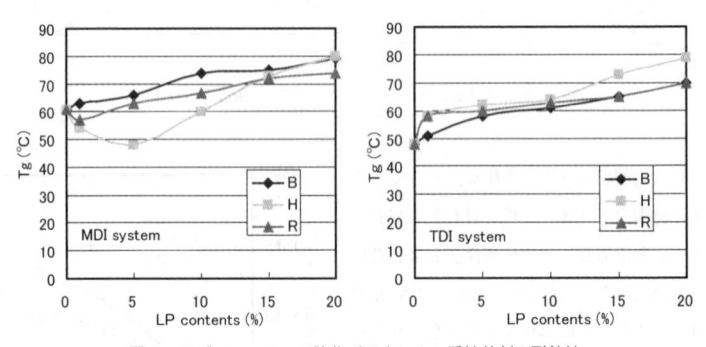

図8 リグノフェノール強化ポリウレタン系接着剤の耐熱性

×25×100mm，鋼板）を接着し，加熱硬化（100℃/1時間，120℃/2時間）させた後，引張りせん断強度で評価した。MDI, TDIともにリグノフェノール含量の増加に伴って強度が向上したが，TDIでは8.3MPaから最大値20.7MPaまで約3倍向上したのに対し，MDIでは17.1MPaから最大で22.1MPaまでの微増に留まった。おそらく，TDIでは凝集破壊が主であり架橋密度の増加によって接着強度も向上するのに対し，MDIでは界面破壊が主でありリグノフェノールの含量にはあまり影響されなかったものと思われる。次に耐熱性については，接着試験と同条件で硬化させた試料について，ガラス転移温度により評価した。その結果，MDI, TDIともに，リグノフェノール含量が増加するにつれてガラス転移温度が上昇している（図8）。これはリグノフェノールの架橋点が多く，ネットワークの架橋密度が増加しているためと考えられる。さらに，接着強度，耐熱性を向上させるだけでなく，リグノフェノール骨格の特徴を生かした新しい機能を付与するという観点から，接着解体時のリサイクル性に着目した。リグノフェノールには，高温加熱

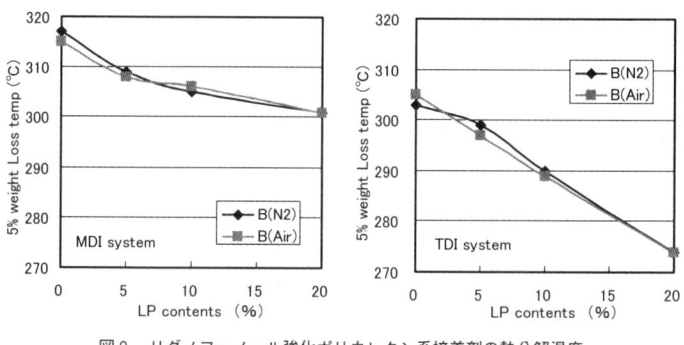

第4章 リグニン応用技術の新展開

図9 リグノフェノール強化ポリウレタン系接着剤の熱分解温度

によって分解しやすい点がある。そのため，接着剤として使用する際には影響しないが，被着体を解体する際，加熱することによって分解しやすくできるのではないかと考えた。接着試験と同条件で硬化させた試料について，リグノフェノール含量による高温加熱時の熱分解性への影響を，5％重量減少温度から調べた（図9）。MDI系では約20℃，TDI系では約30℃の熱分解温度の低下が見られた。この結果は，リグノフェノール骨格の易熱分解性が直接観測されているものと思われる。また，MDI，TDI系のどちらも，空気気流下，窒素気流下の結果がまったく同じであったことから，リグノフェノール変性ポリウレタンの分解挙動は，酸化分解ではなく，リグノフェノール骨格の開裂であると考えられる。以上，リグノフェノールを原料にすることによって，接着剤として使用する際にはより高性能（高強度，高耐熱性）であり，接着剤としての役目が終われば，高温に加熱することによって分解はく離が可能なリサイクルに適した接着剤となることを示した。

文　　献

1) 門多丈治，長谷川喜一，舩岡正光，鷲見章，日本接着学会誌，**40**(3)，101 (2004)
2) 門多丈治，接着，**48**(2)，63 (2004)
3) 門多丈治，長谷川喜一，舩岡正光，日本接着学会誌，**40**(9)，380 (2004)
4) "プラスチック材料講座(2)ポリウレタン樹脂"，日刊工業新聞社 (1969) p. 7，55

3.4 感光性材料への展開

3.4.1 リグノフェノールをフォトレジストへ

門多丈治[*1], 長谷川喜一[*2], 舩岡正光[*3]

フォトレジストとは，光（主に紫外線）を当てることによって化学反応を起こし，現像液（アルカリ，有機溶媒など）に可溶化する（ポジ型），あるいはその逆に不溶化する（ネガ型）樹脂であり，光を当てた部分と当てない部分の溶解度差によって画像を形成する[1]。用途には，新聞，雑誌の印刷原版や，コンピュータ，テレビ，家電製品などのプリント配線基板などがあり，身の回りに欠かせない多くの工業製品に利用されている。印刷原版用，プリント配線基板用のポジ型フォトレジストには，一般にノボラック－ジアゾナフトキノン系[2]が用いられており，使用されるノボラック樹脂には，適度なアルカリ溶解性，耐熱性などが要求される。リグノフェノールの化学構造はノボラック樹脂と似ているので，ノボラック樹脂代替材料としての基本性能を有していると考えられる。リグノフェノールを用いたフォトレジストへの展開[3,4]について解説する。

3.4.2 印刷用フォトレジスト

印刷製版工程を図1に示す。まず，フォトレジスト溶液をアルミ板に塗布，乾燥させ，PS板（= Presensitized plate）を作製する。PS板に元画像のフィルムでマスクして紫外線を照射する。その露光部分をアルカリ現像液で溶解すると画像が形成される。アルミ板は親水性であり，フォトレジストの残った部分は疎水性である。そこで，水ローラーでアルミを水で濡らした後，インクローラーで樹脂の部分にインクをのせる。このインクを転写ローラーに写し，さらに紙に転写して印刷物ができる。フォトレジストの性能は，感光曲線によって評価される[5]。感光曲線は，紫外線照射量に対する膜厚の減少量を見るものである。市販フォトレジストの組成（ノボラック樹脂/ジアゾナフトキノン系感光剤/溶媒エチルセロソルブ = 7 g/ 3 g/90g）のうち，ノボラック樹脂をリグノフェノールに置き換えた時の感光曲線

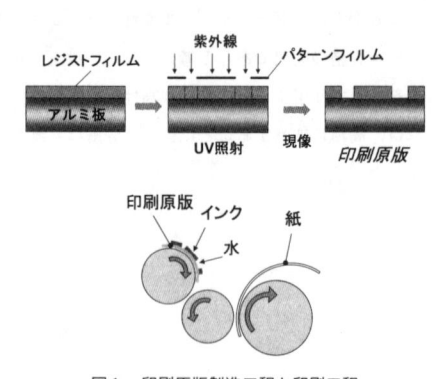

図1 印刷原版製造工程と印刷工程

---

* 1　Joji Kadota　大阪市立工業研究所　加工技術課　研究員
* 2　Kiichi Hasegawa　大阪市立工業研究所　加工技術課　研究副主幹
* 3　Masamitsu Funaoka　三重大学　生物資源学部　教授

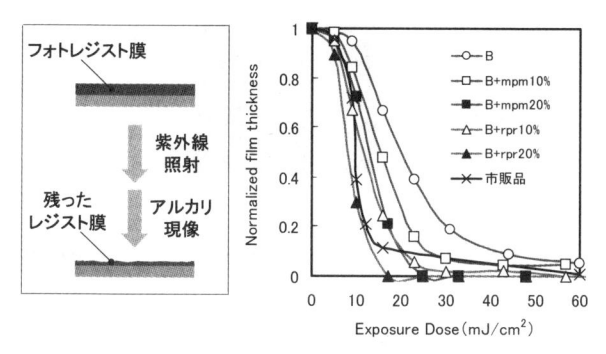

第4章　リグニン応用技術の新展開

図2　感光試験と感光曲線

図3　3核体ノボラックの構造

は図2のようになった。この図中で，Bはブナ由来リグノ-p-クレゾール（LP-P）を用いた材料を表す。フォトレジストとして，①照射しないときには溶解しないこと，②一定の照射量で完全に溶解することの2点は絶対条件であり，さらに，③曲線の傾きが急勾配であるほど高感度といえる。Bはフォトレジストとしての基本性能は満たしているが，市販品に比較して感度が劣っている。この理由は，用いたリグノフェノール（Mw4700, Mw/Mn1.9）が低分子量成分を含んでいないためと考えられる。そこで，リグノフェノールに，少量の低分子成分（rprあるいはmpm，図3）を少量添加すると感度が向上し，rprを20％添加したとき（B + rpr20％）には市販品に匹敵する感光性能が得られた。

3.4.3　プリント配線用フォトレジスト[6]

プリント配線基板製造工程を図4に示す。基板には銅張りガラスクロスエポキシ樹脂積層板を用い，現像までは印刷用と同じ操作を行う。現像後，エッチング液（$FeCl_3/H_2O/HCl = 30/70/5$）[7]に浸漬してエッチングし，樹脂を溶媒で除去することにより銅の配線回路が形成される。そのため，プリント配線の回路形成には，印刷用で要求される性能に加えて耐エッチング性が必要となる。まず，リグノフェノールを用いたフォトレジストの感光性能は，印刷用とほぼ同じ結果が得られ，B + rpr20％のときに市販品と同等の性能となった（図5）。エッチング性能は，サイドエッチング量によって評価される。エッチング過程において，レジストに覆われていない部分の銅が

図4 プリント配線回路製造工程

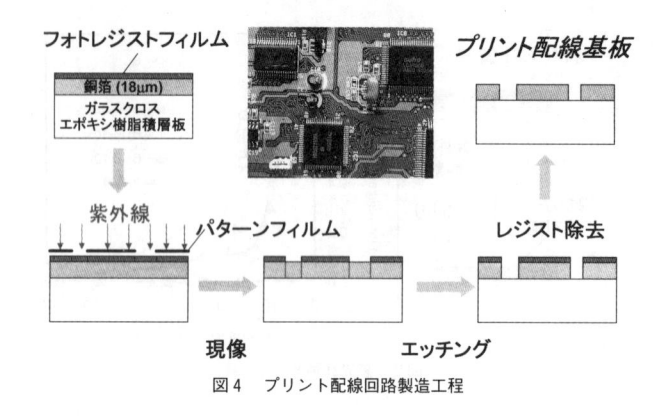

垂直に浸食されるのが理想であるが，実際にはレジスト膜の端では，横方向から浸食されてしまう。これをサイドエッチングといい，どんなに高性能なフォトレジストであっても原理的に避けることができない。図6は，各種組成のフォトレジストの線幅 $100\,\mu$m/$100\,\mu$m のエッチング像において銅線幅を測定し，エッチング温度および時間の影響を見たものである。この図からは，rprを添加したフォトレジストのときサイドエッチング量が少ないことが分かる。これは，フォトレジスト中で，リグノフェノール，ジアゾナフトキノンとの相互作用（水素結合）

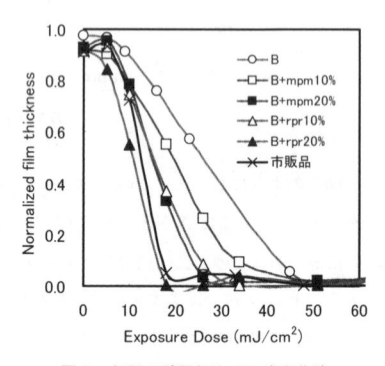

図5 銅張り積層板上での感光曲線

が，rprの方がmpmよりも強いことが影響しているのではないかと思われる。また，回路形成の際，その線幅が狭ければ狭いほど高密度実装できるプリント配線基板になる。図7に，B＋rpr20％の$30\,\mu$m/$30\,\mu$m の部分のエッチング像の拡大写真を示す。ラインが鮮明ではないが，リグノフェノールを原料とするフォトレジストでは，$30\,\mu$mまでの解像度が得られた。実際のプリント配線用フォトレジスト製品では，樹脂組成，各種添加剤などさらに詳細に検討され，目的に適した性能を有する製品が開発されている。製品としての評価段階に至るにはさらに検討すべき課題は多く残されているが，リグノフェノールを従来技術のプリント配線基板に適用することは，十分可能であろうと思われる。

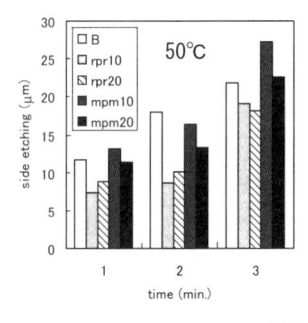

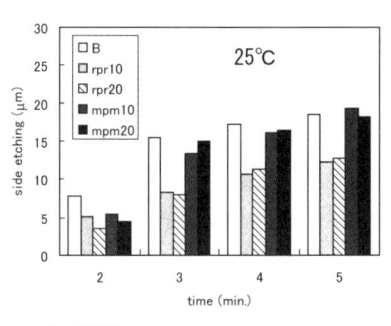

第4章　リグニン応用技術の新展開

図6　エッチング特性

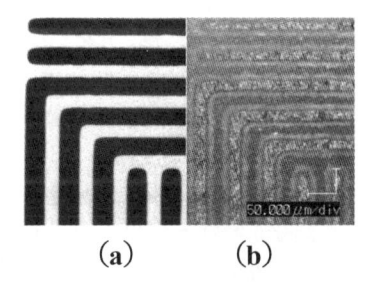

図7　線幅30μmでのパターンフィルム(a)とエッチング像(b)（B + rpr20%，25℃，3分）

文　　献

1) 永松元太郎，乾英夫著，"感光性高分子"，講談社サイエンティフィク，p.19，(1977)
2) 山岡亜夫，永松元太郎編，"フォトポリマー・テクノロジー"，日刊工業新聞社，p.319，(1988)
3) 門多丈治，長谷川喜一，舩岡正光，内田年昭，北嶋幸一郎，ネットワークポリマー，23(3)，15 (2002)
4) 赤松清監修，"新しい時代の感光性樹脂"，シーエムシー出版，p.223，(2003)
5) 永松元太郎，乾英夫著，"感光性高分子"，講談社サイエンティフィク，p.54，(1977)
6) 社団法人プリント回路学会編，"プリント回路技術便覧－第2版"，日刊工業新聞社，p.985，(1993)
7) 社団法人プリント回路学会編，"プリント回路技術便覧－第2版"，日刊工業新聞社，p.645，(1993)

3.5 高吸水性樹脂の設計と機能

関　範雄[*1]，伊藤国億[*2]，原　敏夫[*3]，舩岡正光[*4]

3.5.1 はじめに

　天然リグニンは植物体の中で細胞間接着，水分通導組織のシール，昆虫や菌など外部攻撃からの防御剤などとして機能している。通常，リグニン利用においてはこのような天然リグニンの機能を活用して主に接着剤など疎水性ポリマーへの応用が行われている。しかし自然界において天然リグニンの役割を考えるとき，リグニンは樹木成分としての機能を終えると土壌有機物質としてフミン質へと徐々に変換される。フミン質は不定形化合物として約80％以上がこのリグニンとアミノ化合物の複合体として存在し，森林環境の調製，例えば雨水の吸保水，土壌のpH緩衝，森林の温度調整などとして機能する[1]。すなわち，天然リグニンは樹木の中では疎水性高分子として機能し，土壌の中では親水性機能を発現している。リグニン利用を考えるときその疎水性機能を活用するだけでなく，カスケード利用の観点からも親水性ポリマーへの変換も重要になると考えられる。筆者らは相分離系変換システムによって変換・分離したリグノフェノールの機能性分子素材開発を行う過程において，自然界における天然リグニンの有機土壌物質の吸保水機能に着目し，リグノフェノールへの親水性基の導入，さらには親水性リグノフェノールの架橋によってリグニンの有機土壌物質の機能をより強調した高吸水性樹脂を見いだした[2]。

3.5.2 リグノフェノール系高吸水性樹脂の設計

　自然界の有機土壌物質，フミン質は部分分解されたリグニンとタンパク質を由来とするアミノ化合物の不定形複合物質であり，その官能基にはカルボキシル基が存在するネットワーク高分子である。リグノフェノールへの親水性の付与，カルボキシル基の導入として，リグノフェノールのカルボキシメチル（CM）化を行った[3]。リグノフェノールへのカルボキシメチル化によって，主にリグノフェノールのフェノール性水酸基にCM基が置換され，高置換されたCM化リグノフェノール（CM基当量；約2 mEq/g以上）は水溶性になるが，高吸水性樹脂を得るためには必ずしも水溶性である必要はなかった。リグノフェノールはリニア型ポリマーであるため，親水性の付与だけでは吸水性を付与することができず，フミン質のようにネットワーク高分子化する必要がある。CM化リグノフェノールは水溶液を含む反応系においてポリアルキレングリコールジ

---

*1　Norio Seki　岐阜県生活技術研究所　試験研究部　主任研究員
*2　Kuniyasu Ito　岐阜県生活技術研究所　研究員　（現在　岐阜県庁農林商工部商工業室　技師）
*3　Toshio Hara　九州大学大学院　農学研究院　助教授
*4　Masamitsu Funaoka　三重大学　生物資源学部　教授

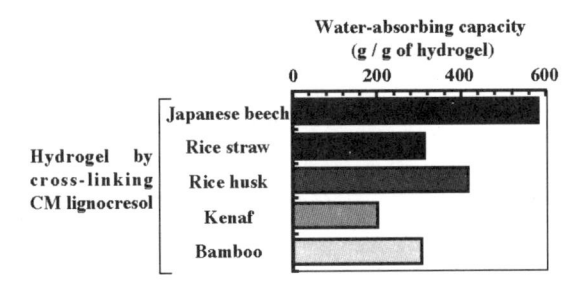

第4章　リグニン応用技術の新展開

Water-absorbing capacity (g / g of hydrogel)

Hydrogel by cross-linking CM lignocresol
- Japanese beech
- Rice straw
- Rice husk
- Kenaf
- Bamboo

[Cross-linkage condition]
Beech CM-lignocresol 100 mg, Ethylene glycol diglycidyl ether 0.4 ml, 0.5 N NaOH 0.5 ml, 50 ℃

図1　リグノフェノール系吸水樹脂の吸水特性

グリシジルエーテルのような2官能性以上のグリシジル基（エポキシ基）を有する水溶性架橋剤により，容易に架橋され，高吸水性樹脂として得ることができる。この架橋はCM化リグノフェノールに存在するカルボキシル基や水酸基と架橋剤のエポキシ基とのエーテルおよびエステル結合によって起こる。これら結合によって架橋体内部には二種類の架橋形態が混在する。一つはリグニン誘導体の同一分子内に存在する官能基同士が架橋性化合物を介して架橋する分子内架橋であり，他方は異なるリグニン誘導体分子に存在する官能基同士が架橋点になる分子間架橋である。いずれにしても架橋剤を介して分子間および分子内には架橋による空隙が形成される。この空隙内部にはエポキシ基の開環によって生じた水酸基が存在することになり，また架橋体分子内には未架橋のカルボキシル基も存在することになるため架橋体は吸水樹脂としての機能が発現する。このようにCM化リグノフェノールを架橋することによって得られる吸水樹脂は，分子内に高度に芳香核を有するにも関わらず，その乾燥重量当たり数百から千倍の吸水保持特性を示し，市販の吸水ポリマーに匹敵する特性を示す。この吸水性樹脂の吸着能には資源特性が認められ，木本系広葉樹（ブナ）由来の樹脂が高い吸水能を示すものの植物資源の種類に関わらず，リグノフェノール系吸水樹脂はすべてのCM化リグノフェノールから得られる（図1）。

　CM化リグノフェノールと架橋剤の反応系粘性挙動は架橋の進行とともに変化する（図2）。架橋反応系の急激な粘性変化前に得られる架橋体は架橋度が低いため吸水性能を示さず，アルコールなどの有機溶媒および水に可溶の両親媒性の架橋体として得ることができる。架橋密度の増大とともに，架橋体は水や有機溶媒に不溶になり，高吸水性を示す吸水性樹脂へと変化する。吸水性樹脂への変化は架橋反応系の劇的な粘性挙動の変化から見出すことができる。この粘性変化直後に得られる吸水樹脂が最も高い吸水特性を示し，さらに架橋反応を継続することによって

141

架橋はさらに進行し，架橋体の架橋密度が高くなるため吸水樹脂としての特性は著しく低下する。

吸水樹脂の合成にはポリエチレングリコールジグリシジルエーテルおよびポリプロピレングリコールジグリシジルエーテルの水溶性架橋剤を用いることができる。リグノフェノール系吸水樹脂は用いる架橋剤の鎖長（重合度）の伸長とともにその吸水特性は高くなる（表1）ため，その重合度を選択することにより得られる樹脂の吸水保持特性を任意に変化させることができる。

○ Viscosity ▲ Water-absorbing ratio
[Cross-linkage condition]
Beech CM-lignocresol 5g, 0.5N NaOH 25ml,
Ethylene glycol diglycidyl ether 20 ml, 50 ℃

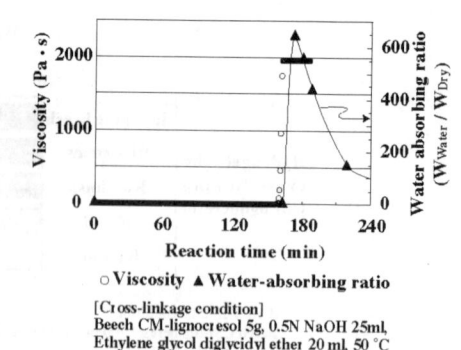

図2　架橋反応系の粘性挙動と吸水樹脂の吸水倍率

高吸水性樹脂の合成には水の存在が不可欠であり，無触媒下であっても反応は極めて緩やかに架橋は進行するが，塩基性触媒を添加することにより架橋反応は促進される。高塩基性条件では架橋反応は促進されるが，過度の濃度設定は架橋剤添加と同時に急激な架橋反応が起きるため，架橋によって形成される水を保持するための空隙が小さくなり，樹脂の吸水特性は低くなる。

架橋反応の最適温度は，室温から60℃程度である。70℃以上でも吸水樹脂は得ることができるが，この場合，反応系のアルカリによってCM化リグノフェノールに残留する導入フェノール核由来のフェノール性水酸基によって生じる低分子化と架橋反応の競合反応が起こる。架橋反応を低分子化反応よりも優先的に促進させるため，アルカリ濃度を高く設定するか，または，低分子化反応を抑制するためアルカリ濃度を低く設定することが必要になる。

表1　吸水樹脂の吸水能と架橋剤の鎖長

Cross-linkage reagent	Length of alkylene chain	Max. water-absorbing ratio (W_{Water}/W_{Dry})
Polyethylene glycol diglycidyl ether	$n=1$	128
	$n=2$	115
	$n=4$	402
	$n=9$	449
	$n=13$	631

[Cross-linkage condition]
Beech CM-lignocresol 100mg, Polyethelene glycol diglycidyl ether 0.4ml, 2 N NaOH 0.5ml, 50℃

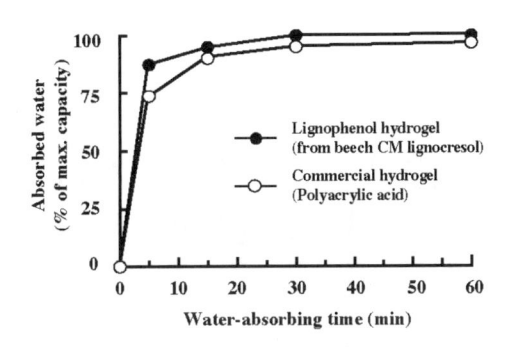

第4章 リグニン応用技術の新展開

図3 リグノフェノール系吸水樹脂の吸水速度

3.5.3 リグノフェノール系高吸水樹脂の機能

　リグノフェノール系吸水樹脂はポリアクリル酸系吸水ポリマーと同等の初期吸水速度を示し，吸水から数分でその吸水能力の80％程度を示した（図3）。15分後にはポリアクリル酸系吸水ポリマーの吸水量は90％であったのに対して，リグノフェノール系吸水樹脂は98％に達した。また，リグノフェノール系吸水樹脂の最適吸水保持温度は約20℃で，より低温度領域での吸水性能は低くなる。また温度による吸着水の吸放出など，熱応答性は認められていない。

　リグノフェノール系吸水性樹脂の吸水能は水溶液中の塩の存在によって大きく低下する（図4）。リグノフェノール系吸水性樹脂はCM化リグノフェノール由来の未架橋のカルボキシル基を含むアニオン性吸水樹脂であるため通常純水に接触すると吸水，膨潤するが，塩などイオンが存在する水の場合，吸水体分子が収縮し，吸水能が低下する。アクリル酸系吸水ポリマーもアニオン性ポリマーであることから，塩の影響による吸水能低下は著しく，蒸留水に比べ生理的食塩水で87％，人工海水で95％低下した。これに対してリグノフェノール系吸水樹脂の吸水能低下はそれぞれ37％，46％であり，アクリル酸系ポリマーに比べその耐塩性は高い。これは，ポリアクリル酸系ポリマーには側鎖としてその繰り返し単位にカルボキシル基が存在するのに対して，リグノフェノール系吸水樹脂はCM化リグノフェノールのカルボキシル基が消費されその存在量が低いこと，さらに吸水メカニズムがカルボキシル基にのみ依存しているだけでなく，架橋空隙内にエポキシ基の開裂によって生じた水酸基やエーテルおよびエステルカルボニルの非イオン性の吸水部位が吸水機能に重要に機能していることによるといえる。

　リグノフェノール系高吸水性樹脂は天然リグニンが自然界の中で土壌成分として機能変換されるとの考えに基づき機能設計されている。そのため土壌の緑化用保水剤として活用できるだけでなく，その機能から既存吸水ポリマーと同様に幅広い分野での活用が期待される。また土壌のフ

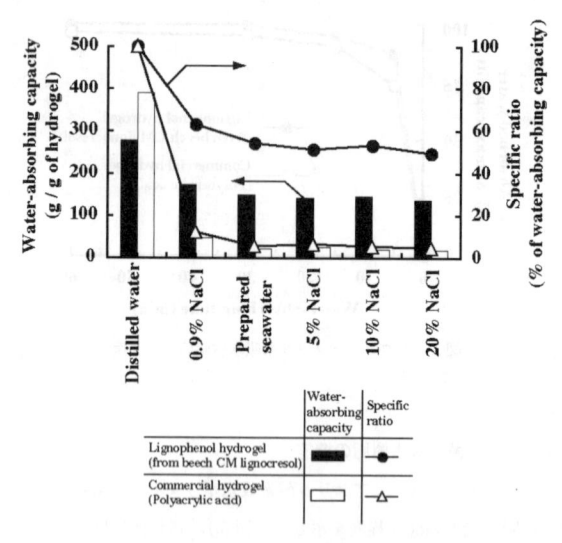

図4 リグノフェノール系吸水樹脂の耐塩性

ミン質はリグニンとタンパク質との複合体であることからリグニンとタンパク質との親和性は高く，有機土壌の機能を再現させたリグノフェノール系吸水樹脂もタンパク質の吸着能が高い，その牛血清アルブミン吸着能は240mg/gであり，このタンパク質吸着特性を用いたタンパク質吸着剤，バイオリアクター担体としての活用も期待される。

文　　献

1) N. Senesi *et al.*, "Biopolymers Vol.1 -Lignin, Humic substances and Coal-", p.247, WILEY-VCH, Weinheim (2001)
2) N. Seki *et al.*, *Trans. Mater. Res. Soc. Jpn*, **29**, 5, 2471(2004)
3) 関範雄ほか，岐阜県生活技術研究所研究報告，**3**, 20 (2001)

4 電子伝達系への応用
4.1 光電変換デバイスの設計と構築

青栁　充[*1], 舩岡正光[*2]

4.1.1 はじめに

光電変換デバイスは，サステナブル・エネルギーである太陽光などの光エネルギーを電気エネルギーに変換する「太陽電池」としてシリコン太陽電池を中心に製品化（光電変換効率：$\eta=12$〜14％程度）され実社会において発電に寄与している。

色素増感太陽電池は1991年，スイス・ローザンヌ大学のグレッツェル教授らが Ru 錯体とナノ多孔質酸化チタン電極を組み合わせ，AM1.5条件下で $\eta=7.1\%$ を達成した[1,2]ブレークスルー以降，光化学プロセスによる光電変換として注目を集め研究が盛んに行われてきた。近年，同グループが $\eta=11.04\%$ を達成した[3]。高効率を示すメタルフリー色素の開発[4-6]や固体化[7,8]，プラスチック化[9,10]など実用段階にまで発展している。

森林資源からエネルギーを取り出す場合，燃焼プロセスを経ることが一般的であり，全世界で1年間に伐採される森林資源の52％（約17億 m^3）は燃料として消費されている[11]。近年ではバイオマス・エネルギー開発も進み，パルプ製造で副産するリグニン廃棄物から回収される熱エネルギーは国内総生産熱量の約1％に達する[12]。しかし，森林資源の生態系内の循環速度を考慮すると，熱エネルギーへの短絡的な利用は化石燃料の消費と同様に植物による再固定化速度を上回り，大気中の CO_2 を増加させることになる。

森林資源を分子素材として活用するためには約30％含有しているリグニンの利用が重要になる。これまでリグニン活用の研究のために工業リグニンが用いられてきたが，木材から抽出するプロセスで加熱・加圧・化学処理を経験し，天然リグニンの環境対応機構が消費されランダムな重合を起こし，一般に溶媒不溶で熱流動しない扱いにくい物質として知られている。そのためこれまで，スルホン化物を添加剤や分散剤[13,14]といった物理的な補助剤や燃料，または低分子の原料として熱分解[15,16]を行うなど，リグニン分子が有する機能を活かす検討はほとんど行われてこなかった。

本項では溶媒可溶で熱流動性を有し分子設計が可能な，高機能天然リグニン誘導体ポリマーであるリグノフェノール（LP）を光増感剤として用いた色素増感太陽電池への応用について光励起-緩和プロセス並びに電子伝達機構の活用の一例として検討した。

[*1] Mitsuru Aoyagi　舩岡研究グループ（CREST JST）　JST CREST 研究員

[*2] Masamitsu Funaoka　三重大学　生物資源学部　教授

木質系有機資源の新展開

図1 各種フェノールをリグニン系機能性環境媒体として用いた相分離系変換システム

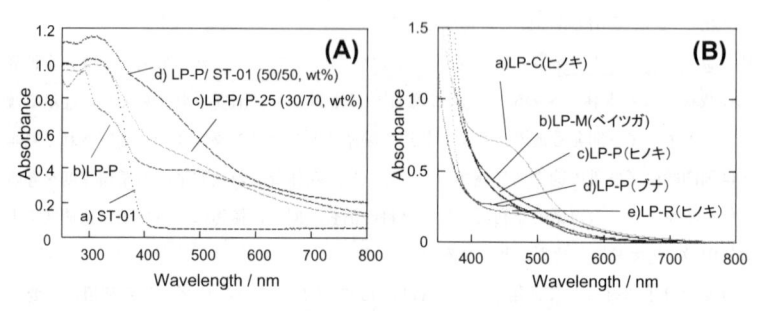

図2 UV-vis スペクトル
(A)バルク LP-P（ヒノキ）：a) ST-01, b) LP-P, c) LP-P/P-25, d) LP-P/ST-01
(B) DMF 溶液（0.25gdm^{-3}）：a) LP-C（ヒノキ）, b) LP-M（ベイツガ）, c) LP-P（ヒノキ）, d) LP-R（ヒノキ）, e) LP-P（ブナ）

4.1.2 リグノフェノールの基礎物性

　LP は木材に代表される森林資源を強酸/フェノール界面におけるグラフティング反応を中心とした相分離系変換システムによって合成される天然リグニン誘導体ポリマーである[17, 18]（図1）。LP は従来の工業リグニンとは異なり、ランダムな分子内ネットワークが抑制されており、バルクではベージュのような淡色を示しアセトンやアルコールといった汎用有機溶媒への溶解度が高い。FT-IR 分析の結果、分子中にカルボニル基やカルボキシル基を持たず[19]、天然リグニンの構造を保持した誘導体といえる。LP バルクの UV-vis 分光では紫外部から可視部にかけて広がるブロードな吸収を示し、極性溶媒中においても芳香環に由来する280nm を中心とする強い紫外吸収の他に400〜600nm 付近に各種導入フェノールに特徴的なショルダーピークを示した[20]（図

146

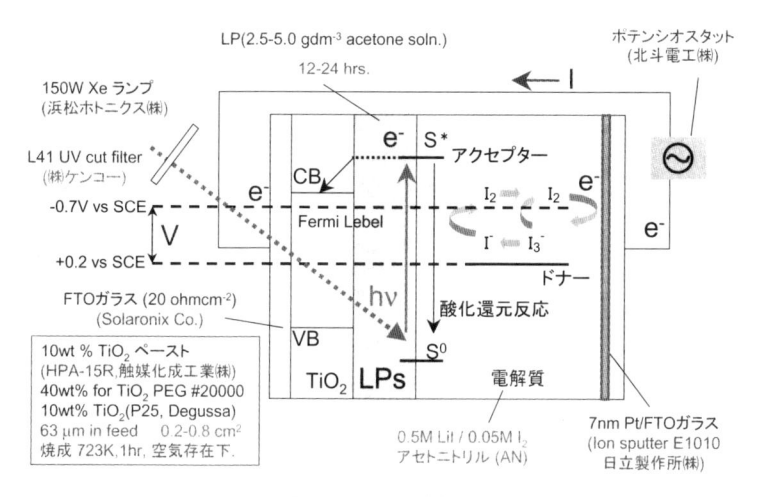

第4章　リグニン応用技術の新展開

図3　LPセルの構成図
FTOガラス-ナノ多孔質酸化チタン膜-LP-電解質（0.5M LiI/0.05M I$_2$/アセトニトリル）-Pt膜-FTOガラス

2）。これらの光吸収によって励起したLPは一重項励起状態を経て，そのエネルギーの一部は蛍光として放出される。また溶液中において励起によってフェノキシラジカルが生じた場合には一重項状態のみならず項間交差を経て三重項状態に至るプロセスが示唆されている[21]。

4.1.3　ナノ粒子酸化チタンとの錯体形成

　LPはナノ粒子酸化チタンとして知られるST-01（石原産業㈱）と錯体を形成し[20]鮮やかな黄色の沈殿を生じた。この錯体の形成に伴い400〜600nmの光吸収が増加することが固相UV-vis分析で明らかになった。この錯体は常温で速やかに形成され，有機溶媒中には脱離しない。しかし，平均粒径が約25nmであるP25（日本アエロジル㈱）の場合にはST01で観察されたような錯体は形成しなかった。ともにアナタース晶を中心とする結晶であることから，粒径が関与すると考えられる。このような錯体に由来する黄色の着色はFTO導電性ガラス上に焼成した酸化チタン膜状でも観察された。

4.1.4　リグノフェノール-酸化チタン光電変換デバイスの光電変換特性

　LP色素増感太陽電池の構成を図3に示す[20]。基盤はFTOガラス（20Ωsq^{-1}）を用いた。ナノ多孔質酸化チタンペーストはHPA-15R酸化チタンペースト（触媒化成㈱），P25，PEG（分子量20,000）を100：10：4（wt）の割合でメノウ乳鉢を用いて混練し，63μmのスペーサーを利用してバーコーティングによって塗布した。LPの場合非常に緻密な膜を形成するNanoxideD

147

木質系有機資源の新展開

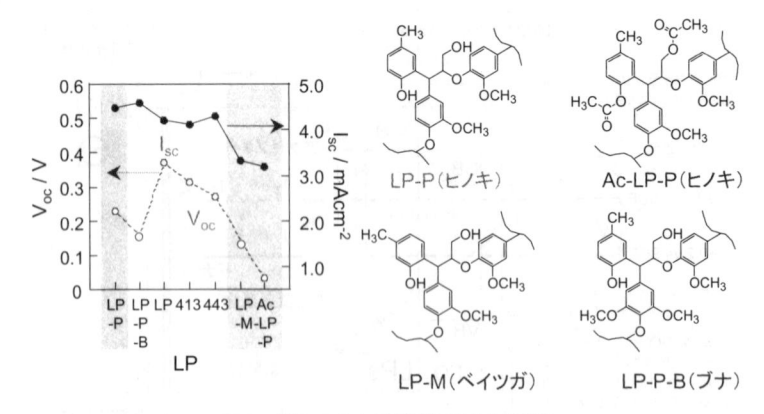

図4 各種 LP セルの開放起電力と短絡電流
LP-P（ヒノキ；ligno-*p*-cresol），LP-P-B（ブナ：ligno-*p*-cresol），LP（ヒノキ；lignophenol），413（ヒノキ；ligno-*p*-cresol-2nd der. I），443（ヒノキ；ligno-*p*-cresol-2nd der. II），LP-M（ベイツガ；ligno-*m*-cresol），Ac-LP-P（ヒノキ；Acetylated- ligno-*p*-cresol） 電解質：0.5 M LiI，0.05M I$_2$アセトニトリル溶液，照射条件：135mWcm^{-2}；可視光＞400nm

（Solaronix Co.）のようなペーストよりも SEM で観察した結果若干粗くなる膜のほうが良い結果を導いた。ペーストを塗布したガラス電極は常温・空気中で風乾し，空気存在下450℃の電気炉で30min 加熱した。放冷後，各種 LP 溶液（2.5gdm^{-3}，12.5mM/C$_9$）に所定時間浸漬後，溶媒をエバポレーションした。LP の濃度は高いほうが望ましいが，5.0gdm^{-3}より高濃度になると積層し変換効率が低下した。得られた LP-酸化チタン膜は ST-01 との複合体と同様に鮮やかな黄色を示した。対極として約7nm の厚さでイオンスパッタした Pt 電極用いた。光照射面積を約0.2-1.0cm^{2}として63μm 厚のスペーサーを挟み，0.5 M LiI/0.05 M I$_2$/アセトニトリル電解質[22]を注入した。このセルに UV カットフィルター L41（㈱ケンコー）によって400nm 以下の光をカットした150-W のキセノンランプの光を照射し，ポテンシオ・ガルバノスタット HA-105 を用いて光電変換能力を測定した。対照としてルテニウム錯体色素 Ruthenium 535（Solaronix Co.）を用いてセルの性能を評価した。

4.1.5 光電変換能力に対する LP の構造の影響

　LP の構造の光電変換能に対する影響を以下の(1)〜(4)の観点で調べた。(1)樹種特性（針葉樹・広葉樹），(2)フェノール種の影響，(3)水酸基の影響，(4)リサイクル型 LP。それらの結果を図4に示した。

(1) **樹種特性**

　樹種が異なる場合，原料特性として大きく異なる点は，リグニンのコアユニットの構造である。

第4章　リグニン応用技術の新展開

針葉樹リグニンは全てがメトキシル基を1つだけ有するグアイアシル構造を有するが，広葉樹リグニンは50%のグアイアシル構造と，2つのメトキシル基を有するシリンギル構造を50%有する。リグニン母体の構造の相違が様々なLPの光電変換能力に影響を与えた。シリンギル核の安定性については一重項酸素を用いた工業リグニンの酸化分解に関する報告[23]などでも知られており，酸化チタン上におけるカチオンラジカルの形成にメトキシル基が影響を与えると考えられる。一般的に針葉樹LP，すなわちグアイアシル骨格を有する構造が光電変換に寄与し，その傾向はリサイクル体や誘導体でも同様であった。

(2) フェノール種の影響

LPを森林資源から直接誘導する際に，リグニンに対する機能性環境媒体を変更することができる。このフェノール種を変えると光電変換能力に差が見られた。モノフェノールを導入したLPのうちlignophenol並びにligno-p-cresol（LP-P）がより高い性能を示した。ポリフェノールではlignoresorcinolがLP-Pに匹敵したがそれ以外は比較的低かった。

(3) 水酸基の影響

LPのフェノール性水酸基量は^{1}H-NMRによって定量した結果リグニン基本ユニット（フェニルプロパン構造C_9あたり）針葉樹で約$1.3mol/C_9$（脂肪族：約$0.8mol/C_9$）程度であり，例えばクラフトリグニン（Pine：約$0.6mol/C_9$，脂肪族：約$0.8mol/C_9$）[24]と比較してもフェノール性水酸基が豊富であることが分かる。水酸基をアセチル基によってブロックすると，紫外線（<400nm）を含む光照射下ではオリジナル体と同程度の光電流・電圧を示したが，特に可視光領域の光電変換が抑制された。フェノール性・脂肪族性ともに水酸基をブロックすると可視光吸収が減少することがUV-vis分光から確認できる。これは水酸基による水素結合が減少したことに由来する。アセチル化体では芳香環やアセチル基，メトキシル基などによる相互作用のみが存在し，酸化チタン表面との相互作用も水酸基よりも弱く電子移動の効率も低下すると考えられる。実際，ナノ粒子酸化チタンと溶液中で作用させてもアセチル化体では錯体の形成は観察されなかった。LPと水酸基を介して形成されると考えられる酸化チタンとの錯体が重要な電子注入経路として機能していると推察できる。

(4) リサイクル型リグノフェノール

LPは分子内にリサイクル・スイッチを内包し，スイッチを作動させることによって多段階にマテリアル・リサイクルが可能であることが知られている[18]。リサイクル下流側のリサイクル型LPであるLP-P二次誘導体-I（140℃アルカリ処理体，LP-P413）ならびに二次誘導体-II（140℃アルカリ処理体LP-P443）を光増感剤として用いた。その結果，オリジナル型より高い性能を示した。図5にI-V曲線を示した。これらのリサイクルLPは分子量が小さいだけでなく，主鎖であるβ-O-4アリルエーテル切断に伴うフェノール性水酸基量の増加，さらには構造中にスチ

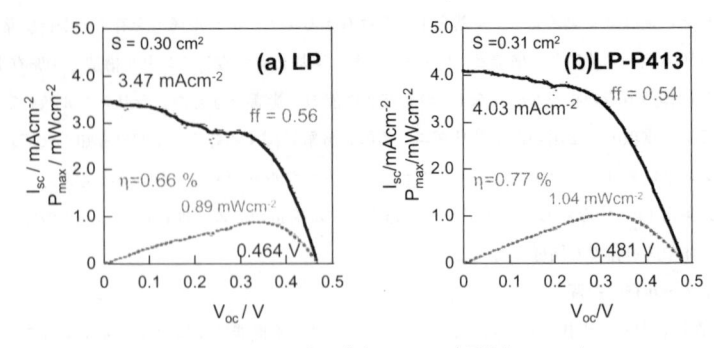

図5 LPセルのI-Vカーブ（135mWcm^{-2}可視光＞400nm）
(a) Lignophenol（ヒノキ）；LP，(b) ligno-p-cresol (2nd-der. I)（ヒノキ）；LP-P413

ルベン骨格等の新たな共役の形成（413K）を伴い，可視光吸収性や酸化チタンへの吸着性能が向上していると考えられる。このようにリサイクルを行うことで性能が向上する素材であり，LPを起点とするマテリアルフローの下流側において，非燃焼型のエネルギー生産に寄与することができる。

4.1.6 推定メカニズム

LP-酸化チタン錯体への光照射を行った結果，酸化チタンの光触媒作用によるLPの分解は確認されなかった。このことから酸化チタンとLPの相互作用においては光吸収がLPで生じ，そのエネルギーが酸化チタンへ移動すると考えられる。一般に色素増感太陽電池に用いられる合成色素の多くはカルボキシル基をアンカー基として有し，強固に結合し効率的に電子注入を行うと考えられている[25, 26]。しかしながらLPは一般にカルボニル基を有しないことから，酸化チタンとの結合に関与するアンカーは豊富に存在する水酸基だと推察できる。これまでカテコール骨格を有する天然ポリフェノールと酸化チタンやフェノールとの相互作用について行われた詳細な検討[27-29]やフェノールの酸化チタン表面への吸着メカニズム[30]を基にして考察すると，モノフェノールを有するLPではフェノール性水酸基をアンカーとして酸化チタンと錯体を形成し相互作用していると考えられる。また，水酸基をブロックしたLPを用いた系においても水酸基がアクティブなLPより活性が低下するものの光電変換能力を示したことから，芳香環やメトキシル基などが重要な機能を果たしていると考えられる。これらのことから，吸着を含めた相互作用において重要な構造は水酸基でありLP-酸化チタン錯体がLP分子から酸化チタンの導電帯（CB）への電子注入の重要な経路になっていると考えられる。

4.1.7 まとめ

LP-酸化チタン光電変換デバイスを用いて，可視光照射下，約0.8%の光電変換効率を示した。

150

第4章 リグニン応用技術の新展開

　この結果は二酸化炭素を原料に永続的に得られる森林資源由来のエネルギー生産デバイスとして実際に機能したことは意義深いといえる。LPが持つ豊富な電子の活用手法の探索の一つとしての試みであるため、まだ十分に最適化されているとはいい難いが、資源制約が無い新たな高機能化成品原料としての可能性を示す結果であるといえる。

　LPが持つポリマー構造に伴う吸着率の低さや、600nm程度までの吸収波長範囲の狭さ、さらに酸化チタンへの電子注入部がフェノール構造であることなど、現在主流である金属錯体色素や高性能合成色素に比べて光電変換効率が低い数値であるが、いくつかの利点も指摘できる。①資源制約が無い（二酸化炭素から再生産される）、②疎水性による高ハンドリング性、③低コスト・カスケード型利用による低コスト化、などに加え、セル自体の最適化の余地を勘案すると、今後の展開が期待できる。

　特にLPは従来のリグニン系素材とは異なり、木材からの導入段階並びに得られたLP、さらにはリサイクル段階と様々なフェイズで分子設計が可能であるので、より高性能な光増感剤さらには電子を活用するエレクトロニクス素材への誘導が期待できる。

文　献

1) B. O' Regan, M. Grätzel, *Nature*, **353**, 737(1991)
2) M. K. Nazeerddin et al., *J. Am. Chem. Soc.*, **115**, 6382(1993)
3) M. Grätzel, *J. Photochem. Photobiol. A. Chem.*, **164**, 3(2004)
4) K. Hara et al., *Sol. Energy. Mater. Sol. Cells*, **77**, 89(2003)
5) Tamotsu Horiuchi et al., *J. Am. Chem. Soc.*, **126**, 12218(2004)
6) K. Sayama et al., *Sol. Energy. Mater. Sol. Cells*, **80**, 47(2003)
7) P. M. Sirimanne et al., *Sol. Energy. Mater. Sol. Cells*, **77**, 89(2003)
8) D. Gebeyehu et al., *Synth. Met.*, **125**, 279(2002)
9) W. Kubo et al., *J. Phys. Chem. B*, **105**, 12809(2001)
10) C. J. Rrabec et al., *Adv. Funct. Mater.*, **11**, 15(2001)
11) 木材なんでも小事典-秘密に迫る新知識76- 木質科学研究所 木悠会編 講談社ブルーバックス、(2001)
12) 資源エネルギ 庁 統計速報値 (2000)
13) S. A. Gundersen et al., *Colloids Surf. A: Physicochem. Eng. Aspects*, **186**, 141(2001)
14) A. Kamoun et al., *Cem Conc. Res.*, **33**, 995(2003)
15) K. I. Kuroda, *J. Anal. Appl. Pyrolysis*, **56**, 79(2000)
16) G. Bentivenga et al., *J. Photochem. Photobiol. A. Chem.*, **135**, 203(2000)
17) M. Funaoka, I. Abe, *Tappi J.*, **72**, August (1989)

18) M. Funaoka, *Polym. Int.*, **47**, 277(1998)
19) M. Funaoka, S. Fukatsu, *Holzforshung*, **50**, 245(1996)
20) M. Aoyagi, M. Funaoka, *J. Photochem. Photobiol. A. Chem.*, **164**, 53(2004)
21) S. Tero-Kubota et al., *Chem. Phys. Lett.*, **381**, 340(2003)
22) K. Hara et al., *Sol. Energy. Mater. Sol. Cells*, **70**, 151(2001)
23) M. D' Auria, R. Ferri, *J. Photochem. Photobiol. A. Chem.*, **157**, 1(2003)
24) D. Robert, G. Brunow, *Holzforshung*, **38**, 85(1984)
25) K. S. Finnie et al., *Langmuir*, **14**, 2744(1998)
26) P. Falaras, *Sol. Energy. Mater. Sol. Cells*, **53**, 163(1998)
27) K. Tennakone et al., *J. Photochem. Photobiol. A. Chem.*, **117**, 137(1998)
28) K. Tennakone et al., *J. Photochem. Photobiol. A. Chem.*, **94**, 217(1996)
29) J. Moser et al., *Langmuir*, **7**, 3012(1991)
30) J. Arana et al., *Appl. Catal. B. Environ.*, **44**, 153(2003)

4.2　鉛蓄電池負極素材への応用

寺田正幸[*1]，舩岡正光[*2]

　鉛蓄電池は，自動車のエンジン始動用，電動フォークリフト，電話交換機等の通信用機器のバックアップや非常用無停電電源装置（UPS）の電源として広く社会で用いられている。

　鉛蓄電池の重要な寿命モードの一つに負極のサルフェーション（負極活物質の硫酸鉛化）がある。これは，充放電サイクルを繰り返すと負極活物質である金属鉛粒子が次第に粗大化し，放電時に大きな硫酸鉛結晶が生成して，この大きな硫酸鉛結晶が負極に蓄積して容量が低下する現象である[1]。

　リグニンは負極活物質中に存在することによって，負極活物質である金属鉛粒子の微細化を図ると共に寿命中における活物質粒子の粗大化を抑制することが知られている[2]。しかしながら，添加剤として用いられているサルファイトリグニンやクラフトリグニン等の工業リグニンは，分子構造が複雑な上に高度な変性を受けていて，電池内における挙動解析が極めて困難であるため，その作用機構についてはほとんど判っていないのが実情である。

　一方近年，地球温暖化防止のための二酸化炭素ガスの放出量削減が全世界的な課題となっている。エネルギーの有効利用を図るために，自動車のアイドルストップやハイブリッドシステム，夜間の余剰電力を一時的に電池に蓄えて，需要の大きい昼間に放電するロードレベリングシステム等の開発が進められている。

　これらのシステムに用いられる電池には，高い入出力性能や寿命性能が求められ，特に鉛蓄電池の場合，それらを実現するために高性能な負極添加剤の開発が急務となっている。過去，新規添加剤として，リグニン誘導体や合成リグニンと称されるフェノール系の合成ポリマー等が検討されてきたが，飛躍的な性能向上には至っていない。

　そこで著者らは，相分離系変換システムを用いて木質材料より分子構造が均一で制御可能なリグノフェノールを分離し，負極性能とリグノフェノールの分子構造との比較検討を行った。さらに，リグニン分子中にフェノール系官能基を導入した場合の効果についても検討した[3]。

　図1に，相分離系変換システムにて，針葉樹および広葉樹から抽出したリグノフェノール（リグノクレゾール）を用いた負極の活物質比表面積と3CA放電時間の関係を示す。針葉樹系リグノフェノール（LC1）よりも広葉樹系リグノフェノール（LC2）の方が容量・比表面積ともに大きい。広葉樹リグニンは，分子内にシリンギルプロパン構造（ジメトキシフェノール核）を有し

---

*1　Masayuki Terada　新神戸電機㈱　技術開発本部　電池技術開発所　主任研究員
*2　Masamitsu Funaoka　三重大学　生物資源学部　教授

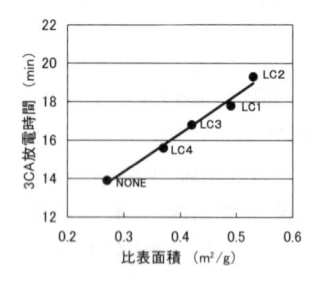

図1 活物質比表面積と放電時間の関係
LC1：針葉樹系リグノクレゾール
LC2：広葉樹系リグノクレゾール
LC3：針葉樹系リグノクレゾール
（アルカリ処理二次変換体）
LC4：広葉樹系リグノクレゾール
（アルカリ処理二次変換体）
NONE：無添加品

図2 リグニン分子中に導入される2,6-ジメトキシフェノールのモデル図

ており，メトキシル基（－OCH$_3$）が針葉樹に比べて多く，メトキシル基が多いほど活物質比表面積が大きくなると考えられる。また，アルカリ変性によって共役二重結合を増やしたそれぞれのリグノフェノール（LC3, LC4）は，針葉樹，広葉樹共に容量が小さく，分子内の共役二重結合の存在は容量発現性と関係が無かった。

そこで，リグニン分子に相分離系変換システムを用いてジメトキシフェノールを付加してメトキシル基を強調したリグノフェノールを誘導（図2）し，メトキシル基の電池性能に対する効果を調べた。図3にその結果を示す。メトキシル基の量を増やすことで，放電容量が増大した。このことから，リグニン分子中のメトキシル基が負極の容量発現性に大きく寄与していることが判った。

かなり以前から，鉛蓄電池の負極活物質に対するリグニンの作用は，その構造中に存在してい

第 4 章　リグニン応用技術の新展開

図3　メトキシル基の量と3C 放電時間（容量）の関係

図4　シリンギル型芳香核の脱アルキル化反応

るフェノール性 OH 基（ジフェノール）が担っているのではないかと言われている[4, 5]。カテコール，ピロガロール等のフェノール誘導体を負極活物質に添加した場合，カテコール等の多価フェノールは，負極の活物質粒子表面に吸着するため，充放電時の金属鉛と硫酸鉛間の溶解析出反応による結晶成長を阻害すると説明されている。

　しかしながらこの場合，効果は認められるもののその持続性がリグニンと比べて極めて短いことが作用機構の説明を困難にしていた。このことは，フェノール誘導体が，負極活物質を微細化する作用を有しているが，硫酸酸性環境である鉛蓄電池内において非常に不安定であることを示唆している。

　これまでの結果から著者らは，鉛蓄電池の負極活物質に対するリグニンの作用メカニズムを以下のように考えている。

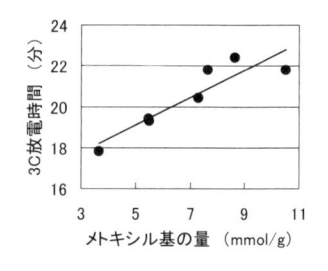

　木質素材からリグニンを抽出する工業リグニン製造プロセスにおいて，比較的不安定なメトキシル基（例えば，シリンギルプロパン型芳香核の片側のメトキシル基）が脱アルキル化することによってフェノール構造が発現する（図 4）。その結果，これを添加した負極活物質は微細化する。しかしながら，このフェノール構造は電池内の環境によって徐々に分解されて効果が消失していく。

　一方で，リグニン分子内に残っているメトキシル基は比較的安定ではあるが，電池が使用されている間，徐々に脱アルキル化反応によって新たなフェノール構造を創出して行く。このフェノール構造の創出と消失の繰り返しによって，負極活物質の微細化効果が持続され，長期間容量を維持できるものと考えられる。

　リグニン分子内のメトキシル基は，自然界で長期間安定に存在させるために樹木が生合成の最終過程で活性なフェノール性 OH 基をメチル基でブロックして不活性化した結果である。分解過程は合成と逆のプロセスで，最初に脱メチル化反応によって多価フェノールに変化し，その後分

155

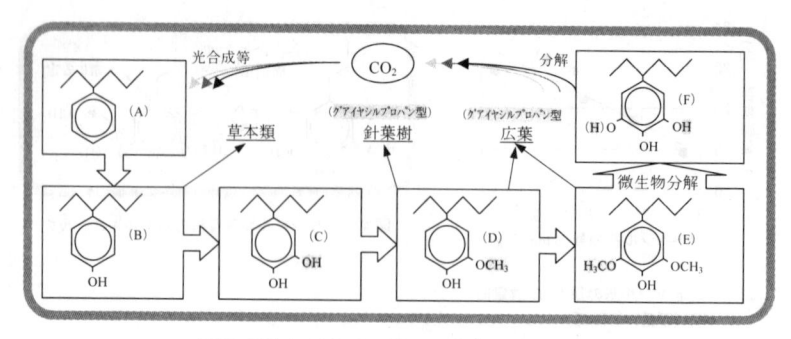

図5 樹木中で起こるリグニンの合成・分解反応経路

解反応が進行する（図5）。これは，上述のリグニンの容量と持続性発現のプロセスと非常に良く似ている。換言するならば，自然界におけるリグニンの循環プロセスを鉛蓄電池の負極添加剤として用いることで，電池容量を長期間持続的に発現できているといえる。

　木質材料からのリグニン変換・抽出に相分離系変換システムを用いることで，種々の官能基を有するリグノフェノールが誘導可能であり，鉛蓄電池の負極性能に関するリグニンの作用をある程度明らかに出来つつある。負極添加剤としてのリグニンはこれからも当分の間主役であり続けると思われる。そして，鉛蓄電池に対するリグニンの改良は，今後とも継続的に検討されるが，相分離系変換システムはリグニン改質・高性能化に対する非常に強力な手段であり，さらに高性能な鉛蓄電池の負極用添加剤を開発できる可能性がある。

文　　献

1) H. BODE, "LEAD-ACID BATTERIES",, P. 336,, JOHN WILEY & SUNS, New York (1977)
2) E. J. Ritchie, *J. Electrochem. Soc.*, **92**, 229 (1947)
3) 寺田正幸，木村隆之，船岡正光，電気化学会秋季大会講演要旨集 P. 15 (2000)
4) 林，名村，紙パルプ技術技協誌，**21**, 6 (1967)
5) 林，名村，紙パルプ技術技協誌，**21**, 7 (1968)

5 高密度炭素骨格の応用
5.1 機能性分離膜の創製

喜多英敏[*1], 舩岡正光[*2]

5.1.1 はじめに

近年,世界各国でナノメートルサイズの細孔を有する分子ふるい膜に関する研究が進められつつある[1]。そのための膜素材として,高分子を前駆体として数百度以上で熱処理することにより熱分解・炭化を経て作成する炭素多孔体はガス分子径に近い細孔を有しその細孔径分布が狭く,分子サイズの分離が可能であること,さらに高分子前駆体の優れた成形性を生かして製膜が可能であることなどで注目されている。前駆体としてはポリアクリロニトリル,セルロース,ポリイミド,フェノール樹脂,フルフリルアルコール樹脂などが検討されている。我々は,新規な機能性分離膜の創製を目的として,三重大学で新たに開発された相分離系変換システムによるリグノフェノールの機能膜への応用について検討し,リグノフェノールを前駆体としたミクロ多孔体膜が従来の高分子膜やそれらを前駆体とする炭化膜に比べ優れた分離選択性を有することを明らかにした。[2〜6]以下にその概要を紹介する。

5.1.2 膜分離技術

地球環境及び資源・エネルギー問題の面から,21世紀の人類社会の"sustainable development"を支えるために,環境負荷低減技術や資源・エネルギーの高効率利用技術の重要性が近年非常に高まっている。膜分離プロセスは,蒸留法などに比べて省エネルギーでリサイクルによる省資源化が可能な環境調和型の分離プロセスとして,水処理,食品,バイオ分野などの種々の分野で広く実用化されている。高分子膜による気体分離や浸透気化分離も実用化しているが,分離対象が無機ガス,水溶液系にほとんど限定されていた。ナノオーダーの細孔をもつ無機膜は高分子膜では適用できない高温気体分離や有機蒸気分離系ならびに非水溶液系に適用可能で,この膜分離プロセスを化学反応プロセスと複合化出来れば,化学反応プロセスの効率化,省エネルギー化が大いに期待できる。多孔質膜によるガス分離は,膜に開いた孔に対するガス分子の透過性の差を利用して分離するもので,透過する物質の種類,条件,膜の孔径などにより,クヌーセン拡散,表面拡散,毛管凝縮またはミクロポアフィリングおよび分子ふるいによる分離に分類され,高い分離性は細孔径が数ナノメートル以下での表面拡散,毛管凝縮またはミクロポアフィリングおよび分子ふるい機構で発現する。

[*1] Hidetoshi Kita 山口大学 工学部 教授
[*2] Masamitsu Funaoka 三重大学 生物資源学部 教授

木質系有機資源の新展開

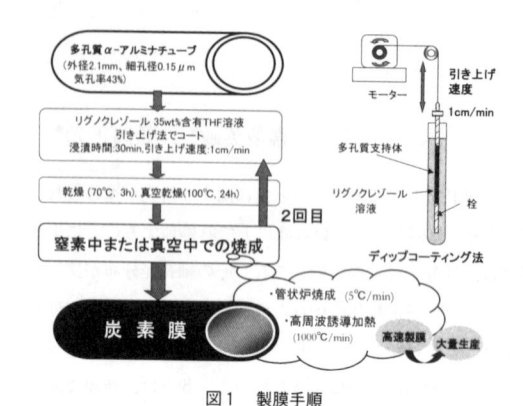

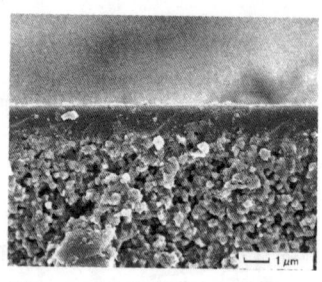

図1 製膜手順

図2 アルミナ多孔質体上に製膜したリグノフェノールを前駆体とする炭化膜断面のSEM写真

5.1.3 リグニン系分子ふるい炭素膜

図1に複合膜の作製手順を示す。引き上げ法でアルミナ多孔質支持体にリグノフェノール溶液をコート後，窒素気流中で電気炉を用いて400～800℃で所定時間焼成して炭化膜とした。作成した膜表面は黒色平滑で，SEM写真（図2）から膜厚は約1～1.5ミクロンに薄膜化されていることが分かった。

ヒノキとブナ由来のリグノフェノールのヘリウムガス気流中での熱重量分析結果は，いずれの場合も300℃まではゆっくりと重量が減少する。300℃～400℃の間で急激に重量減少し，その後は800℃まで緩やかに重量減少し800℃での重量減少はヒノキで約60％，ブナで約65％であった。

図3に示差熱天秤-質量分析同時測定装置を用いて測定したリグノフェノールの発生ガスの分析結果を市販のフェノール樹脂の場合の結果と比較した。フェノール樹脂の場合フェノール，メチルフェノール，二酸化炭素等が主な発生ガスであるが，リグノフェノールではそれら以外にも分子量の大きい多数のピークが観察された。熱重量分析結果も，350℃まではいずれの樹脂もゆっくりと重量は減少し，その後温度の上昇と共に重量減少が大きくなるが，フェノール樹脂の減少量の方は800℃で40％減であるのに対し，リグノフェノールでは350～450℃の間で50～60％に達した。

図4にリグノフェノール焼成膜の35℃における各気体の透過速度と気体分離性におよぼす焼成温度の依存性（焼成時間は1時間）を示す。焼成膜は未焼成膜に比べ透過速度は大幅に増加し膜が多孔質化したことを示す。焼成温度が600℃まで気体透過速度は増加した。リグノフェノールの熱分解によるガス発生にともない膜が高温ほど，より多孔質化するため透過速度が増加した。各気体の透過速度比はメソ孔（孔径2～50nm）を気体が透過する場合に予測されるクヌーセン拡散値を超える高い分離性能を示し，膜にミクロ孔（孔径2nm以下）が形成されていることを

158

第4章 リグニン応用技術の新展開

図3 リグノフェノール(A)とフェノール樹脂(B)の400℃での発生ガス

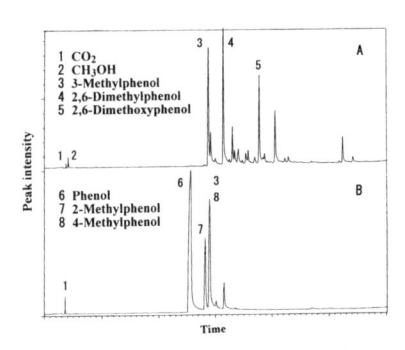

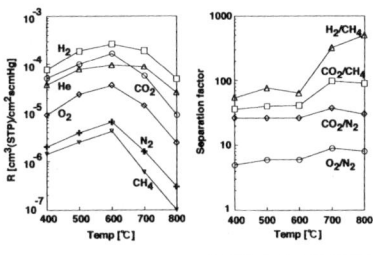

1 CO_2
2 CH_3OH
3 3-Methylphenol
4 2,6-Dimethylphenol
5 2,6-Dimethoxyphenol
6 Phenol
7 2-Methylphenol
8 4-Methylphenol

図4 リグノフェノールを前駆体とする炭化膜の気体透過速度と分離係数の焼成温度依存性

示す。一方，700℃，800℃焼成膜ではいずれの膜も気体透過速度が減少した。気体透過速度の大きさは気体分子径の順に減少し，分子径の大きい気体で減少が顕著になった。この温度領域では熱分解に伴うガスの発生が一酸化炭素の発生を除いて少なくなる一方，膜が収縮し緻密化するために気体透過速度が減少し，分子径の差の大きい水素/メタンで選択性が増加した。さらに，気体透過速度は測定温度が高いほど透過速度が上昇し活性化拡散機構によることが分かった。

5.1.4 おわりに

これまで膜分離法の発展は，膜素材の改良と膜形態の設計技術の進歩により成し遂げられてきた。主に用いられてきた膜材料は，高分子材料であったが，高分子膜では透過係数の大きな膜は分離係数が小さくなる傾向があり，高選択かつ高透過性の分離膜を得るためには新しい分子設計指針が求められている。高分子膜による気体の分離機構は溶解-拡散機構で説明されるが，膜の分離性能のより一層の向上のためには，これまで吸着分離に開発されてきた活性炭やゼオライトの分子ふるい能を膜に導入した分子ふるい膜を創製することが有効である。このための膜素材として石油代替資源として注目されているバイオマス資源から誘導されたリグノフェノール樹脂を前駆体としたミクロ孔を有する炭化膜を創製し，その気体分離性能について紹介した。多孔質アルミナ支持体と複合膜化した一連のリグニン系の分子ふるい炭素膜は図5に示すように従来の高分子膜に比べ優れた分離選択性を示す。ナノメートルサイズの細孔を持つ膜分離はこのように優れた選択透過性を示すが，さらに膜は単なる選択透過の場を提供するのみならず，細孔の微小空間を反応場として利用できる魅力的な材料である。ミクロ孔を有する無機膜は今後，有機高分子膜では耐熱性，耐油，耐薬品性に問題があり実用化していない高温での分離，炭化水素の分離や化学反応とのハイブリット化を通してその重要性を拡大していくものと思われる。

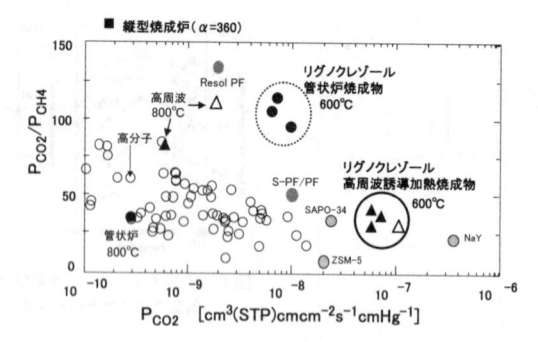

図5 リグノクレゾールを前駆体とする炭素膜と他の膜とのCO_2/CH_4分離性能比較

文　献

1) 喜多, ケミカルエンジニヤリング, **47**, 174 (2002)
2) H. Kita, K. Nanbu, M. Yoshino, K. Okamoto, M. Funaoka, *Polym. Mater. Sci. Eng.*, **85**, 96 (2001)
3) H. Kita, M. Hamano, M. Yoshino, K. Okamoto M. Funaoka, *Polym. Mater. Sci. Eng.*, **86**, 376 (2002)
4) H. Kita, M. Hamano, M. Yoshino, K. Okamoto, M. Funaoka, *Trans. Mater. Res. Soc. Jpn*, **27**, 423 (2002)
5) H. Kita, K. Nanbu, M. Hamano, M. Yoshino, K. Okamoto, M. Funaoka, *J. Polym. Environment*, **10**, 69 (2002)
6) T. Koga, H. Kita, K. Tanaka, K. Okamoto, M. Funaoka, *Proc. 10th APCChE Congress*, 3P07092 (2004)

5.2 電磁波シールド材料の開発

鈴木 勉*

5.2.1 はじめに

現在実験室レベルで調製されるリグニン系炭素繊維（CF）は既存のPAN系やピッチ系のCFに比べて引っ張り強度が劣る[1,2]。このグラファイト構造炭素（G成分）製品はいずれの原料でも2,000℃程度の熱処理温度を必要とするので、リグニンからの工業的CF生産は魅力に乏しいが、このことはリグニンが必ずしも結晶炭素原料として不向きであることを意味しない。酸素含有量が高い木質成分をG成分に転換する必然性はなく、より低温で生成する乱層構造炭素（T成分[3,4]、図1参照）に有望な実用途が存在するなら、この低結晶炭素をターゲットとするのが合理的である。このような観点から、筆者はNi触媒を添加した木材の常圧固定床方式による900℃炭化を行い、T成分を効果的に生成させることで実用レベルの電磁波シールド（正確には50-800MHzにおける電界シールド）性能を有する炭化物が製造できることを報告した[5]。運転操作が容易なこのNi触媒炭化は、以下に述べるようにリグニンからの電磁波シールド用結晶炭素（導電性複合体のフィラー[6]）の製造法としても有用であるが、興味深いことにNiの活性発現にはNaやCaの共存が不可欠であった。本項では、Caの助触媒作用に重点をおいて現在機能性ポリマー素材として注目を集めているリグノフェノール（LP）[7〜9]からのT成分生成を調査、検討した結果を紹介、解説する。

5.2.2 電磁波シールドと結晶炭素

(1) 電磁波シールド材

我が国では1980年代半ば以降、種々の電子機器類から発生する電磁波によって機械・装置が誤作動する、無線情報が漏洩する等の事故が多発、深刻化し、この電磁波障害の回避・防止対策が進められている。現在最も現実的で効果的な方策と考えられているのが、導電性の材料で作動機器の周囲を覆い外部の電磁波の侵入を反射または吸収によって防ぐ電磁波シールド（以後EMSと略、図2）であり、目的や対象等に応じて様々なEMS材料が開発されている[6,10]。導電性複合体は最もポピュラーなEMS材の一

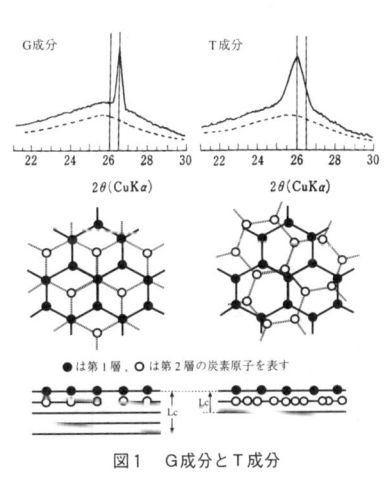

図1　G成分とT成分

* Tsutomu Suzuki　北見工業大学　工学部　化学システム工学科　教授

木質系有機資源の新展開

つであり，成形加工性を有するゴムやプラスチック等の高分子材料に導電性の金属粒子やグラファイト，カーボンブラック等の炭素粉をフィラーとして混合，分散させて製造される。従って，適度な導電性を有するリグニンT成分が現存のフィラーより安く製造できれば，十分市場性がある。

(2) 電磁波シールド性能

EMS材の性能評価法には自由空間法，共振器内法，同軸導波管内法等[6]があるが，ここでは同軸導波管内法に自由空間法の要素を取り入れた同軸キャビティー管法装置（図3[11]）を使用した。この方法は円板試料（炭化物を適量のエポキシ樹脂と練り混ぜた後5.9MPaで加圧成形，炭素濃度は32±2wt%）を管の中央にセットした後，左のアンテナから一定周波数の電磁波を送信し，透過した電磁波を右のアンテナで受信して減衰量を調べるものである。用いた電磁波は一般公共放送用の50-800MHzで，シールド効果（S. E.）は(1)式によって算出される[12,13]。

$$\mathrm{S.\,E.}\ [\mathrm{dB}] = 20\log(E_o/E_s) \tag{1}$$

ここで E_o は入射電界強度（試験片をセットしていない時の受信強度）[V/m]，E_s は透過電界強度（試験片をセットした時の受信強度）[V/m]であり，S. E. が大きいほどEMS性能は高いと判定される。なお，本装置によるS. E. は原理的に反射，吸収，多重反射の総計で与えられるが，後述のようにその値は炭素の L_c と密接な関係があるのでその主たる要素は吸収と考えられる。S. E. は装置や測定条件，試料の状態等に依存するので絶対的評価は難しいが，一般に30dB以上であれば実用上問題はないとされる[14,15]。

(3) 結晶炭素

G成分とT成分は触媒黒鉛化[3,4,16]によって生成する代表的な結晶炭素であり，Cu-Kα線照射により前者は26.5°に鋭いピーク，後者は26°付近にややブロードなピークを与える（図1）。こ

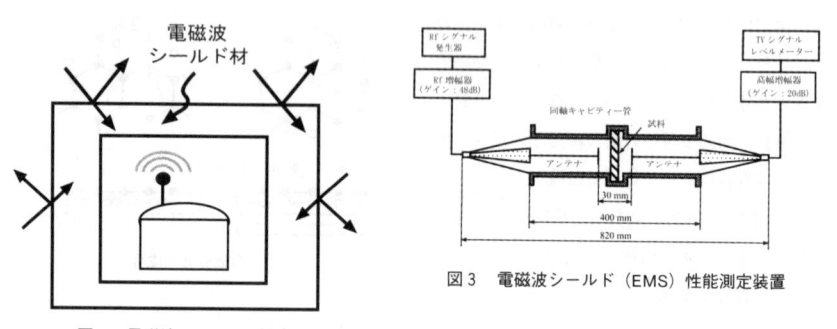

図2 電磁波シールドの概念

図3 電磁波シールド（EMS）性能測定装置

第4章 リグニン応用技術の新展開

れら回折線の半価幅$\beta_{1/2}$(単位はラジアン)から(2)式によって計算される炭素六角網面に垂直な方向(c軸)の平均結晶子径LcはG成分,T成分それぞれで通常数100から1,000Å以上,60-200Å,(3)式で算出される面間隔$d002$は3.354Å,3.38-3.42Åである((2),(3)式におけるθは回折角2θの1/2,λはCu-Kα線の波長で1.5405Å)。

$$Lc [\text{Å}] = 0.9 \lambda / \beta_{1/2} \times \cos \theta \tag{2}$$

$$d002 [\text{Å}] = \lambda / 2\sin \theta \tag{3}$$

従って,T成分の炭素網面は互いに平行で等間隔に積み重なる枚数が20〜60あり,この数は一般にG成分より少ないが,非晶質(無定形)炭素とは異なり積層性がある。T成分の炭素網面方向(a軸)の平均結晶子径LaもG成分より小さく,網面の積み重なり自体は無秩序に近いが,この方向の導電性は無定形炭素よりはるかに大きい。即ち,炭素原子の空間配置が不規則な無定形炭素は絶縁性であるのに対して2,000±300℃で生成したT成分(沈着熱分解炭素)のa軸方向の電気抵抗率ρ_aは$3.7 \times 10^{-5} \sim 2.5 \times 10^{-6} \Omega \cdot m^{17)}$で金属並み($10^{-8} \sim 10^{-5} \Omega \cdot m$)であるが,c軸方向の抵抗率$\rho_c$は$\rho_a$の3,500〜88,000倍($3.3 \times 10^0 \sim 8.8 \times 10^{-3} \Omega \cdot m$)で半導体レベル($10^{-4} \sim 10^7 \Omega \cdot m$)である。G成分も異方性が高く,その$\rho_a$,$\rho_c$はそれぞれ$4 \sim 7 \times 10^{-7}$,$1 \sim 5 \times 10^{-5} \Omega \cdot m^{17)}$である。T成分の導電性は特にc軸方向でG成分に劣るので,導電性フィラーとしての利用ではρ_cの低下につながるLcの増大や$d002$の減少が基本要件である。なお,Ni触媒による1000℃付近のグラファイト化[4,16]は,一般に低結晶炭素がNiに溶け込み,エネルギー的に安定なG成分が再析出するという機構で説明される。T成分の生成機構はまだ十分に解明されていないが,Niが200Å程度の微粒子ではT成分,800Å以上の粗粒子ではG成分が生成するというサイズエフェクト[4,16]が知られている。

5.2.3 リグニンのNi触媒炭化によるT成分の製造と炭化物のEMS性能

(1) 実験方法

原料としたLPは二段法で調製したヒノキ-リグノクレゾール(LC)である。比較のために水可溶アルカリリグニン(ALS),ALSの酸脱灰物(DAL),水不溶アルカリリグニン(ALI),ALIから調製したオゾン酸化リグニン(OzL),オルガノソルブリグニン(OrL)を用いた。これらリグニンの代表的性状は表1[18]に与えた。触媒原料,助触媒原料にはそれぞれ$(CH_3COO)_2Ni \cdot 4H_2O$,$Na_2CO_3$または$(CH_3COO)_2Ca \cdot H_2O$を使用し,リグニンへの添加は溶液含浸法で行った。炭化は縦型ステンレス製反応管を用いて常圧N_2気流中で行い,炭化温度,時間はそれぞれ700-950℃,0-1.5hとした。昇温速度は,炭化温度にかかわらず室温から10℃/分とした。得られた炭化物は重量を測定した後X線回折,SEM-EDX観察,XPS分析,EMS性能測定に供した。

(2) LCのT成分原料としての適性[18]

図4はLC,ALS,ALI,OzL,OrLの900℃-1h処理で得られた無添加炭,Ni添加炭のX線

表1 各種リグニンの特性

リグニン[a]	Mw[b]	Mw/Mn	元素組成（wt%）				灰分[d] (wt%)
			C	H	N	O[c]	
LC	25,900	1.63	65.3	6.1	0.0	28.5	0.1
ALS	(1,600)[e]	(1.02)[e]	51.4	5.0	0.2	27.7	15.7
DAL	1,600	1.02	61.1	5.8	0.2	31.5	1.4
ALI	1,900	1.01	58.9	5.7	1.0	32.8	1.6
OzL	3,500	2.88	54.5	5.6	0.8	36.8	2.4
OrL	2,400	2.96	64.7	5.9	0.2	28.3	0.9

[a] 本文参照，[b] 重量平均分子量，[c] 100−(C＋H＋N＋灰分) として表した，[d] 600℃燃焼残渣，[e] DAL の値とした

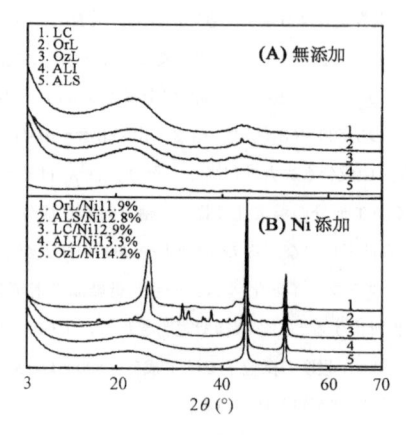

図4 無添加炭と Ni 添加炭の X 線回折図

回折図である。無添加炭はいずれも非晶質であるが，LC 炭素の結晶性はやや高く，より規則的な単位構造を持つことの有利性が現れている。しかし，Ni を10％以上含有させても LC 炭は ALI 炭，OzL 炭と同様に T 成分を生成せず，これに対して ALS と OrL は T 成分を与えた。図5は LC 炭と ALS 炭の EMS 性能を比較したものである。Ni 量増加による S.E. の増加は LC 炭では小さく ALS 炭で大きいことは，炭素の結晶構造が炭化物の導電性＝EMS 性能を支配し，T 成分の生成が EMS 性能の増大につながることを明らかにする。また，この図に見られるように，いずれの試料の S.E. も800MHz で最小となるので，この周波数における S.E. 値から EMS 性能が判定できることがわかる。これら5種のリグニンの性状は比較的大きく異なり（表1），IR スペクトルでも含酸素官能基の分布に違いが認められたが，T 成分生成に関係するのは含有無機物である。このことは，ALS の主灰成分が Na_2CO_3 であり，OrL 灰分には $CaCO_3$ が存在し，他の

第4章 リグニン応用技術の新展開

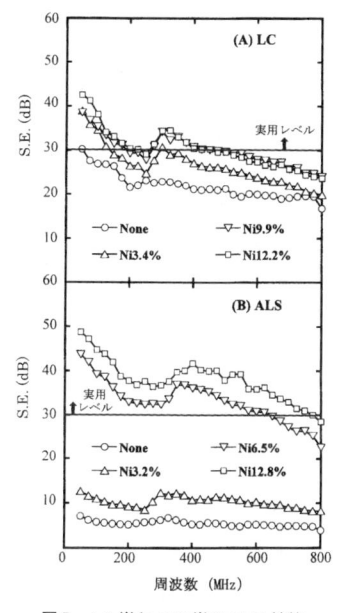

図5 LC炭とALS炭のEMS性能

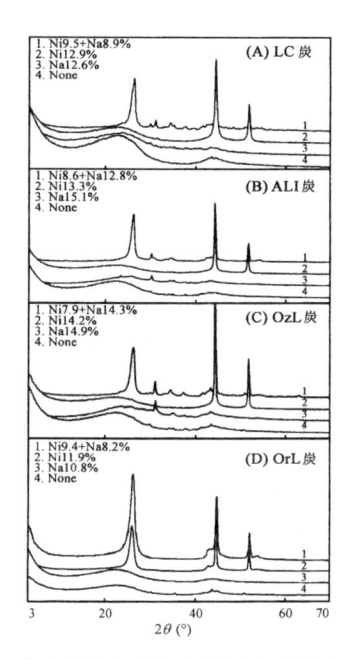

図6 LC炭，ALI炭，OzL炭，OrL炭のX線回折図

リグニンはこれらのNa，Ca塩を含まないことから推断された。Caの効果は後述するが，Naの有効性はNiと共にLC，ALI，OzLに添加するとT成分が顕著に生成し，OrLでもこのNa塩の共存はT成分の生成を促進することから明らかである（図6）。なお，Naは炭素の結晶化には直接関与しないので，その基本的作用はNi粒子の凝集抑制と考えられる。図7は800MHzのS.E.とNi量の関係をLCと他のリグニンについて示している。Naを適量共存させたLC炭のNi量増加の効果はALI炭，OzL炭及びALS炭より大きく，8.2％NiのS.E.は実用基準の30dBを上回り，9.5％Niではさらに増大してOrL炭とほぼ同等の38dBに達した。この結果は，OrL炭の高いS.E.値がCa含有に帰因することを考慮すると，LCがT成分製造原料として高い適性を備えていることを保証する。なお，ALI，OzL，ALS，DALでもNiとNaの添加量を調節することで炭化物のEMS性能は実用レベルに到達した[19]。

(3) **カルシウムの助触媒効果**[20]

Naは高温で金属を腐食するので，これに代わる助触媒の開発が望まれる。Caは低腐食性であり，Naと同様にNiの凝集抑制剤として働くことは木炭の水素ガス化[21]や前項のOrL炭化[18]か

木質系有機資源の新展開

ら予想される。ここでは LC と DAL の900℃-1h 炭化を行い，Na を Ca に代替できることを両炭のX線回折と EMS 性能（図8，表2）から確かめた。即ち，これらの図表から両リグニンへの Ni＋Ca 添加は T 成分を顕著に生成させ，これによって実用レベルの EMS 性能が付与されること，Ni＋Ca 添加 LC 炭の S.E. 値から Ca の効果は Na のそれ（図7）と同等であることが明らかとなった。両炭共に Ni＋Ca では Ni 単独より収率が低いことは Ca 共存による Ni の触媒効果増大を意味し，Ca による Ni の凝集抑制の本質は，図9に示すような Ni との複酸化物形成による高活性な微粒 Ni の生成にあると推論した。Ca の助触媒効果に関係してもう一つ言及すべき事柄は，脱灰木材の900℃-Ni 触媒炭化では T 成分が生成しなかったことである。Ca を主体とする僅か0.2%の固有灰分が助触媒として機能することは注目に値するが，Ni による炭素結晶化

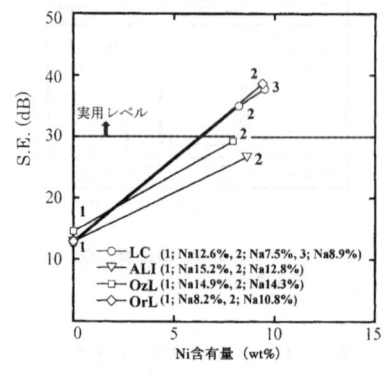

図7　800MHz の S.E. と Ni 量と関係

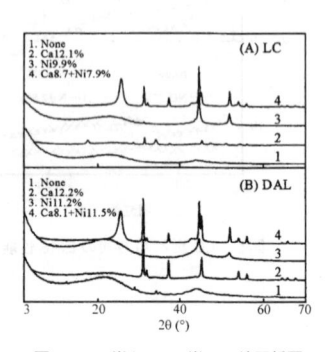

図8　LC 炭と DAL 炭の X 線回折図

表2　LC 炭，DAL 炭の収率，炭素の結晶構造，EMS 性能

	含有量（%）	収率[a] (wt%)	L_c (Å)	d_{002} (Å)	800MHz の S.E. (dB)
LC 炭	無添加	24.9	<10	3.81	18.9
	Ni 9.9	35.6	<10	3.78	24.0
	Ca 12.1	35.4	<10	3.86	16.2
	Ni 8.7, Ca 7.9	28.6	167	3.37	37.8
DAL 炭	無添加	40.2	<10	3.99	6.2
	Ni 11.2	46.7	<10	3.97	16.5
	Ca 12.2	45.3	<10	4.00	6.6
	Ni8.1, Ca 10.5	32.5	108	3.41	30.9

[a] 無水無灰，無添加物基準

第4章 リグニン応用技術の新展開

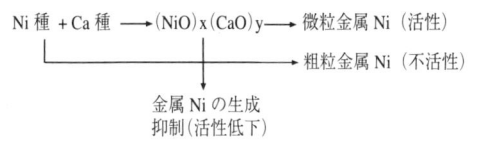

```
Ni 種 + Ca 種 ─→ (NiO)x(CaO)y ─→ 微粒金属 Ni（活性）
                                   ─→ 粗粒金属 Ni（不活性）
                              ↓
                         金属 Ni の生成
                         抑制（活性低下）
```

図9　Ca の Ni に対する作用機構

では助触媒の共存が不可欠であることを確認したことはより意義深い。

(4) カルシウムの作用機構（Ⅰ）[22)]

図9の Ca の作用機構は，T 成分の生成と炭化物の EMS 性能の点で Ni に対する最適 Ca 量の存在を予言する。実際 Ni 量を一定として Ca 量を変えた LC と DAL の900℃-1h 炭化を行い，Lc 値の変化を示すと図10となる。両炭共に Ni 量にかかわらず Ca/Ni 重量比が1.0で Lc が最大となり，炭化物の EMS 性能もこの Ca/Ni 比で最高値を与える（図11）ことは図9の機構を支持するものとなる。Ni + Na 添加 LC 炭，DAL 炭でも Lc と EMS 性能に対する最適 Na/Ni 比（1.8-2.0）が現れ，Ca と Na の Ni に対する作用機構が基本的に同一であることがわかった。図12は Ni 8 % + CaO - 20%含有 LC 炭の XPS 測定を行い，C1s，O1s，Ni2p$_{2/3}$，Ca2p$_{2/3}$の束縛エネルギー B. E. の変化を Ca 量に対してプロットしたものである（帯電補正は C1s の第一ピークを285.0eV として行った）[23,24)]。C と O の B. E. 値が最も高い種と O の高 B. E. 種の変化は T 成分が顕著に生成す

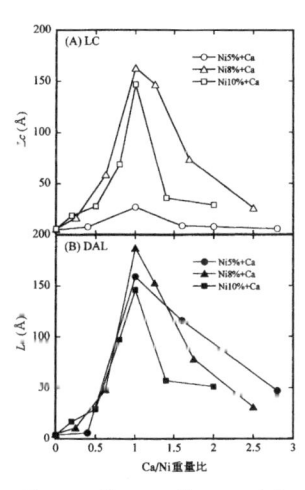

図10　LC 炭，DAL 炭の Lc の変化

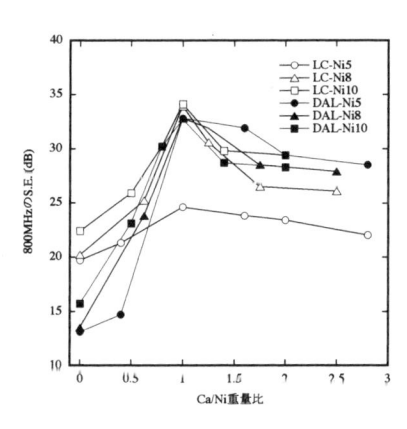

図11　LC 炭と DAL 炭の EMS 性能の変化

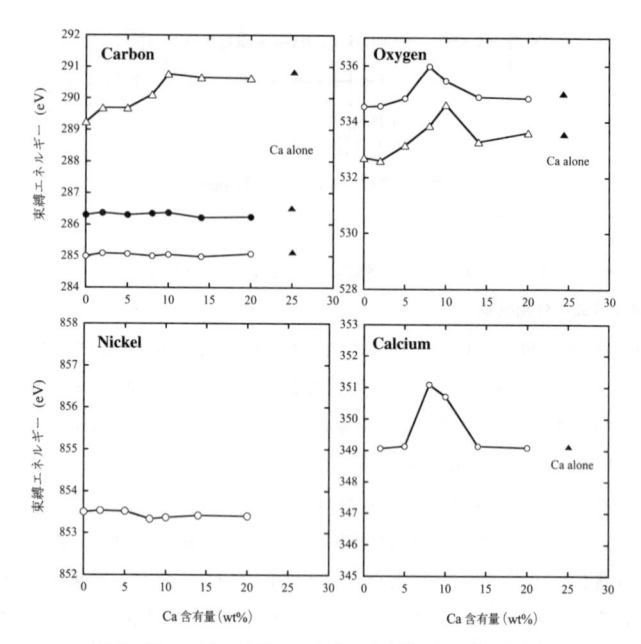

図12 C1s, O1s, Ni2p$_{2/3}$, Ca2p$_{2/3}$の束縛エネルギーの変化

図13 生成が予想された化学結合形態

る Ca8-10％において－$C^{\delta+}$－$O^{\delta-}$や－$C^{\Delta+}=O^{\Delta-}$（$\Delta > \delta$）の存在を示し，Ni は Ca 8 ％以上で－$O^{\delta-}$…Ni として Ca は 8-10％ではほぼカチオンとして存在することになる．これらを総合すると Ca5-10％では $(NiO)_x(CaO)_y$ に対応する結合形態が形成されることになり（図13），提案した Ca の作用機構の妥当性が裏付けられた．従って，Na の助触媒作用も Ni との複酸化物生成を経由して発現すると考えられる．

(5) カルシウムの助触媒効果（Ⅱ）[23,24]

図14は図10に対応する炭化物の収率変化である．最大収率を与える Ca/Ni 比が Ni 量によって変動するのは，図15で表されるように炭素の結晶化（収率の増加）とガス化（L_c の減少，収率

第4章 リグニン応用技術の新展開

の低下）が並発し，Ca量が両触媒反応の速度比を決定する結果として理解される。問題は高Ca量におけるガス化促進であり，これが事実とすればNiを活性化する化学的作用（図10）とは別の作用がその要因となる。図16はLC炭の代表的なSEM-EDX写真であり，Caの存在がNi粒子の凝集を抑制するという見解を支持すると共に炭化物構造を崩壊することを示している。この構造崩壊はCa量が多いほど激しい傾向にあることから，このことが炭素のガス化を優勢に導く主因と考えられ，次の説明で納得される。即ち，Caの熱膨張によって発生した熱応力が炭化物構造の崩壊を引き起こし，炭素マトリックス内部の炭素原子の拡散移動を容易化してNiが触媒作用を発揮する上で好都合となるが，それが過度であれば生成した結晶炭素は引き続きNiの作用を受けて非晶化さらにはガスに分解する。Caの増加は全体としてのNiの触媒効果増大につながり，Caの役割として炭素原子の拡散移動促進という物理的作用が追加された。

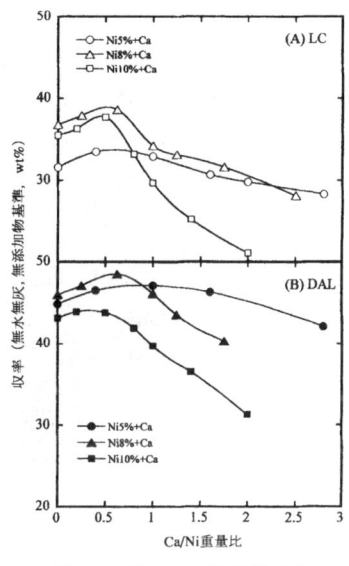

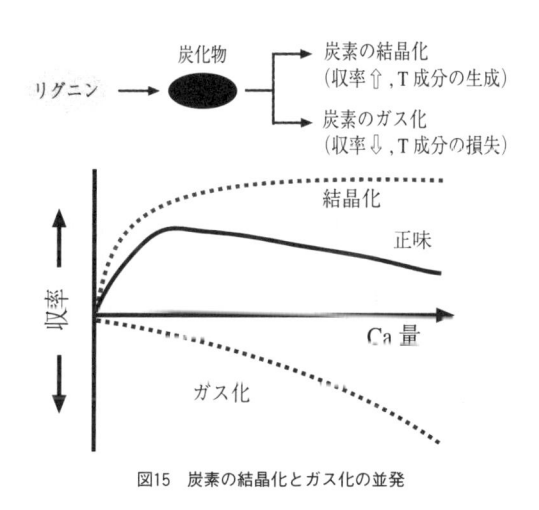

図14　LC炭とDAL炭の収率変化

図15　炭素の結晶化とガス化の並発

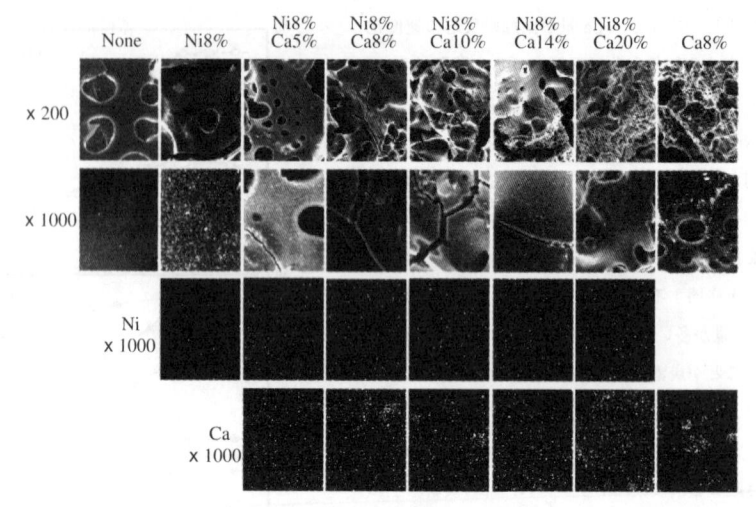

図16 Ni8%含有LC炭のSEM-EDX写真

(6) カルシウムの助触媒効果（Ⅲ）[23,24]

　目的生成物をより低温度短時間の処理で生産できれば，操業採算性が向上することは言うまでもない。炭化温度，時間が異なればNi，Caの適正量も異なるであろうが，ここでは900℃-1hのNi 8％＋Ca 8％（添加量はNi 3％＋Ca 3％）を使ってLCからのT成分生成に及ぼす温度，時間の影響を調べた。図17(A)，(B)はそれぞれ700-950℃で1h，900℃で0-1.5hで得られた炭化物のX線回折図を示しており，炭化物の収率と炭素の結晶構造データは表3に与えた。T成分は900℃-1hで最も効果的に生成したが，これまでの結果に基づいて作成したLc-EMSの相関図

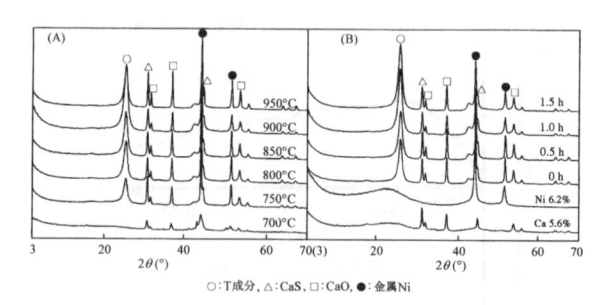

図17　(A)700-950℃/1h，(B)900℃/0-1.5h炭化で得られたNi＋Ca添加LC炭のX線回折図

第4章 リグニン応用技術の新展開

表3 種々の炭化温度,時間で得られたLC炭の収率と炭素の結晶構造

温度/時間 (℃/h)	含有量(%)	収率[a] (wt%)	Lc (Å)	d002 (Å)
900/1.0	無添加	24.9	<10	3.81
900/1.0	Ni 6.2	31.3	<10	4.06
900/1.0	Ca 5.6	34.6	<10	4.02
700/1.0	Ni 6.6, Ca 6.6	29.2	<10	4.05
750/1.0	Ni 6.8, Ca 6.8	28.4	69	3.42
800/1.0	Ni 7.6, Ca 7.6	25.2	119	3.42
850/1.0	Ni 7.7, Ca 7.7	25.0	138	3.40
900/1.0	Ni 8.0, Ca 8.0	24.2	196	3.37
950/1.0	Ni 9.7, Ca 9.7	20.0	127	3.41
900/0	Ni 7.8, Ca 7.8	24.9	151	3.40
900/0.5	Ni 7.9, Ca 7.9	24.8	164	3.39
900/1.5	Ni 8.1, Ca 8.1	24.1	197	3.36

[a] 無水無灰,無添加物基準

($Lc>100Å$で800MHzのS.E.$>30dB$)によれば800℃-1h,900℃-0hでもEMS性能は実用レベルにある。従って,EMS用T成分は900℃以下-1h以内で製造できることがわかった。なお,図17のプロファイルにはCaSが認められ,LC中の残留硫酸に由来するSがCaによって捕捉されたことを示している。Sの捕捉によるNi被毒の防止もCaの重要な助触媒作用として見逃すことはできず,このNi+Ca炭化のリグニンスルホン酸への適用可能性をほのめかしている。

5.2.4 おわりに

リグニンのNi触媒炭化によるEMS用T成分(導電性結晶炭素)製造では助触媒が決定的な役割を演じ,Caが極めて優れた助触媒であることが判明した。Caの作用機構の詳細はまだ不明の点があるが,価格を考慮するとCa化合物はおそらく最も適した助触媒であり,今後Ni+Ca炭化の重点はプロセスの実用化へと移る。最大の課題は市場性を有する実製品の開発であり,その製品化フロー(図18)を想定すると炭化物粉砕後のNi,Caの回収・再使用と成形用高分子

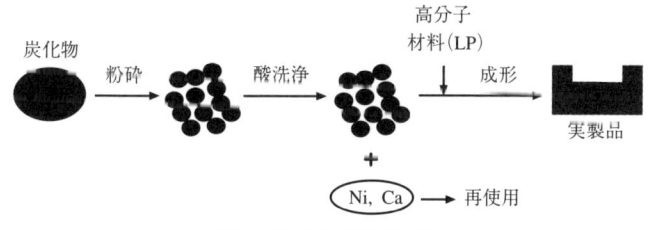

図18 想定される製品化工程

材料の選定が検討事項となるが，後者については熱軟化温度の低い LP の使用を視野に入れている。

文　　献

1) 浦木康光,「ウッドケミカルスの最新技術」, 飯塚尭介編, シーエムシー (2000), pp. 178-193
2) J. F. Kadla, S. Kubo, R. D. Gilbert, R. A. Venditti, 'Chemical Modification, Properties, and Usage of Lignin', ed. T. Q. Hu, Kluwer Academic/Plenum Publishers (2002), pp. 121-137
3) 大谷朝男, 炭素1980 (No. 102), 118 (1980)
4) 白石　稔,「改訂炭素材料入門」, 炭素材料学会 (1984), pp. 29-40
5) T. Suzuki, et al., Mat. Sci. Res. International, **7**, 206 (2001)
6) 清水康敬, 杉浦行,「電磁妨害波の基本と対策」, 電気通信学会 (1995)
7) M. Funaoka, Polymer International, **47**, 277 (1998)
8) 舩岡正光,「ウッドケミカルスの最新技術」, 飯塚尭介編, シーエムシー (2000), pp. 138-157
9) 永松ゆき子, 舩岡正光, 繊維学会誌, **57**, 54, 75 (2001)
10) 岩井善弘,「電磁波障害と対策」, 東洋経済新報社 (1997)
11) 二俣正美, 中西喜美雄, 鴨下泰久, 林幸成, 高温学会誌, **24**, 179 (1998)
12) ASTM Designation, ES7-83 American Society of Testing and Materials (1983)
13) 上村銑十郎, 工業材料, **36**(4), 66 (1988)
14) 中川威雄, 小川浩幸,「電磁波シールド技術」, 檜垣寅雄編, シーエムシー (1982), pp. 153-193
15) 長澤長八郎, 木材工業, **51**, 188 (1996)
16) 持田　勲,「炭素材の化学と工学」, 朝倉書店 (1990), pp. 135-139
17) 炭素材料学会,「カーボン用語辞典」, カーボン用語辞典編集委員会編, アグネ承風社 (2000), pp. 247-248
18) X. -S. Wang, T. Suzuki, et al., Mat. Sci. Res. International, **8**, 249 (2002)
19) 鈴木勉, 王暁水, 舩岡正光,「電磁波シールド材料及びその製法」, 特願2001-148074 (2001)
20) X. -S. Wang, N. Okazaki, T. Suzuki, M. Funaoka, Chem. Letters, **32**, 42 (2003)
21) T. Suzuki, et al., Fuel, **77**, 763 (1998)
22) X. -S. Wang, T. Suzuki, M. Funaoka, Mat. Sci. Res. International, **10**, 48 (2004)
23) 王暁水, 博士学位論文, 2004年3月, 北見工業大学
24) 鈴木勉, 王暁水, 高澤直弘, 舩岡正光, 科学技術振興機構戦略的創造研究 (CREST) 研究領域資源循環・エネルギーミニマム型システム技術舩岡プロジェクト「植物系分子素材の高度循環活用システムの構築」最終報告講演会要旨集, pp. 41-50 (2004)

第5章 糖質の新しい応用技術

1 バイオナノファイバー：セルロースミクロフィブリルの可能性

矢野浩之[*1]，アントニオ・ノリオ・ナカガイト[*2]
岩本伸一朗[*3]，能木雅也[*4]

1.1 未来型資源：木質

21世紀に入り，資源・エネルギーの枯渇が深刻度を増している。地球温暖化等，環境の危機的状況も顕在化してきた。これに対処する唯一の道は，環境保全と資源の持続的利用を図る環境共生型社会への変革であり，それを支えるのは，水と二酸化炭素から太陽の恵み（太陽エネルギー）によって無公害的に生産される植物資源である。

光合成により生産される有機物は，植物，動物，微生物などの形態変化を伴いながら地球上に大きな循環系を形成しているが，その物質循環に組み込まれているすべての生物有機物（バイオマス）の主体は植物であり，それは実に全バイオマス量の99.9％に及ぶ。さらに，その約92％（1兆7,000億トン）までが樹木である[1]。

この様な資源の持続性に加えて，今後さらに高まる社会的要求として，製造の過程あるいはその使用，廃棄の過程における環境・人体への安全性がある。環境ホルモンやフロンガスを例に挙げるまでもなく，人類が作り出した物質には，突然その有害性，毒性が明らかになることが少なくない。この点において，木質は，原始からの人類との長い関わりが保証している様に，人体への有害性が少ない材料である。また，植物は4～5億年も前に陸上に現れ，その時間の長さは植物を取り巻く環境にいる菌や微生物が進化によって木質を分解し，養分とすることを可能にした。これにより，木質は，生分解性で，地球環境の物質循環に取り込まれやすい，環境調和性にすぐれた材料となった。

これらのことから，今後，木質資源を基材とした材料への依存度はますます高まると考えられる。その様な状況下，我々はこの未来型資源：木質を，どの様に利用していけばよいのだろうか。

---

*1 Hiroyuki Yano 京都大学 生存圏研究所 生物機能材料分野 教授
*2 Antonio Norio Nakagaito 京都大学 生存圏研究所 生物機能材料分野
*3 Shinichirou Iwamoto 京都大学 生存圏研究所 生物機能材料分野
*4 Masaya Nogi 京都大学 国際融合創造センター 研究員

1.2 木質の本質 ―高強度,低熱膨張,環境調和性―

　木質が,金属,セラミックス,ガラスといった工業材料と大きく異なる点は,人間が創り出した材料では無いということである。長い時間をかけて行われてきた進化・環境適応の結果として,今の植物,樹木はある。すなわち,どの樹木にもその様な構造,物性を有するに至った必然がある。漠然とした言い方ではあるが,その必然を軸とし,「樹の気持ち」にたって,なぜ樹木がその様なミクロからマクロにいたる構造をとる必要があったのか,を考えることが,材料としての木質の利用においては重要である。

　この観点から,樹木や木質の構造を眺めると,進化の過程で植物が獲得した特性の一つが高強度であることがわかる。樹木は,この地球上でもっとも巨大な生き物で,空に向かってすくっと伸びた樹木には,120mに達するものもある。水をたっぷり含んだ状態では,その重さは数百トンにもおよぶ。それが風が吹いても,雪が積もっても,倒れることなく何百年と立ち続ける。その姿は,樹木には強靱な,しなやかな特性を発現する必然的な構造が,その基本構成要素にあることをうかがわせる。

　樹木の基本構成要素である細胞は,図1に示す様に極めて精緻に造り上げられている。細胞壁の基本骨格は,幅4nmのナノファイバー,セルロースミクロフィブリルである。ミクロフィブリルでは,セルロース分子鎖が伸びきり鎖となり水素結合により微結晶構造を形成している。木材繊維から製造したパルプ(クラフトパルプ)において,密度1.5前後で,1.7GPaを越える引張強度が得られていることから[2],ミクロフィブリルの強度は2GPaを上回ることがわかる。また,セルロース結晶について求めた弾性率は約140GPaである[3,4]。これらの密度,弾性率,強度は,代表的な高強度繊維であるアラミド繊維(ケブラー繊維)とほぼ等しい[5]。

　さらに特筆すべきことは,セルロースミクロフィブリルの熱膨張の低さである。セルロースミクロフィブリルの線膨張係数について,西野は0.1ppmという,石英ガラスに匹敵する値を推定している(実験的に測定困難なほど低いため推定値である[6])。何トンにも達する樹体を長い時間にわたり支える細胞壁骨格物質:セルロースミクロフィブリルが,高強度,高弾性であるばかりでなく,熱的寸法安定性にも優れているという事実は,そうでなければ何億年にもわたり樹木がその種をつないでこられなかったことの証左であり,ここにもまた,セルロースミ

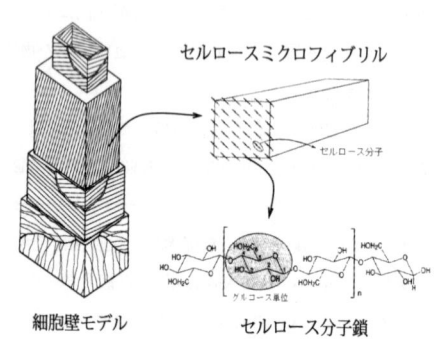

図1　木材細胞壁の構造

第5章 糖質の新しい応用技術

クロフィブリルが優れた特性を有する必然を感じないではいられない。

このようなことから，我々は，環境共生型社会を支える新素材として，セルロースミクロフィブリルを基本単位とした材料開発を進めている。これまでに，鋼鉄の1.5倍の強度を有する一軸配向型高強度材料や，セルロースミクロフィブリルが数本から数十本の束となり，さらに，クモの巣状のナノネットワークを形成している繊維：ミクロフィブリル化セルロースを用いた高強度複合材料の開発を進めてきた。また，最近では，熱機械的特性，光学的特性においてユニークな特性を発現する透明繊維強化材料の開発にも成功した。それらは，より高次の構造を有するパルプでは発現しない特性であり，また，伸びきり鎖結晶構造が消失したセルロース誘導体ではもはや得られない特性である。以下に，これらの材料について紹介する。

1.3 高強度木材

1.3.1 樹脂含浸・圧密木材[7,8]

木材を基材とした高強度材料として，木材にフェノール樹脂を含浸後，熱圧密する樹脂含浸・圧密木材がある。圧縮による木材の圧密処理は，強度特性，耐摩耗性等の向上に関係して，1930年代から研究されている。代表的な材料はCompreg（単板積層圧密木材）である。これは，薄板（ベニヤ）に水溶性あるいはアルコール溶性低分子量フェノール樹脂を含浸後，積層して7～10MPaで圧密したもので，低分子量のフェノール樹脂は木材細胞壁中に主として保持され，熱硬化前は可塑剤として作用し，続く圧密後の硬化によって変形した細胞を固定する。圧密に伴って曲げヤング率や曲げ強度はほぼ直線的に増大する。

我々は，さらに低分子量フェノール樹脂木材を高圧力（例えば50M－80Pa）で密度1.4g/cm³近くにまで熱圧締すると，木材中の水分量が無処理木材の1/10あるいは圧密を行っていない樹脂含浸木材の1/4にまで低下することを見いだした。これは，極限近くまで圧密すると，木材構成成分間の相互作用が木材中の水酸基に水分子がアクセス出来ないほどにまで増大することを示している。この様な極限までの圧密では，ヤング率や曲げ強度だけでなく，それを比重で除した値，すなわち比ヤング率，比強度もそれぞれ15％および30％増大する。

1.3.2 音速による原材料の選別[9]

多くの樹種について，上記の手法に従って密度1.4g/cm³近くまで圧密すると，樹種によって圧密材繊維方向のヤング率は大きく異なり，また，ヤング率と曲げ強度との間に高い相関関係が得られる（図2）。このことは，細胞空隙が無くなった状態では，木材の強度特性は細胞壁の質に強く依存することを示唆している。木材では，樹種によって，あるいは同一樹種でも個体や部位によって，細胞壁中での鉄筋成分：セルロースミクロフィブリルの配向角が異なる。このためミクロフィブリルが繊維方向により配向した材料（フィブリル傾角が小さい）を原料とするほど，

175

圧密後に高強度が得られる。

　木材では比ヤング率と二次壁中層のミクロフィブリル傾角との間に高い負の相関関係が存在することから，フィブリル傾角の小さい木材を音速（比ヤング率の平方根）によって選別することで，より高強度の木材を製造できる。図2に示したドイツトウヒ，ダグラスファー1は，無処理時の音速が大きかったサンプルであるが，それぞれ，樹脂含浸・圧密後には，曲げヤング率50GPa前後において，520-540MPaの曲げ強度に達している。この値は，構造用軟鋼（密度7.8g/cm^3）の強度，400MPaを大きく上回る。また，ダグラスファー1とダグラスファー2は，同一樹種であっても無処理時の音速が大きく異なっており，それに比例する差異が圧密後の曲げ強度においても認められる。

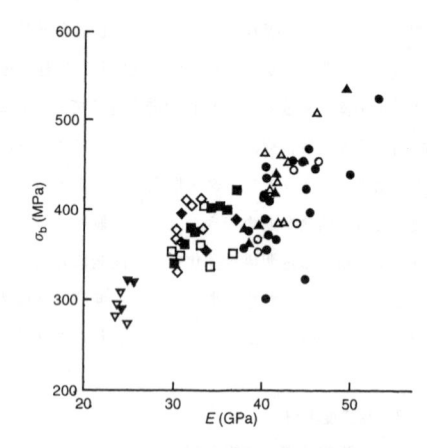

図2　樹脂含浸・圧密木材における繊維方向のヤング率と曲げ強度の関係[9]
黒印：10％濃度樹脂溶液処理材，白印：20％濃度樹脂溶液処理材。圧縮圧力：30および50MPa。●，○：ドイツトウヒ，▲，△：ダグラスファー1，▼，▽：ダグラスファー2，■，□：ジャトバ，◆，◇：マカンバ。

1.3.3　脱成分処理[10〜12]

　樹脂含浸・圧密木材のさらなる高強度化は，ヘミセルロースやリグニンといった成分の除去処理（高強度繊維：ミクロフィブリルの相対量増大）により可能である。

(1)　高温・高圧アルカリ処理[10]

　フープパインを水酸化ナトリウム水溶液あるいは水酸化ナトリウム・硫化ナトリウム混合水溶液中，120〜170℃で4〜8時間処理し，主としてヘミセルロースを取り除き，それを樹脂含浸・圧密処理すると，水酸化ナトリウム溶液のみで処理した試料では，ヘミセルロースが除去されているにも関わらず，無処理材との間で強度特性に差が認められない。ヘミセルロースと同じ多糖類のセルロースミクロフィブリルに損傷が生じ，それがミクロフィブリル相対量増大の効果を相殺していると考えられる。これに対して，クラフトパルプ製造で使用される水酸化ナトリウム・硫化ナトリウム混合水溶液で処理した場合は，20％程度の重量減少が得られた120℃あるいは135℃処理で，無処理樹脂含浸・圧密試料より20％程高いヤング率ならびに曲げ強度が得られる。しかし，より高温での処理では，重量減少率の増大にも関わらず，それに対応する曲げヤング率，曲げ強度の向上は認められず，セルロースミクロフィブリルの損傷が有意になっている。

第5章 糖質の新しい応用技術

表1 亜塩素酸ナトリウム溶液による前処理と亜塩素酸ナトリウム溶液・水酸化ナトリウム溶液複合前処理の樹脂含浸・圧密木材の物理的性質および繊維方向の強度特性における効果[11]

Treatment	NaClO$_2$ treatment			WL (%)	WPG (%)	γ		MOE (GPa)		MOR (MPa)	
	Conc. (%)	Temp. (℃)	Time (hr)			Ave	SD	Ave	SD	Ave	SD
Control	—	—	—	—	24.7	1.36	0.02	26.1	0.8	317.4	8.0
NaClO$_2$	1.0	45	12×3	14.0	22.5	1.40	0.01	31.5	1.3	381.9	12.6
NaClO$_2$	2.0	45	12×3	24.3	21.4	1.40	0.02	36.2	1.2	441.3	16.1
NaClO$_2$→ NaOH	1.0	45	12×3	29.8	25.0	1.40	0.00	38.7	0.3	453.7	10.3

NaClO$_2$→ NaOH：1％濃度亜塩素酸ナトリウム処理後に，0.1％濃度水酸化ナトリウム溶液に浸漬。
WL（％）：重量減少率，WPG（％）：重量増加率，γ：比重，MOE：曲げヤング率，MOR：曲げ強度。
Ave：平均値，SD：標準偏差。

(2) 亜塩素酸ナトリウム処理[11, 12]

セルロースの損傷がアルカリ処理より少ない脱リグニン処理を用いると，より高強度の圧密木材を得ることができる。リグニンを選択的に分解する亜塩素酸ナトリウム処理の効果について表1に示す。1％あるいは2％濃度の亜塩素酸ナトリウム水溶液中，45℃，12時間の処理を3回繰り返しおこなっている。処理による重量減少率は14％および24％である。

強度特性は脱リグニン量（重量減少率）の増加とともに向上し，2％亜塩素酸ナトリウム水溶液で処理した試料は,成分除去処理のない試料よりも40％程高いヤング率および曲げ強度を示す。

さらに1％濃度での亜塩素酸ナトリウム処理後（重量減少率：14％）に，穏和なアルカリ処理（0.1％濃度の水酸化ナトリウム水溶液に室温で24時間浸漬）を行うと重量減少率は30％に達し，樹脂含浸・圧密後の曲げ強度は450MPaに達する。これは，脱成分処理を行っていない樹脂含浸・圧密材より45％程高い。この複合処理を，音速によって選別したドイツトウヒ材（音速5,600m/s）について行うと，樹脂含浸・圧密材の曲げヤング率および曲げ強度は，それぞれ最大で62GPaおよび670MPaに達する。

1.4 ミクロフィブリル化植物繊維成型材料

1.4.1 ミクロフィブリル化植物繊維

上述の曲げ強度670MPaを示した試料は，その応力・ひずみ曲線が，破壊強度の70％あたりから非線形となり，応力に対しひずみの増大が大きくなる。このことは，破壊応力の70％あたりから，微小な破壊が生じていることを示唆している。ミクロフィブリルは引張強度が2GPa以上はあると考えられるので，その様な破壊は，より高次の構造，例えば，壁孔や放射組織と仮道管の接合部といった構造的欠点が起点となっている可能性が高い。木材や植物繊維を原料とした高強度材料製造では，この様な欠点の除去が重要である。その観点に立った原材料が，クラフトパ

ルプをさらに解繊し，壁孔などの欠点の存在しないエレメントとした，ミクロフィブリル化繊維である。

ミクロフィブリル化繊維（あるいはミクロフィブリル化セルロース：MFC）は，食品添加剤やパルプ添加剤あるいは増粘剤として開発，研究されてきた[13-16]。図3に原料パルプとMFC（30times treated kraft pulp）を示す。ここでは，パルプを水中に分散させリファイナーで予備破砕した後，高圧ホモジナイザーによりミクロフィブリル化を進めている。ミクロフィブリル化の程度は，ホモジナイザーを通過させる回数により制御される。パルプ繊維はミクロフィブリル化処理後，写真に見られる様に「伸びきり鎖の束が連続して形成するナノレベルでのクモの巣状ネットワーク」を示す。

1.4.2 MFC・フェノール樹脂複合成型物[17, 18]

MFC・フェノール樹脂複合成型物の応力－ひずみ曲線を，原料パルプで製造した成型物のそれと比較して，図4に示す（パルプ成型物（左）とMFC成型物（右））。MFC（ホモジナイザー14回通過）あるいはその原料パルプを水中に均一分散させ，フィルターを用いて脱水・造膜してシート化した後，フェノール樹脂を含浸し積層熱圧（100MPa，160℃）している。ともに密度は約$1.5 g/cm^3$である。

パルプ成型物とMFC成型物の最大到達ヤング率は共に19GPaで変わらない。しかし，MFC成型物は破壊までのひずみが飛躍的に増大し，その結果，曲げ強度は，パルプ成型物の260MPaに対して400MPa近くにまで達する。これは，軟鋼に匹敵する強度（軟鋼の密度はMFC成型物

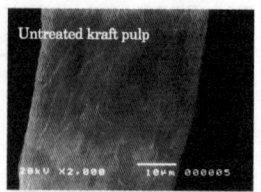

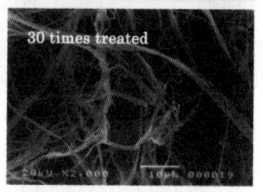

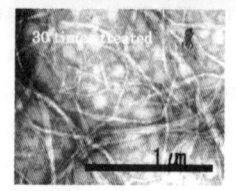

図3 パルプとミクロフィブリル化繊維（MFC）

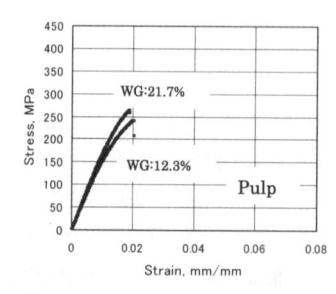

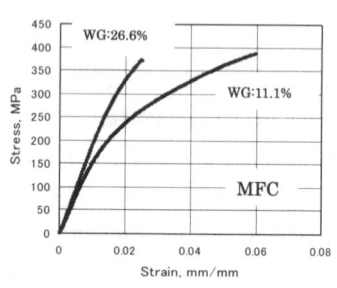

図4 MFC・フェノール樹脂複合成型物（右）とパルプ・フェノール樹脂複合成型物（左）の曲げ変形挙動
　　WG：フェノール樹脂含浸による重量増加率

第5章 糖質の新しい応用技術

の約5倍）である。
　MFC成型物の破壊ひずみは添加したフェノール樹脂量によって大きく変化し，樹脂添加量10％前後では，きわめて粘り強い破壊様式を示す。SEM観察では，MFC成型物の破断面がナノレベルで毛羽立っていることが認められ，繊維が少しずつ互いにすべるようにしながら破壊している様子がうかがわれる。これは従来の木質材料にはない，ユニークな破壊形態である。ミクロフィブリル化繊維はナノレベルでクモの巣状ネットワーク（単位繊維あたりの表面積が重要）を形成している。このため，繊維間に多数の点で水素結合や分子間力による結合が形成され，高い相互作用が発現し，そのため繊維同士が滑りながら徐々に破壊が進行する形となっていると考えられる。その結果，伸び切り鎖結晶に由来する高強度が発現し，破壊までの仕事量が大きい，高じん性，高衝撃吸収性の材料となる。

1.4.3　MFCのみでの成型物製造[9]

　MFCのみでも成形物を製造できる。例えば，遠心脱水によりMFCの固形分濃度を10％程度にまで高めてから，ポーラスメタルを下面に設置した金型に入れ，含水率約100％にまで水を絞り出す。これを含水率2％にまで乾燥し，その後，150℃，100MPaで30分間圧縮する。原材料のミクロフィブリル化の程度（ホモジナイザーの通過回数で制御）が進むにつれて成型物の外観はプラスチック様に変化し，ホモジナイザー通過回数，10回以降では，厚さ2mm程度で光を透過する様になる。

　成型物の密度は，フィブリル化に伴って無処理パルプ成型物の密度$1.25g/cm^3$から$1.48g/cm^3$にまで増大する。各成型材料の曲げ弾性率（MOE）および曲げ強度（MOR）と保水率との関係を図5に示す。横軸の保水率は，固形分濃度2％に調整した試料を遠心分離器により1,000Gで15分間処理した後の含水率で，フィブリル化の指標である。通常，紙では，紙強度を増大させる目的で叩解が行われるが，その程度はCSF（カナダ標準型ろ水度，ml）で400～500程度までである。これはPFIミル処理では保水率150％程度に相当する。これに対して，高圧ホモジナイザー処理では，パルプの保水率は500％にまで増大する。

　図に示すように強度特性は保水率の増大に伴って無処理パルプの約5倍にまで直線的に増大し，MFC成型物の曲げヤング率は16GPaに，曲げ強度は250MPaに達する。ミクロフィブリルのオーダー近くにまで解繊されたパルプ繊維同士が，クモの巣状のネットワーク構造を保ちながら水分除去されることで，多数の点において水素結合が形成され，接着剤等を添加しなくても繊維間に強い相互作用が働くようになったと考えられる。

1.4.4　MFC・酸化デンプン，MFC・ポリ乳酸樹脂複合成型物[19,20]

　環境負荷の少ないバインダーとして，酸化デンプンをMFC重量に対して2％添加した結果について図6に示す。酸化デンプンを混合したMFCをバインダーを用いない成型物製造と同様の

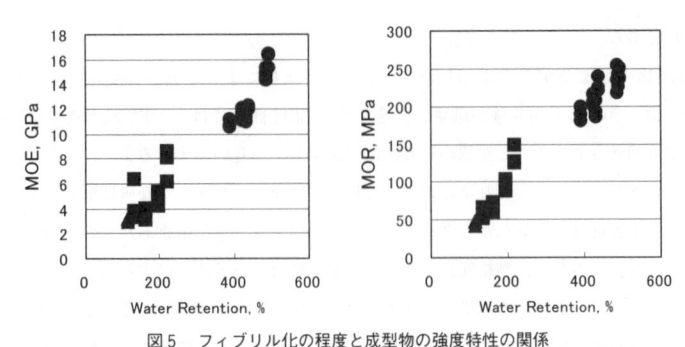

図5 フィブリル化の程度と成型物の強度特性の関係
▲：無処理パルプ，■ PFIミル処理パルプ，● : MFC．Water Retention：保水率（％）

方法で脱水後，120℃，20MPaの条件で60分間，圧縮している。酸化デンプンが可塑剤として作用し，圧縮圧力20MPaでも密度は1.5g/cm^{3}近くにまで達する。曲げヤング率は12.5GPaであったが，破壊ひずみはデンプン無添加の時の倍以上にまで増大し，曲げ強度は320MPaに到達する（図6，MFC＋2％Starch）。

MFCと熱可塑性生分解性プラスチック繊維（ポリ乳酸：PLA，ユニチカファイバー製，融点170℃）を水中で混抄し，フィルター濾過によりシートとし，それを重ね，熱圧（圧締圧力20MPa，170℃，10分間）すると，複合材料の曲げヤング率，曲げ強度はそれぞれ17.5GPaおよび270MPaに達する。これはポリ乳酸単体の3倍以上の弾性率，強度である。

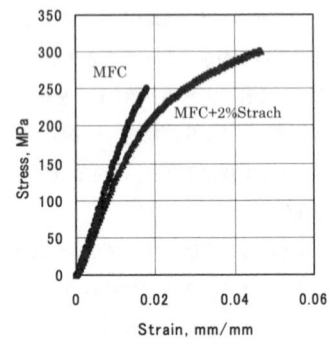

図6 酸化デンプンを添加したMFC成型物の曲げ変形挙動

1.4.5 バクテリアセルロース・フェノール樹脂複合成型物[21]

セルロースミクロフィブリルは，バクテリア（酢酸菌）によっても産出される。バクテリアセルロースと呼ばれる幅50nmの伸びきり鎖で出来たナノファイバーである（図7）。ナタデココといった方が馴染みがあるかもしれない。身近なデザート食品である。バクテリアセルロースから水を絞り出し，乾燥したシートはヤング率が30GPa近くもある[22]。

バクテリアセルロースシートにフェノール樹脂を含浸し，それを積層熱圧縮して得た成型物の強度特性を図8に示す。図では，重量増加率8.7％のシート積層物を80MPa，160℃で圧縮して製造した試料（BC-PF，密度1.46g/cm^3）と，同程度のフェノール樹脂重量増加率で製造したMFC

第 5 章　糖質の新しい応用技術

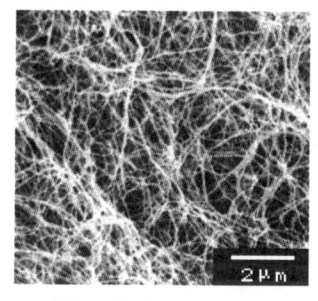

図7　バクテリアセルロース

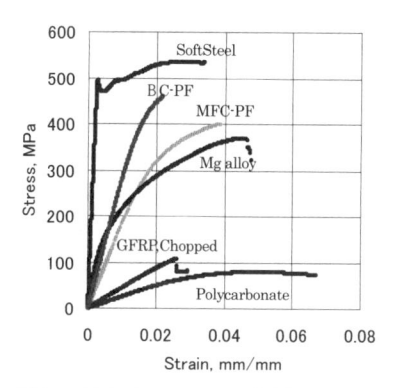

図8　バクテリアセルロース成型物，MFC 成型物と他材料の曲げ変形挙動の比較

成型物（MFC-PF，密度1.48g/cm^3）を比較している。図より，BC 成型物のヤング率は約30GPaで，MFC 成型物の約1.5倍に達することがわかる。MFC および BC シートに関する SEM および AFM 観察から，MFC 成型物と BC 成型物のヤング率差は，ミクロレベルでのモルフォロジーの違いによるといえる。すなわち，BC シートでは，ナノファイバーによる連続したネットワーク構造が，ナノからミクロのレベルまで均一に形成されており，繊維間での力の受け渡しが効率よく行われていることが推測される。BC 成型物の破壊強度は最大で460MPa を示した。この値は再生可能な生物資源から得られる面内無配向材料としてはもっとも高いと思われる。しかし，BC 成型物は MFC 成型物と比較すると，破壊までのひずみが小さく，比較的脆い。

1.4.6　他材料との比較

以上の MFC，BC 成型物について，曲げ強度試験時の応力-ひずみ曲線を，構造用鋼（Soft Steel, SS400），マグネシウム合金（Mg alloy, AZ91, T6処理），GFRP（チョップドファイバー），ポリカーボネートと比較して図8に示す。BC や MFC を用いたミクロフィブリル成型物（密度：1.45-1.50g/cm^3）は，ポリカーボネート（密度：1.2g/cm^3）や GFRP, Chopped（密度：1.2g/cm^3）の3～5倍の曲げ弾性率，曲げ強度を有し，マグネシウム合金と類似した応力-ひずみ挙動を示す。マグネシウム合金は携帯電話やノート型パソコンの躯体等に使用されている，軽量かつ高強度の先端的金属材料である。密度は1.8g/cm^3。すなわち，フェノール樹脂複合 MFC，BC 成型物は，比強度ではマグネシウム合金を大きく上回り，構造用軟鋼（密度7.8g/cm^3，ヤング率210GPa，強度500MPa）と比べるとヤング率は2.5分の1であるが，比強度は4倍に達する。

1.5 ナノファイバー繊維強化透明材料[23]

携帯電話やモバイルコンピュータといった情報関連機器の急激な進歩に伴い，ディスプレイ材料や光通信関連部材に用いられる透明材料には，フレキシブルでかつ低熱膨張，高強度といった，既存のガラスやプラスチックでは得られない特性が求められる様になっている。光の波長に対して十分に小さなコンポーネントは光散乱を生じないことから，これまでゾル・ゲル法による低熱膨張の無機材料とプラスチックとの複合化やエレクトロンスピニング法で作成したナノファイバーによるプラスチックの補強などが検討されてきた。しかし，いずれも十分な特性は得られていない。

これに対し，最近，我々は脱水乾燥したバクテリアセルロースシートにアクリル樹脂，エポキシ樹脂等の透明樹脂を含浸し硬化させると，繊維を60-70%も含有しながら，波長500nmで約90%の光透過率を示す透明ナノコンポジットが得られることを見出した（図9）。これは，バクテリアセルロースが，幅50nmと可視光波長に対して1/10のサイズであることによる。さらに，セルロースミクロフィブリルが高強度，高弾性，低熱膨張繊維であるため，この透明複合材料は，シリコン結晶に匹敵する低い熱膨張係数（3-7 ppm）を有し，鋼鉄並の強度（引張強度で330MPa）で，高弾性（21GPa）かつフレキシブルである。ガラスの脆さ，ポリマーの高熱膨張を克服した新しい透明素材として，幅広い用途への展開が期待できる。

1.6 おわりに

本稿では，地球上で最も豊富なバイオナノファイバー：セルロースミクロフィブリルをベースにした高機能・高性能のナノコンポジットを紹介した。本項で紹介した様に，セルロースミクロフィブリルを基材とした材料は，人類の未来に大きく貢献する可能性を秘めている。筆者は，これまでに蓄積された木材科学，セルロース科学，複合材料学を，この地上で最も豊富なナノファイバーに注げば，木材産業，紙・パルプ産業，リグノケミカル産業に次ぐ第4の新産業が開拓される可能性は高いと考えている。

謝辞：高圧ホモジナイザー処理をお世話いただいたダイセル化学工業㈱，PLA繊維をご提供いただいたユニチカファイバー㈱，バクテリアセルロースをご提供頂いたフジッコ㈱，電顕写真をお世話いただいた京都大学生存圏研究所，杉山淳司博士に深く感謝いたします。

図9 バクテリアセルロースで補強した繊維強化透明材料

第5章 糖質の新しい応用技術

文　献

1) 坂志朗, "バイオマス・エネルギー・環境", 坂志朗編, アイピーシー, 東京, p.54-55, (2001)
2) D. H. Page, F. EL-Hosseiny, *J. Pulp Paper Sci.*, **9**, 99(1983)
3) I. Sakurada, Y. Nukushima, T. Ito, *J. Polym. Sci.*, **57**, 651(1962)
4) 中前勝彦, 西野孝, Cellulose Communications, **5**, 73(1998)
5) 三木光範ほか3名, "複合材料", 共立出版, 東京, p.9, (1997)
6) 西野孝, パーソナルコミュニケーション, (2003)
7) H. Yano, M. Ozaki and T. Hata, *Holzforschung*, **51**, 287(1997)
8) H. Yano, K. Mori, P. J. Collins and Y. Yazaki, *Holzforschung*, **54**, 443(2000)
9) H. Yano, A. Hirose and S. Inaba, *J. Mater. Sci. Letters*, **16**, 1906(1997)
10) 矢野浩之, 広瀬輝, ノエル・クラーク, ピーター・コリンズ, 矢崎義和, 木材学会誌, **47**(4)337 (2001)
11) H. Yano, A. Hirose, P. J. Collins and Y. Yazaki, *J. Mater. Sci. . Letters*, **20**, 1125(2001)
12) H. Yano, *J. Mater. Sci. Letters*, **20**, 1127(2001)
13) F. W. Herrick, R. L. Casebier, J. K. Hamilton, K. R.Sandberg, *J. Appl. Polym. Sci.*, Applied Polymer Symposium, **37**, 797(1983)
14) 福井克任, 機能紙研究会紙, No.24, 5 (1985)
15) T. Taniguchi, K. Okamura, Polymer Int., **47**(3), 291(1998)
16) 松田裕司, 繊維と工業 56, 192 (2000)
17) A. N. Nakagaito and H. Yano, Novel high-strength biocomposites based on microfibrillated cellulose having nano-order-unit web-like network structure, *Applied Physics A*, published on line, 16 July 2003/09/03
18) A. N. Nakagaito and H. Yano, The effect of morphological changes from pulp fiber towards nano-scale fibrillated cellulose on the mechanical properties of high-strength plant fiber based composites, *Applied Physics A*, **78**, 547(2004)
19) H. Yano and S. Nakahara, Bio-composites produced from plant microfiber bundles with a nanometer unit web-like network, *J. Materials Science*, **39**, 1635(2004)
20) H. Yano, S. Nakahara, A. N. Nakagaito, Proceedings of the 6th Pacific Rim Bio-based Composites Symposium, vol.1, Portland, 188, 2002
21) A. N. Nakagaito, S. Iwamoto and H. Yano, Bacterial cellulose, the ultimate nano-scalar cellulose morphology for the production of high-strength composites, *Applied Physics A*, in press.
22) S. Yamanaka, *et al.*, *J. Materials Science*, **24**, 3141(1989)
23) H. Yano, J. Sugiyama, A. N. Nakagaito, M. Nogi, T. Matsuura, M. Hikita and K. Handa, Optically Transparent Composites Reinforced with Networks of Bacterial Nanofibers, *Advanced Materials*, in press.

2 糖質の機能開発

志水一允*

2.1 はじめに

ヘミセルロースはセルロース，リグニンとともに木材細胞壁を形成する低分子量の多糖類である。ヘミセルロースは木材分析法ではペントサン（キシラン）あるいはホロセルロース（セルロース＋ヘミセルロース）として定量される。日本産の主要な針葉樹と広葉樹の成分組成はつぎのようになっている[1]。広葉樹の場合，ホロセルロース含量は65〜83％，α-セルロース含量が37〜53％，ペントサン含量が13〜27％の範囲にある。針葉樹の場合，ホロセルロース含量は59〜75％で，α-セルロースが38〜53％，ペントサン含量が4〜11％になっている。広葉樹では，針葉樹に比べリグニン含量が少なく，ヘミセルロース起源のペントサン含量が多く，ホロセルロース含量が多くなっている。

広葉樹材，針葉樹材の主なヘミセルロースの種別と割合を表1に示した[2]。広葉樹材には20〜30％のヘミセルロースが含まれるが，そのうちの80〜90％がグルクロノキシランである。残りがグルコマンナンで，材に対しておよそ3〜4％含まれる。針葉樹の主なヘミセルロースはグルコマンナン（ガラクトグルコマンナンを含む）とアラビノグルクロノキシランである。材に対して，前者は10〜15％，後者は5〜10％含まれる。

この他に，あて材に含まれるガラクタンとカラマツ心材に特異的に含まれるアラビノガラクタンがある。広葉樹引張あて材は，細胞内腔に高度な結晶性のセルロースからなるゼラチン層（G層）をもち，正常材と異なっている。このG層を持つ繊維のS_1とS_2層では正常材よりグルコマ

表1 主なヘミセルロースの種類

ヘミセルロース	対原木 (%)	対ヘミセルロース (%)
広葉樹		
グルクロノキシラン	20〜35	80〜90
グルコマンナン	<3	<10
針葉樹		
グルコマンナン	10〜15	60〜70
（ガラクトグルコマンナンを含む）		
アラビノグルクロノキシラン	5〜10	15〜30

* Kazumasa Shimizu 日本大学 生物資源科学部 森林資源科学科 バイオマス科学研究室 教授

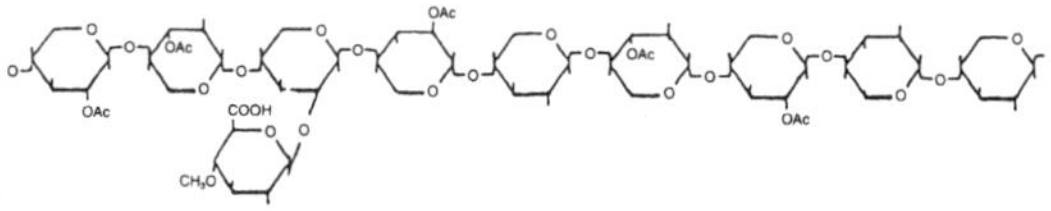

第5章 糖質の新しい応用技術

図1 広葉樹キシラン化学構造

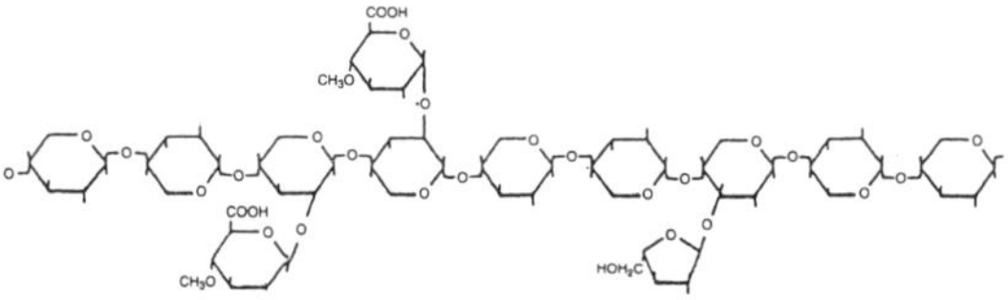

図2 針葉樹キシラン化学構造

ンナンが少なく，ガラクタンがおよそ5％存在する。針葉樹圧縮あて材も解剖学的，物理的，化学的に正常材と異なる。正常材よりリグニンを多く含み，セルロース，マンナンが少なく，ガラクタンをおよそ10％含むことが特徴的である。このガラクタンは仮道管にのみ生じ，柔細胞には生成しない。大半のガラクタンはS_1層とS_2の外層に分布している。

カラマツやタマラック材の心材に，アラビノガラクタンが重量で5～40％存在する。辺材から心材への移行時に，生きている柔細胞中で合成され，仮道官，柔細胞，エピセリウム細胞の内腔に堆積する。細胞壁構成成分である上述のヘミセルロース類とは本質的に異なる。幹の上部より下部に多く，髄から心材-辺材の境界に放射線方向に向けて多くなる。

2.2 木材ヘミセルロースの化学構造[3]
2.2.1 キシラン

キシランは主鎖がβ-1,4-結合したD-キシロース残基（D-Xyl）からなるヘミセルロースである。広葉樹キシラン（グルクロノキシラン，図1）は単一側鎖として，α-1,2-結合した4-O-メチル-D-グルクロン酸残基（4-O-Me-D-GlcA）を持つ。4-O-Me-GlcAとXylの比は1：10。天然状態では，Xyl 10個に対し5～7個の比率で，C-2およびC-3にアセチル基を持つ。平均重合度は150～200。

針葉樹のキシラン（アラビノグルクロノキシラン，図2）は，単一側鎖として主鎖に，α-1,2-結合した4-O-Me-GlcAとα-1,3-結合したL-アラビノフラノース残基（L-Araf）を持つ。ArafとXylの比は1：5～12，また，4-O-Me-GlcAとXylの比は1：5～6個。4-O-Me-GlcA側鎖の比は広葉樹のそれより大きく，その多くは，図2に示すように，隣接した2個のキシロース残

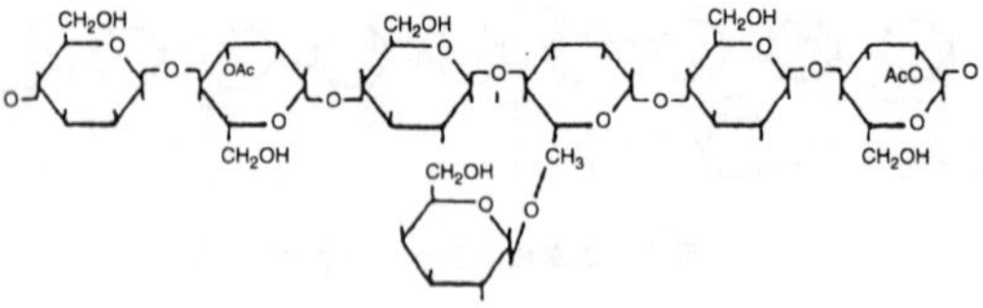

図3 針葉樹グルコマンナンの化学構造

基のそれぞれにつく[4,5]。針葉樹キシランはアセチル基を持たない。熱帯広葉樹材のキシランのなかにはL-Arafも含むものがある。エスパルトグラス，コムギやカラスムギのワラ，トウモロコシの穂軸などのイネ科植物のキシランは，針葉樹キシランと同様，Arafと4-O-Me-GlcA側鎖を持つ。

著者ら[6~8]はシラカバやスプルース材のキシランの還元性末端が β-D-Xylp-(1→3)-α-L-Rhap-(1→2)-α-D-GalpA-(1→4)-D-Xyl の構造を持つことを見出している。また，Shatalovら[9]は，最近，*Eucalyptus globulus* キシランが2-O-α-Galp-4-O-Me-α-D-GlcAp-D-xylan 構造を持つことを報告している[9]。

2.2.2 グルコマンナン

針葉樹グルコマンナンは直鎖の多糖類で，主鎖は β-1,4-結合した D-マンノース残基 (D-Man) と D-グルコース (D-Glc) 残基からなる（図3）。これらの残基に D-ガラクトース (D-Gal) 残基が単一側鎖として α-1,6-結合している。Man と Glc の比は3：1で，主鎖中ランダムに配列している。側鎖 Gal の比率が高いもの（Gal：Glc：Man = 1：1：3）はガラクトグルコマンナンと呼ばれ，その比率の低いもの（Gal：Glc：Man =0.1：1：3）はグルコマンナンと呼ばれる（前者は水に可溶で，後者はアルカリに可溶）。重合度と比施光度はガラクトグルコマンナンの場合40~100，-3.8~$8.2°$の範囲にあり，グルコマンナンで61~126，$-24°$~$-40°$の範囲にある。これらのグルコマンナンは4.3~8.8%のアセチル基を含む。これは置換度 (DS) 0.17~0.36に相当する。このアセチル基は不規則にグルコマンナン中に分布する。

広葉樹グルコマンナンは β-1,4-結合した D-Glc と D-Man 残基がランダムに配列した主鎖からなる。Glc と Man の比は1：1~2。比施光度は約$-30°$，数平均重合度 (DPn) 約70である。広葉樹グルコマンナンはアセチル基を持たないといわれてきたが，最近，Teleman らは，アスペンとシラカンバ材から単離した水可溶性のグルコマンナンが C-2 および C-3 でアセチル化されていることを報告している[10]。

2.2.3 ガラクタン

広葉樹引張りあて材ガラクタンの主鎖は β-1,4-結合した D-Gal よりなる（図4）。主鎖中の

第5章 糖質の新しい応用技術

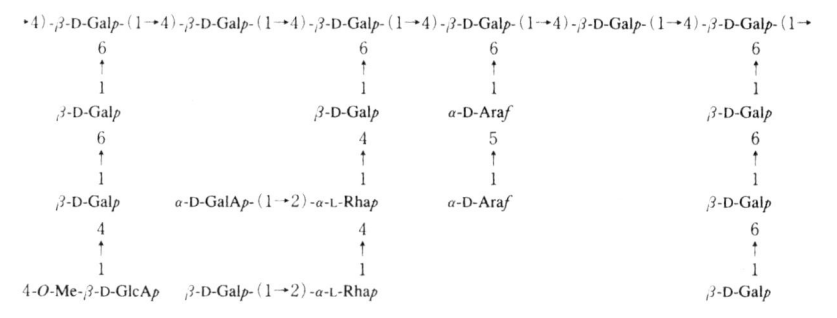

```
→4)-β-D-Galp-(1→4)-β-D-Galp-(1→4)-β-D-Galp-(1→4)-β-D-Galp-(1→4)-β-D-Galp-(1→4)-β-D-Galp-(1→
              6                    6                    6                    6
              ↑                    ↑                    ↑                    ↑
              1                    1                    1                    1
          β-D-Galp              β-D-Galp              α-D-Araf             β-D-Galp
              6                    4                    5                    6
              ↑                    ↑                    ↑                    ↑
              1                    1                    1                    1
          β-D-Galp       α-D-GalAp-(1→2)-α-L-Rhap     α-D-Araf            β-D-Galp
              4                    4                                         6
              ↑                    ↑                                         ↑
              1                    1                                         1
      4-O-Me-β-D-GlcAp    β-D-Galp-(1→2)-α-L-Rhap                         β-D-Galp
```

図4　広葉樹引張りあて材ガラクタンの化学構造

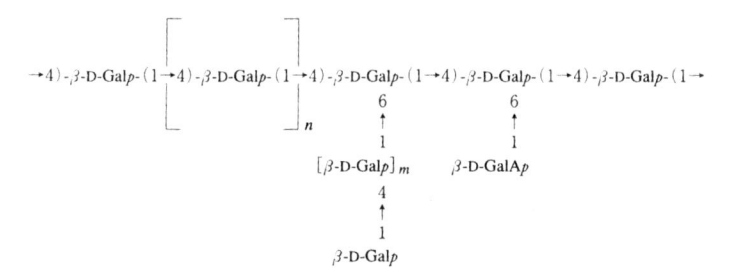

```
    [→4)-β-D-Galp-(1→4)-β-D-Galp-(1→]n  -β-D-Galp-(1→4)-β-D-Galp-(1→4)-β-D-Galp-(1→
                                              6              6
                                              ↑              ↑
                                              1              1
                                         [β-D-Galp]m     β-D-GalAp
                                              4
                                              ↑
                                              1
                                          β-D-Galp
```

図5　針葉樹圧縮あて材ガラクタンの化学構造

D-Gal のあるものは C-6に種々の側鎖を持つ。側鎖の多くは β-1,6-結合した D-Galからなり，末端の Gal の C-4に4-O-Me-GlcA が結合している。その他の側鎖としては L-Rha や L-Araf 残基がある。比施光度 $[\alpha]_D^{25}$ ＋11～16.5°，重合度350～380。

針葉樹圧縮あて材ガラクタンも β-1,4-結合した D-Gal残基の主鎖からなり，C-6で僅かに分岐している（図5）。Gal 20個当たり1個の GalA 残基を単一側鎖として持つ。Gal の C-6に結合している。重合度は200～300。

2.2.4 アラビノガラクタン

主鎖が β-1,3-結合した D-Gal残基からなり，それぞれの Gal の C 6に側鎖を持つ（図6）。主な側鎖は β-1,6-結合した2個の Gal と3-O-(β-L-Arap-) L-Araf である。また，少量ではあるが Gal, Araf, GlcA 残基も単一の側鎖として存在する。Gal と Araf の比は，アラビノガラクタンの起源により異なり，2.6～9.8に渡っている。

一般に，アラビノガラクタンは分子量の大小によってAとBの2グループに分けられる。A

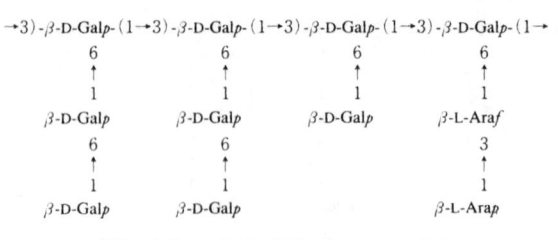

→3)-β-D-Gal*p*-(1→3)-β-D-Gal*p*-(1→3)-β-D-Gal*p*-(1→3)-β-D-Gal*p*-(1→
```
    6              6              6              6
    ↑              ↑              ↑              ↑
    1              1              1              1
  β-D-Galp       β-D-Galp       β-D-Galp       β-L-Araf
    6              6                             3
    ↑              ↑                             ↑
    1              1                             1
  β-D-Galp       β-D-Galp                     β-L-Arap
```

図6　カラマツ心材アラビノガラクタンの構造

は主なもので，重量平均分子量（MW_w）は100,000で，Bはマイナー部でMW_wは16,000である。

低分子量のアラビノガラクタンBは樹齢が高くなるとともに，元来グルコマンナンに結合していたアセチル基が遊離して，この遊離した酢酸でアラビノガラクタンAが加水分解されて生成すると考えられている。

2.2.5　リグニン・炭水化物複合体（lignin-carbohydrate complex）

木材の細胞壁は，親水性の炭水化物ポリマーであるセルロースやヘミセルロースと疎水性の芳香族ポリマーであるリグニンから形成されている。ヘミセルロースはリグニンとマトリックスを形成し，セルロースミクロフィブリル間に堆積している。ヘミセルロースは他の糖に比べて疎水面の大きいガラクトースやマンノース残基からなり，また，一部の水酸基がアセチル化され，疎水性が付与されている[11]。これらのことから，親水性のセルロースと疎水性のリグニンとの中間にあって物理的化学的に相互の馴染みを良くし，細胞壁を強固なものにする役割を果たしていると推定されている。ヘミセルロースとリグニンの化学的結合様式として，ヘキソース残基C-6位の一級水酸基とリグニン側鎖のα位もしくは共役γ位との間のエーテル結合やGlcAカルボキシル基とリグニンのα位もしくは共役γ位との間のエステル結合が推定されている。

2.3　木材ヘミセルロースの抽出方法

ヘミセルロースが細胞壁中でリグニンと物理的化学的結合していることから，木材ヘミセルロースを純粋な形で抽出するには，アラビノガラクタンとある種の広葉樹キシランを除いて，以下に述べるように，脱リグニン処理や分別・精製処理が必要である。

針葉樹材からキシランやグルコマンナンを抽出するには，脱リグニンした針葉樹木粉を1～2％の水酸化バリウムに浸漬し，続いて10％水酸化カリウム，1％水酸化ナトリウム，3％ホウ酸を含む15％水酸化ナトリウムで逐次抽出する。最初の抽出でアラビノキシランが溶出し，水可溶のガラクトグルコマンナンが第2段階で抽出される。アルカリ可溶のグルコマンナンが最後のステップで溶出する。

第5章 糖質の新しい応用技術

あて材のガラクタンは,脱リグニン後水または10％炭酸ナトリウムで抽出し,Fehling 溶液とヨウ素溶液で精製する。著量のガラクタンが脱リグニン反応中に熱亜塩素酸塩溶液に溶出する。

広葉樹キシランを定量的に抽出するには,脱リグニン後10％前後の水酸化カリウムで抽出する。しかし,一般に,広葉樹材木粉を脱リグニンせずに直接10％程度のアルカリ水溶液で抽出すると,その量は樹種間で異なるが,ヘミセルロースの一部が溶出してくる。表2に,各種の広葉樹脱脂木粉を12％ KOH で抽出したときのヘミセルロース溶出量と溶出部の糖組成を示した[12]。

ヘミセルロース抽出量は樹種間で異なり,多くの樹種でその材中のヘミセルロースのおよそ50％がアルカリで直接抽出しうるが,シラカンバ,モリシマアカシアのように80％以上のヘミセルロースが抽出される樹種もある。また,逆に,ケヤキ,トチノキ,ハルニレ,クスノキのように,抽出量が30％前後の樹種もある。これは細胞壁の微細構造が樹種間で異なることに起因すると思われるが,リグニン含量の高い樹種ほど抽出可能なキシラン含量は少ない傾向にある。キシランを高分子状態で抽出し,工業的に利用する場合には,原料となる樹種は抽出効率からみて限られてくる。

2.4 木材ヘミセルロースからのオリゴ糖の製造方法

木材からオリゴ糖を製造する方法としては,①抽出したヘミセルロースを酵素や鉱酸で部分加水分解してオリゴ糖を製造する方法,②木材を直接高温高圧の稀酸または水蒸気(蒸煮・爆砕)で処理する方法がある。以下にこれらの方法で得られるオリゴ糖を示す。

2.4.1 広葉樹キシランからのオリゴ糖

(1) 広葉樹キシランから酸加水分解によって得られるオリゴ糖

シラカンバ材キシランを酸で部分加水分解すると,キシロースやキシロオリゴ糖のほかに,表3に示す酸性オリゴ糖が得られる[13]。側鎖グルクロン酸のα-1,2-結合は主鎖中のβ-1,4-キシロシド結合と比較して70倍近く酸加水分解に対して抵抗性がある。全てのキシロシド結合を開裂する加水分解条件下でも,その結合の3分の2は加水分解されずに残る。この理由はカルボキシル基の誘起効果によって説明されている。それゆえ,主な酸性糖はアルドビオウロン酸(4-O-Me-GlcA-Xyl)である(表3)。また,4-O-Me-GlcA 側鎖のついたキシロース残基の右側の2個のキシロシド結合も4-O-Me-GlcA 残基の立体障害によってある程度安定化されるので,アルドトリオウロン酸(4-O-Me-GlcA-Xyl$_2$)やアルドテトラオウロン酸(4-O-Me-GlcA-Xyl$_3$)が生成する。

(2) 広葉樹キシランから酵素加水分解によって得られるオリゴ糖

キシラン主鎖のβ-1,4-キシロピラノシド結合を加水分解する酵素はキシラナーゼと呼ばれ,多くのバクテリア,酵母,菌などに分布している。エンド型キシラナーゼは,キシラン主鎖中の

表2 脱脂広葉樹材のリグニン含量と糖組成および木粉からアルカリで抽出されるヘミセルロースの量

樹種 学名	抽出量*1	ヘミセルロース量*2	リグニン	Rha	Man	Ara	Gal	Xyl	Glc
1.シラカンバ Betula platyphylla var.japonica	30.4	24.1	17.6	0.8	3.3	2.0	1.9	33.7	58.3
2.モリシマアカシア Acacia mearnsii	21.6	24.8	22.0	T	2.2	0.8	1.7	29.5	64.9
3.マカンバ Betula maximowicziana	21.8	19.7	22.9	0.8	3.3	0.8	1.9	22.6	70.6
4.アカシデ Carpinus laxiflora	24.0	19.1	16.8	0.8	2.5	T	1.6	35.1	60.0
5.カンノンボク Camptotheca acuminata	24.4	18.0	24.1	0.8	3.0	0.7	1.4	24.0	70.1
6.シナノキ Tilia japonica	24.3	17.6	19.5	0.6	3.1	1.0	1.0	25.3	68.9
7.ヤマナラシ Populus sieboldii	20.9	17.6	18.3	0.6	2.1	0.7	1.0	24.4	71.2
8.ドロノキ Populus maximowiczii	20.0	17.5	22.1	0.5	3.3	0.8	0.9	23.2	71.3
9.ヤシャブシ Alnus firma	21.4	17.4	—	0.8	3.4	0.9	1.4	28.3	65.3
10.タイワンハンノキ Alnus japonica(1-year-old)	15.9	17.3	25.5	T	1.0	T	T	20.3	79.0
11.ヤマハンノキ Alnus hirsuta var.sibirica	21.9	16.6	23.0	0.7	T	T	0.9	26.8	71.7
12.ダケカンバ Betula ermanii	20.2	16.6	23.6	1.0	T	1.9	1.9	24.6	70.6
13.クヌギ Quercus acutissima	21.3	16.0	18.8	0.6	3.0	1.0	1.4	27.4	66.6
14.アサダ Ostrya japonica	21.0	15.9	23.4	1.0	2.9	0.6	1.2	26.5	67.9
15.クリ Castanea crenata	19.9	15.1	20.6	1.2	2.1	T	2.0	23.5	71.2
16.ブナ Fagus crenata	16.7	14.9	24.4	1.2	2.8	1.0	1.5	31.5	62.1
17.キリ Paulownia tomentosa	18.5	14.6	20.4	1.1	3.1	0.8	1.0	25.5	68.5
18.ミズキ Cornus controversa	15.4	14.5	22.0	0.8	T	0.7	1.1	20.9	76.4
19.ヤマサクラ Prunus jamasakura	26.7	14.4	17.6	1.9	2.4	1.0	2.6	28.0	64.2
20.オニグルミ Juglans Siebldiana	16.8	14.0	21.8	—	—	—	—	—	—
21.セン Kalopanax pictus	17.6	13.5	22.7	0.8	2.3	1.1	1.3	22.7	71.8
22.ヤマグワ Morus bombycis	19.3	13.3	20.9	0.6	2.7	0.9	1.7	24.9	69.1
23.タイワンハンノキ Alnus japonica	15.9	13.1	28.8	1.7	3.8	0.8	1.1	24.5	68.1
24.モウソウチク Phyllostachys heterocycla	20.5	13.0	25.9	T	T	2.5	0.8	36.7	60.1
25.オオバヤナギ Toisusu urbaniana	17.5	12.8	21.2	1.0	2.8	0.9	1.3	28.3	65.8

(つづく)

第5章 糖質の新しい応用技術

樹種　学名	抽出量*1	ヘミセルロース量*2	リグニン	Rha	Man	Ara	Gal	Xyl	Glc
26.イヌブナ　Fagus japonica	17.3	12.6	24.6	0.6	2.7	1.4	1.5	26.3	67.6
27.ギンネム　Leucaena leucocephala(1-year-old)	12.3	12.6	22.5	1.1	2.5	0.9	1.7	17.1	76.8
28.ミズナラ　Quercus crispula	14.2	12.4	25.9	0.8	2.4	0.6	1.0	23.9	71.4
29.マテバシイ　Pasania edulis	16.8	12.3		0.8	T	0.8	2.0	29.8	66.6
30.チシマササ　Sasa kurilensis	21.8	12.2	24.4	T	T	2.3	0.7	34.4	62.6
31.アカガシ　Quercus acuta	15.7	12.1	24.9	0.7	2.9	0.9	2.4	26.8	66.3
32.キハダ　Phellodendron amurense	16.0	11.9	23.1	0.8	3.6	0.9	2.7	18.2	73.9
33.マダケ　Phyllostachys bambusoides	22.0	11.8	24.8	T	T	2.2	1.1	32.8	63.9
34.スダジイ　Castanea cuspidata var.sieboldii	17.4	11.6	28.4	0.9	T	T	1.6	25.2	72.5
35.Eucalyptus grandis	17.5	11.3	29.8	0.6	1.8	0.8	1.6	21.5	73.7
36.タブノキ　Machilus thunbergii	15.2	11.4	25.2	—	—	—	—	—	—
37.シラカシ　Quercus myrsinaefolia	17.3	11.3	22.7	0.8	2.1	0.8	1.6	29.1	65.5
38.ホオノキ　Magnolia obovata	15.4	11.2	29.6	0.7	3.2	0.9	1.2	25.0	69.0
39.Eucalyptus urophylla	16.0	11.1	28.6	0.6	1.8	0.9	1.7	22.7	72.3
40.コナラ　Quercus serrata	15.9	11.1	21.8	0.7	T	1.3	3.7	23.8	70.5
41.イタヤカエデ　Acer mono	14.6	10.9	24.1	0.5	3.5	1.2	0.9	26.1	67.7
42.ヤチダモ　Fraxinus mandshurica	14.2	10.7	21.9	0.8	5.7	1.5	0.9	25.5	65.8
43.ヒメシャラ　Stewartia monadelpha	13.5	10.7	24.6	0.7	2.9	0.7	1.5	28.4	65.8
44.イスノキ　Distylium racemosum	14.8	10.6	29.8	0.5	2.7	1.3	1.6	27.6	66.2
45.ニセアカシア　Robinia pseudoacacia	14.8	10.6	21.2	T	3.3	0.7	1.3	25.4	68.6
46.イヌエンジュ　Maackia amurensis var.buergeri	14.8	10.5	19.2	0.8	T	1.0	1.9	19.9	76.4
47.コジイ　Castanopsis cuspidata var.cuspidata	13.6	10.4	23.4	T	T	0.8	1.1	24.7	73.4
48.イチイガシ　Quercus gilva	15.4	9.9	26.5	T	2.7	1.2	2.2	25.0	58.9
49.アオダモ　Fraxinus lanuginosa	12.0	9.3	23.6	1.2	2.9	1.8	1.2	25.7	67.2
50.ケヤキ　Zelkova serrata	14.6	9.2	27.1	0.7	4.1	0.8	1.1	28.6	64.8
51.トチノキ　Aesculus turbinata	14.4	9.0	26.9	1.3	4.6	1.0	1.8	20.8	70.4

(つづく)

樹種 学名	抽出量[1]	ヘミセルロース量[2]	糖組成（%）						
			リグニン	Rha	Man	Ara	Gal	Xyl	Glc
52.ギンネム Leucaena leucocephala	12.3	8.9	28.1	1.2	1.9	0.9	1.9	18.8	75.3
53.ハルニレ Ulmus davidiana var.japonica	13.5	8.8	26.8	3.8	3.7	0.9	1.2	21.7	68.7
54.クスノキ Cinnamomum camphora	12.5	8.4	29.0	T	2.4	0.9	1.6	21.7	73.4
55.シオジ Fraxinus commemoralis	11.3	8.3	26.0	0.6	4.1	1.2	0.9	21.3	72.0
56.カメレレ Eucalyptus deglupta	11.7	7.7	30.1	T	2.3	T	1.5	20.0	76.2
57.Eucalyptus tereticornis	12.4	7.6	30.7	0.3	1.7	0.7	2.6	17.7	77.0
58.Eucalyptus citriodoro	6.9	5.2	23.9	1.0	1.2	0.8	2.4	23.2	71.4

(注)　*1　12%KOH抽出量。
　　　*2　12%KOH抽出液からEtOHで沈殿したヘミセルロース量。

表3　シラカンバキシラン（20g）の酸加水分解によって得られる酸性オリゴ糖

	酸　性　糖	収量(mg)
(1)	O-(4-O-Me-α-D-GlcAp)-(1 → 2)-O-β-D-Xylp-(1 → 4)-O-β-D-Xylp-(1 → 4)-D-Xyl	41.0
(2)	O-(4-O-Me-α-D-GlcAp)-(1 → 2)-O-β-D-Xylp-(1 → 4)-D-Xyl	313.5
(3)	O-(α-D-GlcAp)-(1 → 2)-O-β-D-Xylp-(1 → 4)-D-Xyl	22.6
(4)	2-O-(α-D-GalAp)-L-Rha	8.0
(5)	2-O-(4-O-Me-α-D-GlcAp)-D-Xyl	500.0
(6)	4-O-(α-D-GalAp)-D-Xyl	110.0
(7)	6-O-(β-D-GlcAp)-D-Gal	3.5
(8)	2-O-(4-O-Me-α-D-GlcA)-D-Lyx	7.5
(9)	2-O-(α-D-GlcA)-D-Xyl	22.1
	4-O-Me-D-GluAp	45.4
	GalA	43.4
	GluA	9.5

β-1,4-キシロシド結合をランダムに加水分解して，キシロース・オリゴマー（キシロオリゴ糖，Xyl_n）を生成する。反応時間の経過とともにキシロースを生成するが，キシロビオース（Xyl_2）は分解できない。4-O-Me-GlcA側鎖やアセチル基がキシラナーゼの作用に影響を与える。このキシラナーゼはhydrophobic cluster analysisと呼ばれるたんぱく質の疎水性アミノ酸配列の2次元的な解析に基づき，ファミリー10と11に分類される[14]。ファミリー11のエンド型キシラナーゼは低分子量の酵素で，キシロオリゴ糖とキシランのみに作用する。ファミリー10に属するキシラナーゼは高分子量酵素で，特異性は低く，ファミリー11のキシラナーゼと比較して，4-O-Me-GlcAやアセチル基のような置換基により近いキシロシド結合を開裂することができる。

　多くのエンド型キシラナーゼの広葉樹キシランに対する作用機構は図7（a, b, c）で表され[15〜17]，

第5章 糖質の新しい応用技術

中性糖のキシロースや $Xyl_2 \sim Xyl_n$ のほかに、酸性糖としてアルドトリオウロン酸（4-O-Me-GlcA-Xyl$_2$, a），アルドテトラオウロン酸（4-O-Me-GlcA-Xyl$_3$, b）が主生成物となる。キシランのエンド型キシラナーゼによる加水分解液から得られた酸性および中性オリゴ糖を表4，5に示す[18]。*Trametes hirsute* から単離されたキシラナーゼの作用機作は図7(c)のように，主生成物として，Xyl_4，Xyl_6とアルドテトラオウロン酸（4-O-Me-GlcA-Xyl$_4$）およびアルドヘキサオウロン酸（4-O-Me-GlcA-Xyl$_5$）を与える。Christakopoulosらはシラカバキシランから *Thermoascus aurantiacus* のキシラナーゼ（ファミリー10）で4-O-Me-GlcA-Xyl$_3$を，*Sporotrichum thermophile* のキシラナーゼ（ファミリー11）で4-O-Me-GlcA-Xyl$_4$を得ている[19]。

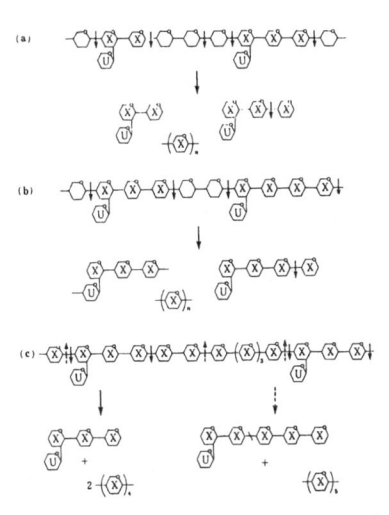

図7 種々の微生物から得られるキシラナーゼの広葉樹キシランに対する作用機構

Katapodisらは *S. thermophile* のキシラナーゼ（ファミリー11）をつかって，シラカバキシランから25％の収量で4-O-Me-GlcA-Xyl$_4$を得ている[20]。

　酵素加水分解の場合，酵素を固定化して，酵素活性の安定化を図り，反応を連続化して生産性をあげることができる。キシラナーゼやキシロシダーゼに関しては，多孔質シリカガラス，チタニヤ，アルミナを$TiCl_4$で活性化後，あるいは，これらの担体をアルキルアミン誘導体に変換後，グルタルアルデヒド（GLUT）で活性化し，*Trichoderma viride* および *Asperugillus niger* 起源の

表4 キシロースのオリゴ糖

キシロオリゴ糖	$[\alpha]_D$	MP（℃）	分子量	
			実測値	計算値
キシロビオース	-26	189	—	—
キシロトリオース	-48	216	410	414
キシロテトラオース	-62	226	540	546
キシロペンタオース	-72	242	672	678
キシロヘキサオース	-79	237〜242	—	—

（注）すべてβ，1-4結合

表5 キシランの酸素加水分解によって得られる酸性オリゴ糖

酸性オリゴ糖	$[\alpha]_D$	分子量		メトキシル基 (%)	
		実測値	計算値	実測値	計算値
アルドビオウロン酸	+95*	364	340	—	—
アルドトリオウロン酸	+57	520	526	5.73	5.89
アルドテトラオウロン酸	+23	604	604	5.18	5.13
アルドペンタオウロン酸	+0.6	737	736	4.00	4.21
アルドヘキサオウロン酸	-12	850	868	3.54	3.57
アルドヘプタオウロン酸*	-21	1,003	1,000	3.05	3.10
アルドオクタオウロン酸*	-26	1,100	1,132	2.85	2.74

(注) * 未同定

セルラーゼ系酵素が固定化されている[21]。

Freixoらはウルトラフィルターリアクターを用いてブナキシランを酵素で加水分解し,6,000～1,500Daのオリゴ糖を主なフラクションとして得ている[22]。

(3) 蒸煮によるオリゴ糖の製造

木質系資源や農産物からキシロースを製造するための希硫酸などによる加水分解法は確立した技術になっている。しかし,近年,水蒸気だけで,鉱酸を一切使わない蒸煮・爆砕法に関心が寄せられている。すなわち,これらの原料を高温高圧の飽和水蒸気で処理すると,キシランからアセチル基の一部が遊離して酢酸が生成し,キシランは部分加水分解をうけてキシロオリゴ糖やキシロースとなり,水に可溶となり,材から水で容易に抽出することができるようになる。

われわれは広葉樹材や各種の農産廃棄物からキシロースやキシロオリゴ糖を高収率で得るための最適蒸煮処理条件を検討した。種々の試料を180～230℃の水蒸気で処理し,リファイナー,または,爆砕することにより解繊し,得られた繊維を水で抽出し,そのときの抽出量と抽出物中のキシロース残基の量を調べた。広葉樹の場合を表6に示した[23]。

温水抽出量およびそこに含まれるキシロース残基の量は蒸煮条件によって異なる。また,各試料でキシラン含量が異なるため,同一蒸煮条件でも水抽出量およびキシロース量は各試料間で異なる。広葉樹材では,適切な蒸煮条件を設定すれば15～20%の収率でキシロースを得ることができる。

蒸煮処理により生成した単糖の一部はさらに脱水作用をうけてフルフラール等に変質する。蒸煮・爆砕処理した広葉樹材を水で抽出して得られる液には,上述したように,キシランに由来するオリゴ糖や単糖等の有価物のほかに,ヘミセルロースやリグニンの分解物等の着色物質や不純物が含まれる。蒸煮・爆砕処理材中のオリゴ糖はきわめて水によく溶けるので,向流法で抽出すると固形分濃度14%程度の抽出液が得られる[24]。これはサトウキビやてん菜からのショ糖抽出液の濃度に近い値である。しかし,その着色度やイオン濃度はショ糖精製の場合と比較して20～50

第5章 糖質の新しい応用技術

表6 種々の条件下で蒸煮処理した広葉樹材から得られる温水抽出物の収率とそれを加水分解して得られるキシロースの収率

蒸煮条件 (℃min)	シラカンバ	モリシマ アカシア	コナラ	ニセアカ シア	ブナ	コジイ	アカシアマン ギューム	ギンネム (1年生)
180-20	23.7 (15.5)	17.5 (11.6)	14.9 (5.8)	17.8 (14.1)	12.3 (5.4)	11.5 (4.7)	14.4 (10.5)	—
200- 5	19.2 (12.0)	— —	21.0 (12.4)	— —	13.8 (6.2)	18.4 (7.9)	— —	— —
200-10	15.6 (9.1)	20.4 (7.6)	27.4 (12.7)	18.2 (14.2)	15.0 (7.8)	18.9 (8.7)	9.4 6.4	—
200-15	14.5 (8.6)	— —	19.0 (7.4)	— —	11.8 (4.9)	13.2 (5.3)	—	—
210- 3	25.4 (13.2)	19.9 (16.0)	23.9 (12.9)	20.0 (14.0)	21.7 (11.5)	31.3 (15.8)	16.5 (12.2)	20.4 (4.0)
210- 6	23.9 (9.7)	19.3 (12.8)	23.9 (10.6)	14.8 (8.4)	22.6 (9.7)	18.3 (5.9)	14.4 (9.9)	17.5 (1.4)
210- 9	24.7 (11.0)	— —	17.7 (4.2)	—	16.5 (3.2)	—	—	—
225- 2	34.2 (22.4)	26.4 (19.8)	25.8 (14.7)	19.1 (13.5)	23.2 (12.0)	22.4 (12.3)	21.9 (16.4)	17.7
225- 4	27.1 (10.4)	16.8 (11.1)	24.3 (13.6)	14.8 (8.1)	22.8 (7.6)	18.4 (4.3)	14.0 (9.8)	17.5
230- 1	33.5 (19.8)	23.9 (18.9)	—	20.0 (13.8)	—	—	16.8 (11.0)	—
230- 2	34.3 (19.2)	19.7 (12.4)	26.2 (12.0)	16.1 (9.9)	22.1 (17.1)	23.9 (9.7)	15.7 (10.0)	—

(注) ( ) 内の数値はキシロースの収率を示す。

倍高い[25]。そこで，この着色物質や不純物の効率的かつ経済的除去法を確立することが重要な課題になっている。これまでに，次のような合成吸着剤，イオン交換樹脂が検討されている[26]。

a) アンバーライト XAD2 および XAD4：非極性物質の吸着・除去
b) アンバーライト XAD7：中極性物質の除去
c) 強酸性陽イオン交換樹脂（H^+）：陽イオンの除去
d) 強塩基性陰イオン交換樹脂（Cl^-）：着色物質や不純物の除去
e) 強塩基性陰イオン交換樹脂（HSO_3^-）：着色物質や不純物の除去，特に，アルデヒド，ケトン類，フルフラール等の除去
f) 弱塩基性陰イオン交換樹脂（OH^-，CO_3^{-2}）：陰イオン，着色物質，不純物の除去，中性糖と酸性糖の分別
g) 強塩基性陰イオン交換樹脂（OAc^-）：中性糖と酸性糖の分別

これらのイオン交換樹脂それぞれ単独では完全に脱色できないが，これらを組み合わせること

195

木質系有機資源の新展開

表7 蒸煮（200℃，10min）処理シラカンバ材温水抽出液中の中性糖組成

フラクション	オリゴ糖	重量比	融点（℃）
1	排除限界以上	12.8	
2	>Xyl_{10}	4.0	
3	Xyl_9	2.3	
4	Xyl_8	2.9	
5	Xyl_7	3.5	
6	Xyl_6	6.0	
7	Xyl_5	7.1	
8	Xyl_4	9.8	217.0～219.5
9	Xyl_3	12.0	210.0～213.0
10	Xyl_2	16.3	193.5～195.5
11	Xyl	23.2	

によって着色物質を完全に除去することができる。水抽出物（固形分8％，5,000ml）を，c) → a) → d) → f) のカラム（それぞれ樹脂500mlの順に通過させると，固形物の70％が精製物として得られる。特に，効率的な精製法として強酸性イオン交換樹脂（Na^+）を用いるイオン排除クロマトグラフィーによる精製法が提案されている[25]。

蒸煮処理材の水抽出物中の中性糖組成は蒸煮条件によって異なるが，200℃10min シラカンバ材を蒸煮した場合の例を表7に示す。このような組成を持つ水抽出精製液キシロオリゴ糖を，Brix70％程度に濃縮すると，粘調なシラップとなる。

最近でも，蒸煮や希酸処理でユーカリ[27,28]，オリーブ[29]，ササ[30]，タケ[31]，コーンコブ[32]，バガス[33]などから蒸煮処理によってキシロオリゴ糖の生産が試みられている。

甘味はおもにキシロースに由来するが，粘性はオリゴ糖によって生じる。水素添加等によってこのキシロースやキシロオリゴ糖を糖アルコールに還元すると吸湿性などの物性，微生物による利用性，体内での利用性等の特性が変わる[24]。

これを飲食物に利用するため，オリゴ糖画分をキシラナーゼなどでキシロビオースを主体とするキシロオリゴ糖にまで加水分解し，現在市販の麦芽水飴の粘度や甘味度と同程度に変換することが試みられている。*Streptomyces sp* のキシラナーゼ粗酵素（キシロシダーゼを欠如）で処理後，脱タンパク，脱イオンしてから，濃度70％まで濃縮すると，キシロース0～35％，キシロビオース25～75％，キシロトリオース5～25％の組成を持つシラップが得られている。この場合のキシロオリゴ糖は粘度がPO-30（低糖化還元麦芽水飴，三糖類以上のオリゴ糖アルコールが主体）に匹敵し（cP600），甘味度がPO-40（中糖化還元麦芽水飴，二糖類と糖アルコール）と同程度のものであった（砂糖と比較した甘味度40％）[24]。

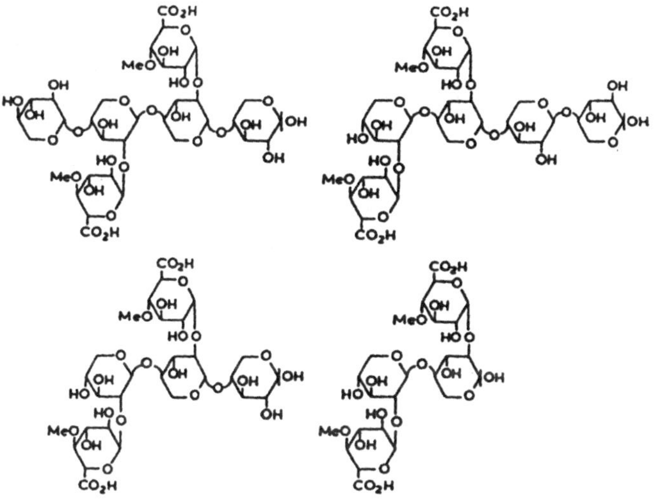

第5章 糖質の新しい応用技術

図8 針葉樹キシランから得られる酸性オリゴ糖

2.4.2 針葉樹からのオリゴ糖

木材加水分解工業では，広葉樹が通常対象とされてきたが，間伐材，工場残廃材，住宅解体材などとして排出されるのは針葉樹材のほうが多い。そこで，針葉樹材のセルロースを酵素で加水分解し，発酵によってアルコールに変換するプロセスで，前処理として，希硫酸，SO_2，NH_4Cl を含浸後蒸煮処理する前加水分解法が検討されてきた[34,35,36]。この前加水分解工程ではキシランとグルコマンナンからのオリゴ糖の混合物が得られる。アルコールプロセスの実用化にはこのオリゴ糖の用途開発は欠かせない[35,36]。Palm らは前加水分解工程で得られるオリゴ糖ヒドロゲルの合成を目的にして，スプルースを200℃で2分間蒸煮処理して，6％の収率で精製オリゴ糖を得ている[37]。

(1) 針葉樹キシランからのオリゴ糖

針葉樹材のキシランは広葉樹材キシランより多くの4-O-Me-GlcA 側鎖を持ち，しかもその大部分の側鎖が隣接したキシロース残基に結合しているため，酸加水分解によって，酸性オリゴ糖としては，広葉樹材キシランから生成するのと同じアルドウロン酸（表5）のほかに，図8に示すようなオリゴ糖が得られている[38,39]。Araf 側鎖の α-L-1,3-結合はきわめて酸性下では不安定で容易に加水分解されるため Araf 残基のついたオリゴ糖は得られない。

表8 針葉樹グルコマンナンおよびガラクトグルコマンナンの部分加水分解により得られるオリゴ糖

2糖類	3糖類	4糖類	5糖類
(1) M → M	(7) M → M → M	(15) M → M → M → M	(20) M → M → M → M → M
(2) M → G	(8) M → M → G	(16) M → M → G → M	(21) M → M → M → M → G
(3) G → G	(9) M → G → G	(17) M → G → G → M	(22) Gal → M → M → M → M
(4) G → M	(10) G → M → M	(18) M → G → M → M	(23) M → M → M → M → M
(5) Gal → M	(11) M → G → M	(19) Gal → M → M → M	
(6) Gal → Gal	(12) G → G → M		
	(13) Gal → M → M		
	(14) Gal → Gal → Gal		

(2) 針葉樹グルコマンナンからのオリゴ糖

　針葉樹グルコマンナンの酸による部分加水分解によって，表8に示すような Man のみからなるオリゴ糖と Glc と Man からなるオリゴ糖が得られる[40]。β-1,4-D-Man 結合をランダムに加水分解するエンド型の酵素はマンナナーゼと呼ばれ，キシラナーゼと同様多くの微生物が産出している。このマンナナーゼでグルコマンナンを加水分解すると，表8に示したようなオリゴ糖が得られる[41]。

　上述したように，グルコマンナンは天然状態ではその水酸基の一部がアセチル（Ac）化されている。マンナナーゼを，この OAc-グルコマンナンに作用させると，それがアセチル基を持つマンノース残基のグリコシド結合を加水分解することができないため，1個以上のアセチル基を持つ三糖類以上のオリゴ糖が生成する[42]。

2.5　木材ヘミセルロースの機能開発
2.5.1　広葉樹キシランのキシロース，フルフラールとしての利用

　広葉樹キシランは希酸加水分解や蒸煮処理によってキシロースやフルフラールに変換され利用されてきた。フルフラールは石油からは生産できない化合物で，6,6ナイロンやフラン樹脂の原料であり，また，溶剤，脱色剤，抽出剤，殺虫・抗菌剤などとしての用途がある。

　キシロースは，甘味は砂糖の4割程度で，人体内で代謝されず，低カロリー糖である。食品の臭いを消す効果があり，加熱して焦がすとほど良く着色するため（メーラード反応の利用），ちくわやあられなどの米菓子の着色に利用されている。また，キシリトールに変換されると，甘味度は砂糖に匹敵する。水に溶けるときに熱を吸収するので，清涼感のある美味しい甘味を与える。また，口腔内の微生物が代謝できないことや人体内での代謝にインシュリンを必要としないことなどの特性があって，虫歯予防用，あるいは，糖尿病患者用の格好の甘味料となる。最近，わが

第5章 糖質の新しい応用技術

国でもキシリトールが食品添加物として認可され,ガムやキャンディとして利用されるようになった。

しかし,フルフラールやキシロースの原料としては,広葉樹キシランはコーンコブ,バガス,イナワラ,綿実殻などの農産廃棄物のそれと競合する。わが国はコーンコブから生産されるキシロースを中国から輸入している。

2.5.2 ヘミセルロースのヒドロゲル,フィルム,プラスチックとしての利用

Ebringerovaらはブナやコーンコブのキシランをtrimethylammonium-2-hydroxy-propyl化してカチオン性を付与している。これをサーモメカニカルパルプの懸濁液に少量(パルプに対し0.25%)添加すると繊維間の凝結に効果のあることを報告している[43]。一方,Sunらはポプラキシランを N,N-dimetylformamide/LiCl 中での酸塩化物によるエステル化は速やかに進行し,置換度も試薬の調整で容易にコントロールできることを見出している。このエステル化により,キシランを疎水性にし,生分解性のプラスチック,樹脂,フィルムとして利用することを検討している[44]。Jainらはキシランのアルカリ抽出液にpropylene oxideを滴下し,直接hydroxypropyl化し,それをさらにフォルムアミド中でアセチル化している。このhydroxypropyl化キシランやアセチル化誘導体も熱可塑性で生分解性であり,ポリスチレンとブレンドしてレオロジー調整剤としてや可塑剤として働く[45]。

Gabrielliら[46]は,アスペンキシランとキトサンを種々の割合で水中で混合(1.5% w/w)し,塩酸で酸性化(pH1.7)後,20分間95℃で加熱して可溶化し,ポリスチレン皿上にキャスティングしてフィルムを調製してその特性を調べている。キシランのみのフィルムではキシランは結晶化して脆いが,キトサンの量が増えるに従い非晶化する。このフィルムを水に浸漬するとゲル化する。このフィルムとゲル形成特性はキシランの酸性基とキトサンのアミノ基との静電気的相互作用およびキシランの結晶領域とキトサン鎖との配列によると説明されている。一方,Kayserilioglu[47]らはキシランとムギグルテンとの混合による可食で生分解性のフィルムを検討している。ムギグルテンにキシラン(0~40% w/w)を2%グリセロール含む水に混ぜ(10% w/w),pHを4か11に調整後,70℃で10分加熱し,ペトリ皿にキャスティングしてフィルムを作る。フィルムの特性はグルテン/キシランの比,pHなどのプロセスにおける条件,乾燥法により変わるが,実用に耐えるフィルムの製造が可能であるとしている

Lindbladらは,スプルース材を蒸煮・爆砕(190~200℃,2~5 min)して得られる分子量500〜7,500のヘミセルロースフラクションをメタアクリル化し,それをhydroxyehylmethacrylateで重合してヒドロゲルを調製している。このゲルは,均一透明で,弾力性があり,生分解性である[48]。

2.5.3 ヘミセルロースの生理活性物質としての利用の可能性[49]

(1) ヘミセルロースの抗腫瘍活性

多糖の抗腫瘍活性に関しての研究は免疫学の発展とともに進展してきた。多糖の化学構造の差異や微量の糖質以外の結合物質などにより生ずる，免疫増強活性の有無が抗腫瘍活性を左右することが明らかにされている。しかし，多糖の抗腫瘍活性と化学構造の相関についての明確な答えは得られていない。

多糖の抗腫瘍活性は，投与した多糖が直接腫瘍細胞を攻撃するのではなく，投与された宿主が本来持っている生体防御構造，すなわち免疫ネットワークの活性化により宿主自身の力で腫瘍細胞を消滅させる宿主介在性の活性である。このため，免疫療法と呼ばれ，化学療法と異なる。即効性は期待できないが，細胞毒性がなく長期投与が可能である。

これまでに木材パルプ中のキシラン，ビスコース工業のアルカリ廃液中のキシラン，グルコマンナン，ブナ材キシラン，カラマツ材のアラビノガラクタン，アラビノキシラン，ガラクトグルコマンナンの Sarcoma-180（S-180），Ehrlich carcinoma，L1210，leuchemic cell 等の腫瘍細胞に対する活性が調べられている。ブナキシランは腹腔内投与で S-180阻止率87.6％を示し，細胞毒性がないこと，このキシランの投与によりマウスリンパ球の分裂増殖が活発化し，免疫増強作用のあることが明らかにされている[50,51]。

ミヤマザサ葉から熱水抽出で得られる多糖ササホリンをはじめとして，ヤクシマササ，ネマガリケ，タケ類，ムギワラ，バガス，イネ科植物等の多糖に関しての研究報告がある。ネマガリタケキシランは化学抗腫瘍剤マイトマイシンCと併用するとマイトマイシンC単独より効果が大きくなることが報告されている。

(2) ヘミセルロースの食物繊維（DF）としての生物活性

植物成分の中でヒトの消化酵素により消化されない糖類は栄養学的には価値がないとみなされていたが，健康維持に重要であることが見出され，その脂質代謝，糖質代謝への影響が注目されている。不消化性の多糖は消化管内での酵素や栄養分の拡散を阻害し，栄養分の消化吸収を阻害する。また，コレステロールは体内で不断に合成・分解され，腸肝を循環しているが，不消化性多糖はこのコレステロールを吸着排泄する機能もある。

これまでに，コレステロール低下作用の確認された多糖としては，ペクチン，ガム類，カラゲン，コンニャクマンナン，CMC，広葉樹キシラン[52]等があるがセルロース，メチルセルロース，アラビノガラクタン等は無効とされている。グアーガムは脂質成分と非特異的に結合するため，小腸上部からの脂肪の吸収を遅らせコレステロール低下活性を示すが，セルロースではこのような現象は起こらない。

第5章　糖質の新しい応用技術

(3) ヘミセルロース由来のオリゴ糖の食品としての機能

　現在市販されているオリゴ糖には，ラクチュロースやガラクト-，フラクト-，イソマルト-，マルト-，キシロ-，ゲンチオ-オリゴ糖，シクロデキストリンなどがあり，飲料，幼児用粉ミルク，菓子類，デザートに使用されている。わが国のオリゴ糖の生産量は世界一である。

　オリゴ糖の食品としての機能としては，①エネルギー源としての働き（一次機能），②嗜好面での働き（二次機能），③健康の維持・増進に関与する生体調節機能面での働きがある。一次機能（栄養特性）は，オリゴ糖の消化性が関与する。二次機能（物理化学特性）としては甘味度，味質，粘性，保湿・吸湿性，水分活性，着色性，熱・pHに対する安定性などが挙げられる。三次機能（生物学的特性）としては，整腸作用，う蝕予防効果，血糖・コレステロール上昇抑制作用，ミネラル吸収促進作用，免疫賦活作用，インスリン分泌非刺激性，静菌作用などが挙げられている[53]。

　ヒトの腸内には数多くの種類の細菌がヒトと共存共栄の関係で生息し，その菌叢（フローラ）はヒトの健康と極めて密接な関係にある。ヒトが難消化性のオリゴ糖を摂取すると，口腔，胃，小腸で吸収・消化されず，大腸に達してそこに生息している細菌によって炭酸ガス，水素，メタン，短鎖脂肪酸等に分解される。この腸内細菌の発酵過程が人体にさまざまな生理作用を及ぼすことから，近年難消化性糖類に関する研究が成人病予防を主眼として急速な進展を見せている。

　セルロースやヘミセルロースの主鎖はβ-1,4-結合したGlc，Man，Xylなどからなり，それらを部分加水分解して得られるセロオリゴ糖，キシロオリゴ糖[54]，マンノオリゴ糖はヒトにとって難消化性である。そのため，これらのオリゴ糖は小腸を通過するまで消化されずそのまま大腸に達し，大腸内でこれらのオリゴ糖を資化できるビフィズス菌等が増殖し腸内細菌の菌叢が変化する。ビフィズス菌はヒトの腸内フローラを構成する代表的な有用菌で，老化防止等，ヒトの健康に大きく貢献しているが，これらのオリゴ糖はビフィズス菌を選択的に増殖させることができる。現在，キシロオリゴ糖はサントリー㈱で生産され，乳酸飲料で使われている。

　キシロオリゴ糖は，D-キシロース，グラニュー糖，ソルビトール液（食添用）と比較して細菌に対する最小生育阻止濃度が低く，優れた細菌類に対する静菌作用をもつ。この他にも，キシロオリゴ糖類の種々の物性が調べられているが，キシロオリゴ糖は中糖化還元麦芽水飴（PO-40）より強く水分を吸湿し，また，放湿する性質を持つことが明らかにされている[24]。

　Christakopoulosら[19]は前述したシラカバキシランからのアルドペンタオウロン酸がアルドテトラオウロン酸よりグラム陽性菌や*Helicobacter pylori*に対してより強い抗菌性を示すことを報告している。

　また，キシロオリゴ糖や還元キシロオリゴ糖シラップは，変異原性試験や急性毒性試験の結果から食品素材として安全であることが実証されたが，このキシロオリゴ糖や還元キシロオリゴ糖

は，①砂糖に比較して甘味が低い，②増粘性，保水性があって，食品にしっとり感を与える，③水分活性の調節に使用可能であって，適度の静菌効果を有しているため食品の保存性を高める可能性がある，などの特徴を有する。また，このほかにも，キシロオリゴ糖は，④タンパク質やアミノ酸と加熱によって反応して（メーラード反応），食欲をそそる適度な香りと美しい黄金色を呈する。還元キシロオリゴ糖は，⑤褐変反応（メーラード反応）を起こしにくく，高い耐熱性を持つ，⑥上品でクセやくどさのないさらりとしたよい甘味質を有する，⑦虫歯の誘発因子とならない，などの特性を持つ。

このキシロオリゴ糖を添加した清酒，蒲鉾，ジャム，餡，ハードボイルドキャンディ，カスタードクリームは良好な風味，適度で上品な甘味，心地よい糖フレーバーを持つ。また，還元キシロオリゴ糖で作ったこれらの飲食物は上品で適度の甘味，良好な増粘性，保湿性を有し，熱に安定で，保存性も向上したものとなる。

(4) ヘミセルロース由来のオリゴ糖の植物生理への作用

著者らは，キシロオリゴ糖がギンネムの成長を，また，酸性キシロオリゴ糖が水耕栽培でスギの発根を促進する作用のあることを見出している[55]。石井らは 2 ～ 5 mg/l の酸性キシロオリゴ糖がアスペンやマツの組織培養で成功を促進することを報告している[56]。最近，Katapodis らはアルドペンタオウロン酸をキュウリの水耕栽培地に20mg/l 加えると，regenerant の平均数や生重に増加が見られたことを報告している[20]。

アラビノガラクタンは高度に分岐した構造を持ち，水に良く溶ける。カラマツ材のチップや木粉から水または温水でほぼ定量的に抽出することができる。そのため，かつて，米国で生産され，医薬品や食品の乳化剤や安定化剤としてアラビアガムの代りに用いられた。わが国はそれを輸入していた。最近，アラビノガラクタンがきのこ栽培時に害菌類の侵入を抑制するとともに，きのこ菌糸体および子実体の成長を促進することが見出されている[57]。

2.6 おわりに

上述したように，近年，多糖やオリゴ糖に多様な機能が見出されつつある。今後，さらに，糖類の化学構造と生理活性との相関などが明らかにされると考えられる。キシロオリゴ糖，4-O-Me-GlcA を含むキシロオリゴ糖，マンノオリゴ糖，さらにはセルロースからのセロオリゴ糖は種々の農林産物から比較的容易に生産することができる。今後，医薬，農薬，食品等としての適切な用途が開発されることが期待される。

第5章 糖質の新しい応用技術

文　献

1) 米沢保正ら, 林試研報, No. 253 (1973)
2) T. E. Timell, *Adv. Carbohyd. Chem.*, **19**, 247 (1964); *Adv. Carbohyd. Chem.*, **20**, 409 (1965)
3) K. Shimizu, "Wood and Cellulosic Chemistry", D.-S. Hon & N. Shiraishi *ed.* p. 177, Marcel Dekker, New York & Basel (1991)
4) K. Shimizu, O. Samuehlson, *Svennsk Papperstidn.*, **76**, 150 (1973)
5) K. Shimizu, M. Hashi, K. Sakurai, *Carohydr. Res.*, **62**, 117 (1978)
6) K. Shimizu, M. Ishihara, T. Ishihara, *Mokuzai Gakkaishi*, **22**, 618 (1976)
7) M. Johannson, O. Samuelson, *Svennsk Papperstidn.*, **80**, 519 (1977)
8) S-I. Andersson *et al.*, *Carbohydr. Res.*, **111**, 283 (1983)
9) A. A. Shatalov *et al.*, *Carbohydr. Res.*, **320**, 93 (1999)
10) A. Teleman *et al.*, *Carbohydr. Res.*, **338**, 525 (2003)
11) 重松幹二, *APAST*, No. 34, 5 (2000)
12) M. Ishihara, K. Shimizu, *Mokuzai Gakkaishi*, **42**, 1211 (1996)
13) K. Shimizu, O. Samuehlson, *Svennsk Papperstidn.*, **76**, 156 (1973)
14) B. Henrissat, *Biochem. J.*, **280**, 309 (1991)
15) R. F. H. Dekker, "Biosynthesis and Bio-degradation of Wood Components" p. 504, Academic Press Inc. (1985)
16) K. Shimizu, M. Ishihara, T. Ishihara, *Mokuzai Gakkaishi*, **22**, 618 (1976)
17) M. Ishihara, K. Shimizu, T. Ishihara, *Mokuzai Gakkaishi*, **24**, 108 (1978)
18) T. E. Timell, *Svensk pappperstidn.*, **65**, 435 (1962)
19) P. Christakopoulos *et al.*, *International J. Biological Macromolecules*, **31**, 171 (2003)
20) P. Katapodis, *et al.*, *J. Bioscience and Bioengineering*, **95**, 630 (2003)
21) K. Shimizu, M. Ishihara, *Biotechnol. Bioeng.*, **29**, 236 (1987)
22) M. R. Freixo, M. N. dePinho, *Desalination*, **149**, 237 (2002)
23) 志水一允, 石原光朗, バイオマス変換計画研究報告, 第21号, 43 (1990)
24) 松山薫ほか, 木材成分総合利用研究成果集, 木材成分総合利用技術研究組合1990, p. 1053
25) 蕪木ひろみほか, 同上, 1990, p. 105
26) 志水一允ほか, バイオマス変換計画研究報告, 第24号, 農林水産省, 1991
27) G. Garrote, *et al.*, *J. Chem. Technol. Biotechnol.*, **74**, 1101 (1999)
28) M. A. Kabel, H. A. Schols, A. G. J. Voragen, *Carbohydr. Polym.*, **50**, 191 (2002)
29) A. Reis *et al.*, *Carbohydr. Polym.*, **53**, 101 (2003)
30) M. Aoyama, *Cellulose Chem. Technol.*, **30**, 385 (1996)
31) 安藤浩毅ら, 木材学会誌, **49**, 293 (2003)
32) R. Yang *et al.*, *Lebensm. Wiss. Technol.*, *in press* (2004)
33) M. Saska, E. Ozer,. *Biotechnol. Bioeng.*, **45**, 517 (1995)
34) H. E. Grethlein, A. O. Converse., *Bioresource. Technol.*, **36**, 77 (1991)
35) K. Sudo *et al.*, *Holzforschung*, **40**, 339 (1986)
36) C. Tenborg *et al.*, *Enzyme Microbial Technol.*, **28**, 835 (2001)

37) M. Palm, G. Zacchi, *Separation & Purification Technology*, **36**, 191(2004)
38) K. Shimizu, O. Samuelson, *Svensk papperstidn.*, **76**, 150(1973)
39) K. Shimizu, M. Hashi, K. Sakurai, *Carohydr. Res.*, **62**, 117(1978)
40) 越島哲夫,"木材の化学", 文永堂(1985)
41) K. Shimizu, M. Ishihara, *Agric. Biol. Chem.*, **47**, 949(1983)
42) R. Tanaka et al., *Mokuzai Gakkaishi*, **31**, 859(1985)
43) A. Ebringerova et al., *Carbohydr. Polym.*, **24**, 301(1994)
44) R. C. Sun et al., *Carbohydr. Polym.* **44**, 29(2001)
45) R. K. Jain, et al., *Cellulose*, **7**, 319(2001)
46) J. Gabrielii et al., *Carbohydr. Res.*, **43**, 367(2000)
47) B. S. Kayserilioglu et al., *Bioresource Technology*, **87**, 239(2003)
48) M. S. Lindblad, E. Ranucci, A-C. Albertsson, *Macromol. Rapid. Commun.*, **22**, 962(2991)
49) 土師美恵子, 木材の科学と利用技術, 2. 糖質の化学, 日本木材学会編, **50**(1993)
50) M. Hashi, T. Takeshita, *Agric. Biol. Chem.*, **43**, 951(1978)
51) M. Hashi, T. Takeshita, *ibid.*, **43**, 961(1978)
52) M. Hashi, T. Takeshita, *ibid.*, **39**, 579(1975)
53) 中久喜輝夫, 21世紀の天然・生体高分子材料, シーエムシー, p.143 (1998)
54) 岡崎昌子ほか, 日本農芸学会誌, **65**. 1651 (1991)
55) M. Ishihara, Y. Nagao, K. Shimizu, *Pro. 8th ISWPC, Helsinki*, Vol. II, 11(1995)
56) K. Ishii et al., *Trans. Jpn. For. Soc.*, **104**, 609(1993)
57) 高畠幸司, 木材学会誌, **40**, 1147(1994)

3 工業原料への転換利用
3.1 糖質の精密制御

三亀啓吾[*1], 舩岡正光[*2]

3.1.1 はじめに

近年，リグノセルロース資源はサステイナブルマテリアルとして再注目され，熱化学的変換や発酵によるエタノールの生産などエネルギーとしての利用に関する研究が多くなされている[1,2]。しかし，エネルギーとして利用するのみでは，植物資源の再生能力を越えてしまい，植物資源の枯渇の可能性が生じる。植物資源を石油の代替原料として有効に利用するためには，石油から様々な有機化学製品が導かれるのと同様，我々の生活に必要な製品の原料を植物資源から誘導することが重要である。植物資源を分子素材として完全活用するためには，各構成成分をそれぞれの機能を活かした状態で効率よく分離することが重要である。しかし，木材の細胞壁では，結晶領域を有するセルロースの繊維束周辺を非結晶ヘミセルロースがコーティングした状態で木材繊維を構成している。その隙間にセルロース，ヘミセルロースとは性質が全く異なるリグニンが入り込み，相互侵入高分子網目（IPN）構造を形成し，さらに，ヘミセルロースと一部結合することにより炭水化物とリグニンという性質の異なる化合物に部分的な親和性を持たせた状態で木材細胞壁が形成されている。従って，セルロースの完全加水分解を行うためには濃酸による結晶構造の膨潤と解放が必要となる。しかし，濃酸処理を行うとその周辺に存在するリグニンは縮合し，セルロース加水分解の進行を抑制してしまうベルト効果が生じる。そのため，セルロースを木材細胞壁から完全に溶出するためには通常2～4時間以上の時間を要する。

3.1.2 従来のリグノセルロース分離法

従来のリグノセルロース系炭水化物の分解技術として，希酸加水分解法，濃酸加水分解法とセルラーゼによる酵素糖化がある。酸加水分解では，希酸又は濃酸が用いられる。工業的な希酸法では希硫酸を用いることが一般的で，硫酸以外に，塩酸，有機酸，亜硫酸等を使用する方法も研究されているが，工業化には至っていない。希酸法では，セルロース，ヘミセルロース両者を加水分解するため，酸の存在下高温で加熱する。しかしこの条件は非常に過酷であり，得られた糖は過分解し，収率が低下してしまう。濃酸では，濃硫酸法と濃塩酸法がある。濃酸では低温で分解するため高収率であるが，環境的・経済的理由から酸の回収が必要であり，強酸による装置の腐食を伴うなどの欠点がある。また，これらの酸加水分解過程で生成する利用の困難なリグニン縮合物が問題となっている。一方，酵素糖化では上述の酸加水分解法に比べて酵素糖化は緩和な

---

* 1　Keigo Mikame　住友林業㈱　筑波研究所　研究員
* 2　Masamitsu Funaoka　三重大学　生物資源学部　教授

条件で進むため,装置は比較的簡便なものでよく,不純物が生成しないなどの利点がある。しかし,セルロースの前処理が必要であり,物理的又は化学的な処理が施されることが一般的である。いずれも,酵素がセルロースを分解しやすい状態に変換するための前処理であり,リグノセルロースを形成しているリグニンなどの非セルロース系高分子を除去したり,セルロースの結晶化度を低下,または酵素分解が促進するようセルロース繊維の表面積を増大させる処理が必要である。

3.1.3 リグノセルロース分離の新しい試み

従って,現在も新しいリグノセルロースの分離・変換技術としていくつかの方法が検討されている。その一つとして山田らによる可溶媒分解システム (ES 処理) がある[3]。この方法はセルロースも徹底的に可溶媒分解するので,既存のパルプ化を伴った可溶媒分解技術と異なっているので,徹底的な (Exhaustive) 可溶媒分解 (Solvolysis) という意味で ES 処理と呼ばれている。この ES 処理ではレブリン酸となるまで分解させる点を特徴としている。レブリン酸は燃料添加剤,除草剤,樹皮等の原料として供給可能な有用ケミカル原料である。実際の方法としては,リグノセルロース試料に対して 5 重量倍量の分解試薬(炭酸エチレン,ポリエチレングリコール,エチレングリコール等の高沸点試薬を単独もしくは混合して使用),試薬に対して 1〜3％の濃硫酸を加え,常圧下 120℃〜150℃で 5〜60分間可溶媒分解する。精製物は蒸留水で洗い出し,水不溶部を濾別する。水可溶部はレブリン酸遊離処理として 100℃で煮沸する。これをクロロホルムで抽出することにより水層と有機層に分離し水層には分解試薬の大部分と酸触媒が分画され,有機層に蒸留水を加えて撹拌後,クロロホルムを除去することにより,遊離レブリン酸を含む水溶液が得られる。レブリン酸は陰イオン交換樹脂に吸着させることにより精製する。これによりセルロース量から導き出される理論値の 70〜80％のレブリン酸が回収可能である。また,この ES 処理で生成するリグニン誘導体(ES リグニン)は添加した分解試薬が付加し,強度な酸縮合も抑制させているので付加した試薬を基点とした樹脂の原料として応用可能である。実際にポリオール原料としてポリウレタン樹脂の製造を確かめている。

また,近年,超臨界流体テクノロジーによるバイオマス変換が注目されている。坂らは超臨界水($>374℃$, $>22.1MPa$)と超臨界メタノール($>239℃$, $>8.1MPa$)によるバイオマス変換を行っている。バイオマスの超臨界処理とは,常態での水とは全く異なる超臨界水の誘電率とイオン積の特異性を利用したもので,超臨界状態で水密度が増大して水素イオンとしての働きが強まり,酸触媒としてバイオマスを加水分解することが可能となる。従って,リグノセルロースを構成するエーテル結合やエステル結合は容易に加水分解され得る。しかしながら,リグニン分子中の炭素-炭素結合などの分解は期待できない。この特性をうまく利用すると,酸も酵素も使わずに,セルロースをグルコースにまで分解し,回収することができる。これには溶媒としての水(自由水)のみならず,セルロースの結晶体中に存在する結合水が,その分解に大きな役割を演

第5章 糖質の新しい応用技術

じていると思われる。すなわち，β-1,4グルコシド結合したセルロース分子間に存在する結合水が超臨界状態下で解離し，酸触媒として働き，セルロース繊維を取り巻く自由水と共に，ミクロフィブリルを内からと外から攻撃してグルコースへと分解する。バッチ式反応装置を用い木粉の超臨界水処理を行った結果，処理時間8秒以内で90％以上の炭水化物が水可溶区分に分離されている。一方リグニンの多くは水不溶区分に分離し，水不溶区分に含まれるリグニン70％以上はメタノール可溶である[4]。

3.1.4 相分離変換システムにおける炭水化物の分離挙動

三重大学舩岡研にて開発された相分離系変換システムは性質の異なる炭水化物とリグニンそれぞれに適する環境，炭水化物には親水性機能環境媒体である濃酸，リグニンには疎水性機能環境媒体であるフェノール誘導体を設定し，それぞれの環境下においてリグノセルロース構成成分の構造変換を行うことが可能である[5]。フェノール誘導体はリグニンのフェノール化試薬，溶媒，濃酸からの保護媒体として機能し，濃酸は炭水化物の加水分解試薬，溶媒，リグニンのフェノール化触媒として機能する。この過程でフェノールによって溶媒和されたリグニンはフェノール相と水相の界面でのみ酸と反応しリグニンの最も反応活性なベンジル位へフェノールがグラフティングされ，安定なリグノフェノールに変換される。この相分離変換システムにより誘導されるリグノフェノールは前章に述べられたように様々な用途への利用が可能である。一方，セルロースとヘミセルロースの炭水化物成分は酸加水分解により低分子量化する。ここでは相分離変換システムにより誘導される糖質の性質を制御するため，処理条件の異なる相分離変換処理を行い，処理過程における各構成成分の分子量変化，構成糖組成，マテリアルバランス変化，分離された炭水化物の特性等について述べる。

著者らはp-cresolを導入フェノール核として用いた1ステップ法相分離変換処理を行い，p-cresol層と硫酸層それぞれの構成糖組成を調べている。炭水化物のほとんどが移行する硫酸層中の糖収率は，相分離処理時間5minで木粉あたり62％，総炭水化物量あたり86％，処理時間20minで木粉あたり71％，総炭水化物量あたり98％，処理時間60minで木粉あたり75％，総炭水化物量あたり104％と極めて高い値を示している（図1）。処理時間5minで硫酸層には，グルコース以外の糖をヘミセルロース由来の糖（Mannose, Arabinose, Galactose, Xylose）として計算するとヘミセルロース由来の糖が硫酸層全炭水化物量に対し31％含まれていたが，60minでは20％に減少している。これは60min処理においては単糖の分解によりヘミセルロース系糖量が減少している影響もあるが，相分離処理初期の段階で，加水分解を受けやすいヘミセルロースが相分離処理初期に溶出し，処理時間の経過につれて結晶構造を持つセルロースの加水分解が進行し，グルコースの比率が増加したことによる。一方，リグニンが多く含まれるp-cresol層に移行した炭水化物の量は，処理時間の経過につれて減少し，処理時間5minでは木粉あたり1.8％，総炭

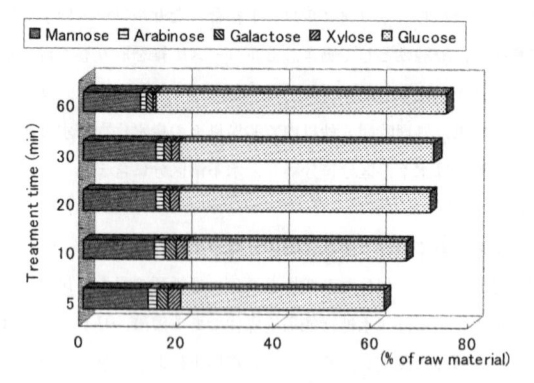

図1 相分離変換処理後の硫酸層炭水化物組成

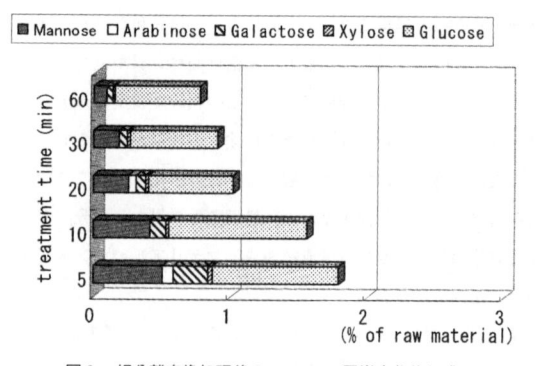

図2 相分離変換処理後の p-cresol 層炭水化物組成

水化物量あたり2.5%となり，60minでは木粉あたり0.7%，総炭水化物量あたり0.9%となっている（図2）。そして，その糖組成は処理時間5 minでヘミセルロース由来の糖が49%含まれていたが，60minでは18%に減少している。これは，相分離処理過程の初期では部分的にリグニンと親和性を持つヘミセルロースが，リグニンとともに p-cresol 層に移行するが，時間の経過につれて界面での酸との接触により加水分解を受け，徐々に硫酸層に移行していくためである。続いて，得られたリグノクレゾール中の導入クレゾール量を定量し，オリジナルリグニン量を計算し，硫酸層全糖量と p-cresol 層全糖量を合わせ，マテリアルバランスを調べている。図3は相分離変換システムにおけるリグノセルロース各構成成分のマテリアルバランスを調べた結果である。全収率は処理時間20minで対木粉90%，60minで96%と高い値を示している。これはフェノール誘

第5章 糖質の新しい応用技術

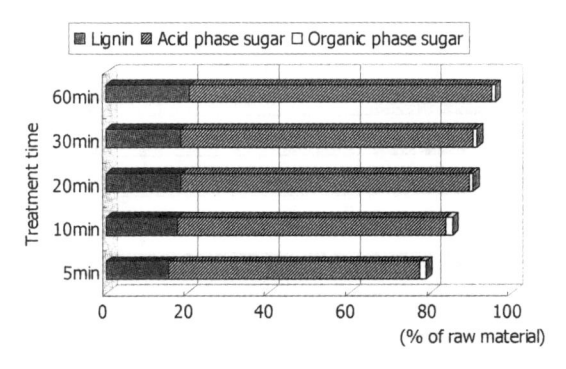

図3 相分離変換システムにおけるリグノセルロース各構成成分のマテリアルバランス

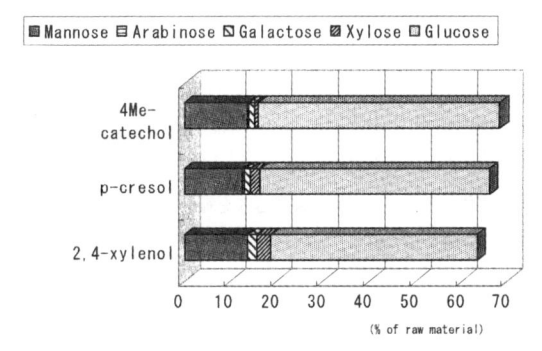

図4 疎水性の異なるフェノール誘導体を用いた相分離変換処理後の硫酸層炭水化物組成

導体が存在することにより、反応系において細胞壁よりリグニンをリグノフェノールとして効率よく抽出することが可能となり、その結果、ベルト効果が解放され炭水化物の加水分解も促進されたことによると考えられる。

また、疎水性の異なるフェノール誘導体 (2,4-xylenol, p-cresol, 4-methylcatechol) を用い2ステップ法 プロセスIによる相分離処理を行い、各構成成分の分離・変換挙動についても検討している。図4は硫酸層の炭水化物組成を分析した結果である。硫酸層に含まれる炭水化物の収率は木粉あたり4-methylcatechol：68％, p-cresol：66％, 2,4-xylenol：63％と用いたフェノール誘導体の親水性が高くなるほど高くなっている。その糖組成におけるグルコースの割合は、疎水性の高い2,4-xylenolを用いた場合では70％であったが、親水性の高い4-methylcatecholを用い

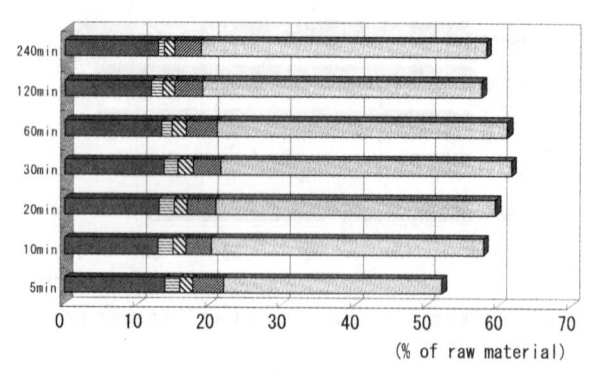

図5 フェノール誘導体未処理－72％硫酸処理における硫酸可溶区分の炭水化物組成

た場合では77％となり，セルロースの加水分解が促進されていることがわかる。これは親水性の高い4-methylcatechol を用いることによりフェノール層と硫酸層の親和性が高くなり炭水化物の酸加水分解が促進されたことによると考えられる。

続いてフェノール誘導体処理を行わず72％硫酸処理を行い，酸可溶性区分の糖組成分析を行いフェノール誘導体の効果を確かめている。図5は酸可溶性区分の糖組成分析の結果である。炭水化物収量は処理時間30min までは高くなるが30min 以降では若干低くなる傾向が見られ，単糖の分解による低下と考えられる。相分離変換システム１ステップ法60min 処理における木粉あたりの糖収率が75％に対し，フェノール処理を行わず72％硫酸処理を行ったときの糖収率は61％であり，フェノール誘導体処理を行うことにより炭水化物の加水分解は促進されている。これはリグニン縮合によるベルト効果がフェノール誘導体処理により抑制されたことによると考えられる。

また，硫酸層に含まれる炭水化物の分子量を GPC 分析により調べている。図6は１ステップ法相分離処理を行い，硫酸層炭水化物を GPC 分析した時の結果である。セルロース・ヘミセルロース由来の分子量2,000以下の低分子画分とともに，分子量が10万以上の水溶性グルコースポリマーが存在することがわかる。これらの高分子画分は，相分離処理時間の延長とともに徐々に減少し，相分離処理時間10分では高分子画分は全体の約70％，60分では約60％となっている。さらに相分離処理時間を240min まで延長すると約35％まで減少している。一方，低分子画分はグルコース単位で14量体以下の様々なサイズのオリゴ糖から成り，処理時間の延長とともに単量体，2量体レベルの糖の比率が高くなる傾向がみられる。また，相分離処理時間20min までは GPC での単糖を示すキシロースなどのペントース由来のピーク（retention time 68min）が大きく見ら

第5章 糖質の新しい応用技術

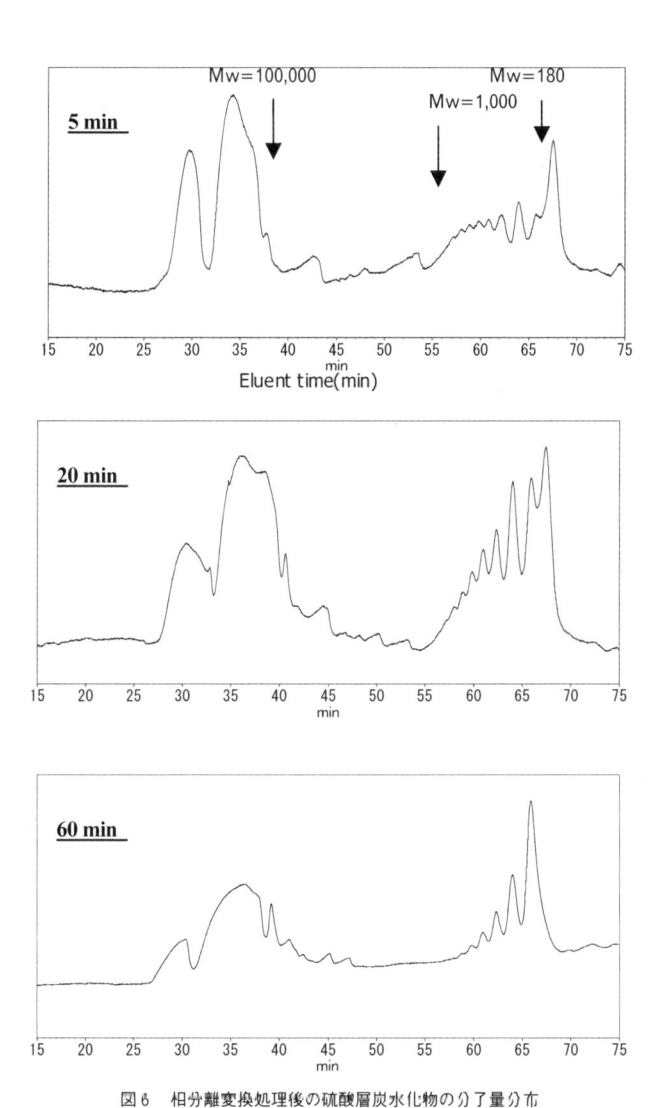

図6 相分離変換処理後の硫酸層炭水化物の分子量分布

れ，処理時間の延長とともにペントース由来のピークは小さくなりヘキソース由来のピーク（retention time 66min）の比率が高くなっている。これはヘミセルロースが極めて速い段階で単糖まで加水分解し，その後，処理時間の延長ともにセルロースの加水分解が進行したことによる

と考えられる。

これらの結果，フェノール誘導体と濃酸を用いた相分離系変換システムでは20分でほぼ完全に炭水化物とリグニンに分離されることがわかる。これは3次元高分子であるリグニンがリニア系サブユニットに変換されるため，炭水化物に対するベルト効果が解放され，結晶構造を持つセルロースでさえも容易に膨潤・溶解されたことを示している。すなわち，相分離系変換システムではフェノール誘導体でリグニンを溶媒和することにより，リグニンと酸との接触がフェノール誘導体と硫酸の界面に限定されており，このとき生成するカルボニウムイオンは瞬時にフェノール誘導体により安定化され，リグニンの更なる構造変換を抑制している。よって，セルロースの周りに存在するリグニンは除去され，セルロースは容易に膨潤・溶解する。そして，分離された炭水化物は，様々なサイズのオリゴ糖と分子量10万以上の水溶性グルコースポリマーを含んでいることから，機能性オリゴ糖やβ-1,4結合した水溶性多糖としての利用などができるほか，さらなる希酸加水分解により単糖となるため，アルコール発酵によるアルコールへの変換や乳酸発酵によるポリ乳酸の原料となりうる。続く単糖の脱水反応によるエチレンへの誘導などによりあらゆる分野の原料として利用することが可能である。

文　献

1) 飯塚堯介，ウッドケミカルの最新技術，シーエムシー出版，35 (2000)
2) 鈴木勉，ウッドケミカルの最新技術，シーエムシー出版，282 (2000)
3) 山田竜彦ほか，特許願2002-246597
4) K. Ehara et al, J. Wood. Sci., **48**, 320(2002)
5) M. Funaoka et al, Tappi J., **72**, 145(1989)

3.2 糖質の転換利用

3.2.1 バイオマス糖化液からの有用物質の生産

安戸　饒*

バイオマスを工業原料として利用する意義は，バイオマスそのものが太陽のエネルギーを使用して生物が合成したものであり，生命と太陽がある限り枯渇しない資源であり，再生可能であることが特徴である。カーボンニュートラルな資源であり，大気中の二酸化炭素を増加させないものと定義される。加えて現状の石油依存社会からの脱却を目標とした新しい原材料の創出を意味する。

バイオマスの利用法は多岐にわたるが，ここではバイオマスを糖化し，糖化液からの物質生産について紹介する。また，バイオマスとしてセルロース系バイオマスを想定する。地球上に大量に保有されており，現状で未利用資源と位置づけされ，食料と競合しない物質とする。

図1にセルロース資源からの有用ケミカルズへの変換について示す。単糖まで分解することにより，多岐にわたる物質生産が可能である。分解法として酸による加水分解，セルラーゼによる酵素分解が代表的である。

グルコース，キシロース，アラビノース，マンノース，ガラクトース等の分解物は水素化，脱

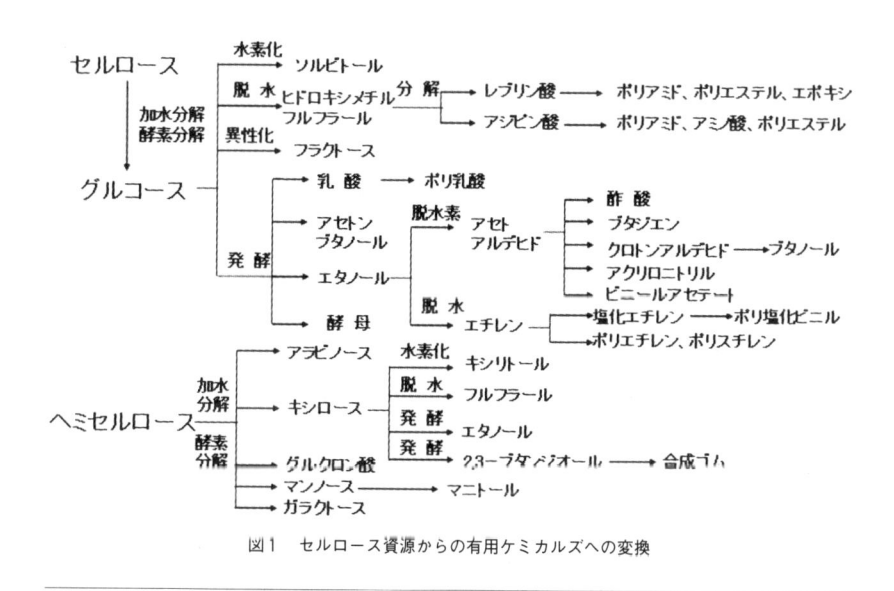

図1　セルロース資源からの有用ケミカルズへの変換

---

* Yutaka Ado　協和発酵工業㈱　東京研究所　林野庁国家プロジェクト　技術担当

木質系有機資源の新展開

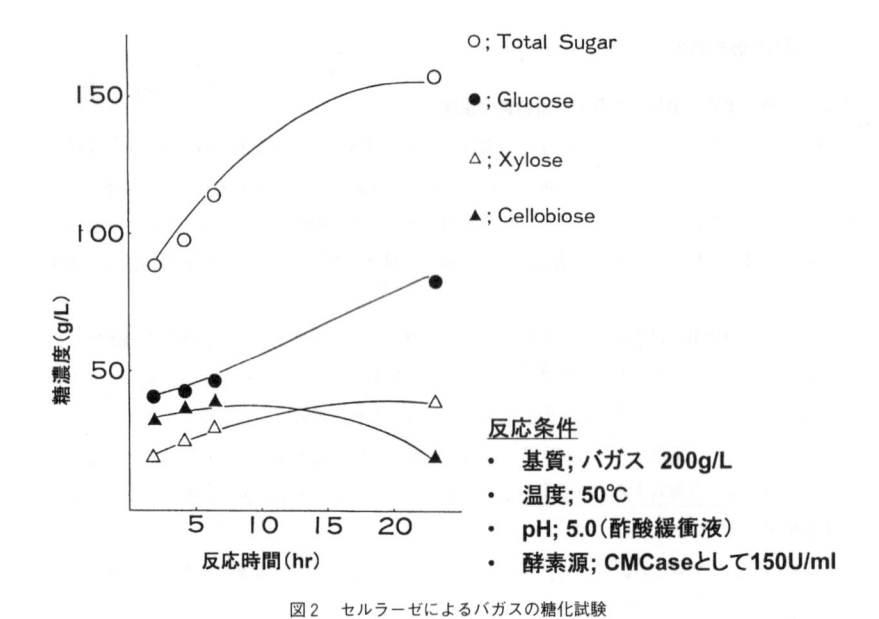

図2 セルラーゼによるバガスの糖化試験

反応条件
- 基質；バガス 200g/L
- 温度；50℃
- pH；5.0（酢酸緩衝液）
- 酵素源；CMCaseとして150U/ml

水，異性化，発酵，水素化等により現在石油を主原料に生産されている種々の化学物質への変換が可能となる。

3.2.2 バイオマスの糖化方法について

　バイオマスの糖への変換技術も濃硫酸法，希硫酸法，酵素法，リグノフェノール法（第4章で紹介した技術で濃硫酸法の変法と位置づけされる），熱分解法，超臨界水法等が種々検討され，一部は実用化技術として評価中の技術もある。ここでは酵素法，濃硫酸法，希硫酸法について紹介する。まず酵素法であるが，種々の微生物が産生するセルラーゼ（セルロース分解酵素総称）を利用した糖への変換技術である[1-3]。特徴はセルロース，ヘミセルロースを緩和な条件で単糖まで分解することで，過分解がなく，収率も良いことである。しかしセルラーゼの生産コストが高いこと，バランスの良い種々セルラーゼ生産条件の把握が難しいことが問題である。例として *Trichoderma reesei* の産生するセルラーゼを使用したバイオマスの糖化について図2に紹介する。水酸化ナトリウムで前処理したバガスをセルロース源として図2に示す条件でセルラーゼ分解することにより約75％の転換率でグルコース，キシロース，セロビオースが生成された。濃硫酸法は酸分解法の代表的方法である。歴史的には酢酸，塩酸分解も検討されている。一般に二段階法で分解される。第一段では70〜80％の濃度で加温下で液化し，第二段で20〜30％の濃度で糖化す

第5章 糖質の新しい応用技術

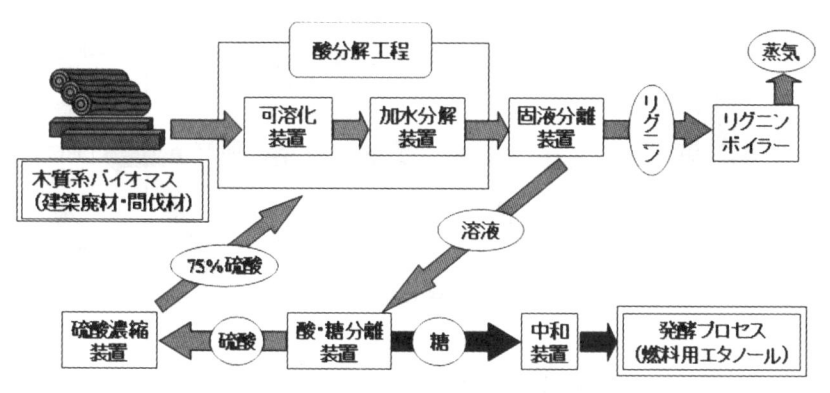

図3 濃硫酸法による加水分解プロセス

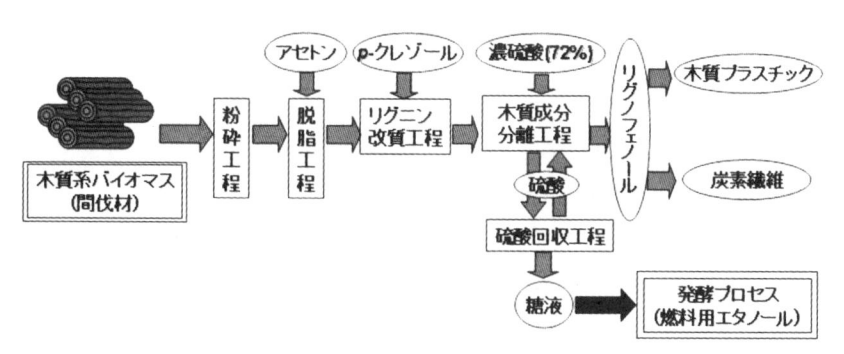

図4 相分離と濃硫酸法による加水分解プロセス

る条件が一般的である。プロセス概要を図3に示す。

また第4章に記述されているリグノフェノール製造プロセスの糖化方法も濃硫酸法と同様と考えられる。概要を図4に示す。希硫酸法は高温,高圧下の条件で低濃度の硫酸にて処理する方法であり,本方法の特徴は分解され易いペントース(ヘミセルロース)の分解物を効率良く回収可能な点である。概要を図5に示す。

3.2.3 バイオマスの構成成分について

一般に木質系バイオマスはセルロース,ヘミセルロース,リグニン,灰分から構成されている。木材の種類によって構成成分は変わるが,一般的に針葉樹,広葉樹は表1に示すような成分である。甘しょ糖の絞りカスであるバガスおよび稲わらの組成についても参考までに表記する。

木質バイオマスにおいても針葉樹と広葉樹では構成成分が異なり,ヘミセルロースを効率良く

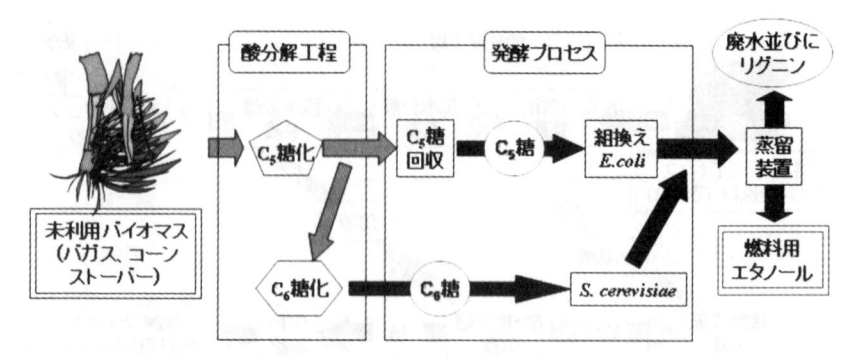

図5　希硫酸法による加水分解プロセス

表1　各種バイオマスの構成成分

バイオマス	セルロース	ヘミセルロース	リグニン	灰分
針葉樹	40	20〜30	27〜33	1〜2
広葉樹	40〜50	30〜40	18〜24	1〜2
バガス	35〜40	20〜25	18〜20	2〜3
稲わら	35〜40	35〜40	5〜7	6〜8

(%)

糖として回収するためには，酵素法あるいは希硫酸法が望ましい。またセルロース系バイオマスは単糖まで分解するとグルコース，マンノース，ガラクトース，キシロース，アラビノース等，多種の糖が生成されるため，種々物質へ変換するための微生物の選定にも各種糖の資化，発酵性を考慮する必要がある。

3.2.4　具体例

(1)　**アルコール（エチルアルコール，エタノール）発酵**

①　はじめに

エタノール発酵は古くから全世界で実施されている。原料は生産資源であるビート糖，甘しょ糖，米，とうもろこしが主体であるが澱粉質の作物および果物に由来する果汁等は全て利用可能である。利用される糖種としてはアミラーゼで分解が必要な系もあるが，最終的にはグルコース，シュークロースとして使用されている。

最近のアルコール発酵の研究としては基本的に食料と競合しない未利用バイオマス資源を原料に燃料用アルコールの研究が多い。農林水産資源である間伐材，バガス，稲わら，麦わら，古紙等である。これらを対象にして効率良くエタノールを生産するためにはセルロース分解物のみで

第5章 糖質の新しい応用技術

はなく，ヘミセルロース分解物であるキシロースおよび種々のオリゴ糖のエタノールへの変換技術の確立も重要な課題となり，アルコール生産菌の育種等も実施されている。

② アルコール発酵関連微生物

アルコール発酵用酵母の主流は *Saccharomyces cerevisiae* である。色々な特徴を持ったものがあり，凝集性やエタノール耐性を示すものなどが報告されている。*Candida* 属や *Pichia* 属にはキシロースからエタノールを生成するものが多く報告されている。また，キシロースを発酵するものに分裂酵母の *Schizosaccharomyces pombe* があり，その中には塩耐性や高温耐性を示すものが見出されている。*S. cerevisiae* はキシロースを同化する経路を持たない点に難点があるが，*Kluyveromyces* 属などキシロース同化性酵母はエタノール耐性が低いことや，酸素要求性を持つことなどが工業化の妨げとなっている。*Candida* 属の酵母にはセロビオースやセロデキストリンからエタノールを生成するものも報告されている。

一方，エタノールを生産する細菌の代表は，*Clostridium* 属と *Zymomonas* 属である。*Clostridium* 属には高熱性菌が多く，セルロースやでんぷんからエタノールを生成するものが報告されている。*Z. mobilis* はグラム陰性の通性嫌気性菌であり，Enter-Doudorff 経路を使ってエタノール発酵をし，この時1molのグルコースから1molのATPを生成する。発酵速度が速いという反面，同化できる糖の種類が少ない。また，細菌のコンタミや抗生物質にも抵抗性を有するが，高い塩濃度では生育が悪い。工業的に使用できるよう塩耐性，エタノール耐性，温度耐性などの向上した菌株の分離や育種が望まれる。

大腸菌や *Klebsiella* 属の遺伝子組み換え体を使用する各種糖類のアルコール発酵も研究されているが，報告では約6%までのエタノール生成量に留まっている。キシロースからのエタノール発酵を考える場合，*Lactobaccillus* 属は育種・改良の対象として有用であろう。

③ アルコール生産技術

アルコール発酵は技術的に確立したものである。ここではさらに効率の良い発酵法の開発を目標にバイオリアクターによるアルコール連続生産技術について紹介する。アルコール生産は一般に回分式培養法が採用されている。より効率良く生産する方法として，菌体リサイクル法，連続多槽型発酵法（CSTR法）などが広く研究されて一部は実用化されている。またバイオリアクターによる生産方法も多くの研究機関で検討されているが，アルコール発酵はマルチエンザイム系であることより，補酵素の安定供給，ATPの再生能が必要で生細胞を効率良く使用する方法の確立が大きな課題である。

バイオリアクター利用技術の1例として固定化酵母法について紹介する。生細胞使用が必須のため，固定化微生物による連続生産を検討するに当り，まず固定化法を決定する必要がある。コラーゲンキャスティング法，酢酸・セルロースマイクロカプセル化法，カラゲーナンゲル包括法，

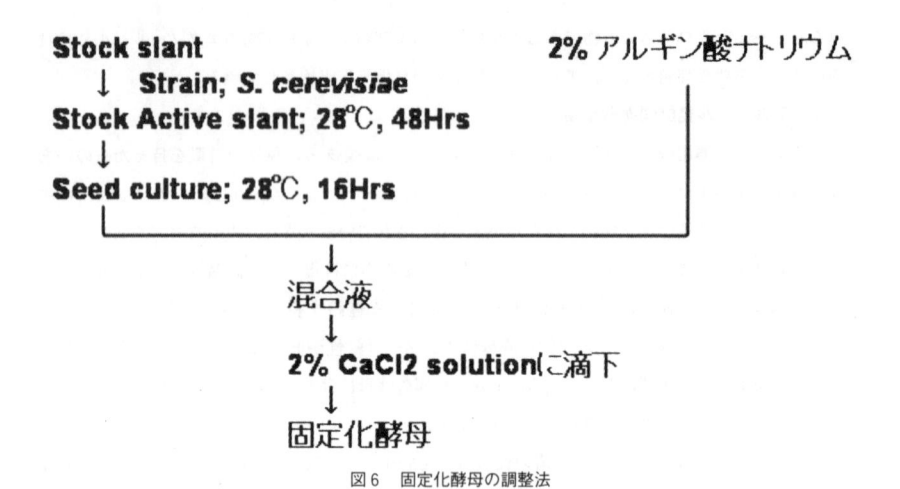

```
Stock slant
    ↓  Strain; S. cerevisiae            2% アルギン酸ナトリウム
Stock Active slant; 28℃, 48Hrs
    ↓
Seed culture; 28℃, 16Hrs
            ↓
         混合液
            ↓
       2% CaCl2 solutionに滴下
            ↓
         固定化酵母
```

図6　固定化酵母の調整法

図7　固定化酵母法フロー

① アルギン酸ナトリウムタンク　③ 固定化酵母カラム No.1
② 原料タンク　　　　　　　　　④ 固定化酵母カラム No.2

アルギン酸カルシウムゲル包括法等が代表的な方法であるが，活性発現率が高いこと，ゲル調製法が簡単であること，またゲルの安定性が良好であることによりアルギン酸カルシウムゲル包括法について図6に示す。固定化酵母法のフローを図7に示す。このようにして調製した固定化酵母を使用し長時間の連続運転をした結果を図8に示した。数ヶ月間にわたって，滞留時間3～4時間で8～9％のアルコール連続生産が可能であった[3]。

第5章 糖質の新しい応用技術

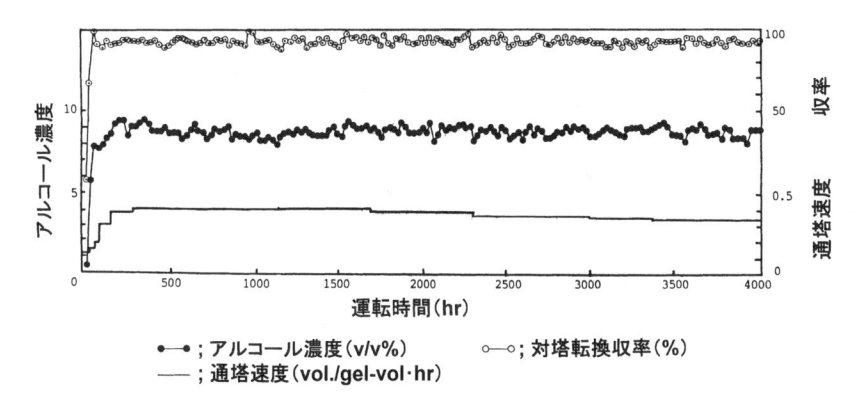

●—; アルコール濃度(v/v%)　　○—; 対塔転換収率(%)
——; 通塔速度(vol./gel-vol・hr)

図8　固定化酵母連続発酵試験結果

表2　各種発酵法による生産性の比較

発酵法	菌体濃度 (g/L)	アルコール濃度 (%)	生産性 (g/L/hr)
回分式	3〜5	8〜12	1〜2
固定化法	70〜100	7〜9	10〜20

　バイオリアクターの研究開発によりアルコール生産性の大幅な向上が可能となった。回分法,固定化連続法の比較を表2に示す。しかし,バイオリアクターはまだ多くの解決すべき問題点を残している。今後さらに装置の工夫,運転条件の最適化,スケールアップ方法等について検討を加えていく必要がある。

④　参考文献

　バイオマス資源からのエタノール生産に関する最近の技術開発の進捗状況に関しては,下記の優れた総説や調査報告書があるので参照してほしい。

・今見直されるバイオマス資源　第3回　バイオマス資源からの燃料エタノール製造[4]
・リグノセルロース系材料を基にしたエタノール製造の経済的可能性[5]
・バイオマスエタノール　技術的進歩,機会,そして商業的挑戦[6]
　新バイオマスエネルギーの生産と利用　海外のバイオマスエネルギー開発・実用化の現状
　米国の稲わらエタノール2001年工業化計画など[7]
・米国のバイオマスエタノール2001年以降実用化計画[8]

エタノール生産技術
・繊維素バイオマスを環境に優しい輸送用エタノールに変換するための遺伝子工学的に得られ

219

た Saccharomyces 酵母[9]
- グルコース/キシロース培地からエタノールを産生する組換体 Zymomonas mobilis 株の評価[10]
- エタノール高耐性の新規単離株 Clostridium thermocellum SS21株と SS22株[11]
- 破砕した稲わらの酵素加水分解物の Pichia stipitis によるアルコール発酵[12]
- 酵母による木材加水分解物からのエタノールの生産[13]
- Lactobacillus delbrueckii（NRRL B445）を用いたパルプ粉砕固体廃棄物セルロースとキシロースからの乳酸の生産[14]
- 耐熱性酵母の Kluyveromyces marxianus IMB3を使用した麦藁からエタノールへの平行複発酵[15]
- アルミニウムイオンで硬化したアルギン酸カルシウム塩ビーズ固定化 Saccharomyces cerevisiae による連続エタノール発酵[16]

(2) 乳酸発酵

① はじめに

乳酸は従来の食品分野への応用よりも最近は石油を原料とする従来のプラスチックから，自然環境下で分解する生分解性プラスチックであるポリ乳酸製造のための原料として注目されている。現在の汎用プラスチックに替わる材料として，物性としては光学純度の高い乳酸が要求されている。発酵式は以下に示す通りである。

$C_6H_{12}O_6 \rightarrow 2CH_3CH(OH)COOH$ （ホモ乳酸醱酵）
グルコース　　　　乳酸

$C_6H_{12}O_6 \rightarrow CH_3CH(OH)COOH + C_2H_5OH + CO_2$ （ヘテロ乳酸醱酵）
グルコース　　　　乳酸　　　　エタノール　二酸化炭素

$C_5H_{10}O_5 \rightarrow CH_3CH(OH)COOH + CH_3COOH$
キシロース　　　　乳酸　　　　酢酸

② 乳酸発酵関連微生物

この発酵に関与する微生物として代表的なものは一般に乳酸菌と呼ばれている細菌である。工業的に利用可能な微生物はこの乳酸菌と Rhizopus 属の一部であり，乳酸菌は菌種によって上記の発酵形態も異なり，また光学活性も異なる乳酸を産生する。工業的生産を考えるとホモ乳酸発酵菌で光学活性純度の高い生産菌の選定が望まれる。以下に菌種を紹介する。

- Lactococcus 属
- Streptococcus 属
- Leuconostoc 属
- Pediococcus 属

第5章　糖質の新しい応用技術

表3　Lactobacillus delbrueckii ATCC53197を利用した乳酸発酵

菌種	乳酸 (%)	グルコース (%)	収率 (%)
Lactobacillus delbrueckii ATCC53197	14.05	1.7	89

表4　連続発酵法による乳酸生産

菌種	発酵方法	基質（糖源）	生産性 (g/L/hr)	文献
L. delbrueckii (L. rhamnosus)	CSTR	グルコース	160	21)
L. helveticus	CSTR	チーズホエー分解物	22	22)
S. faecalis	固定化（ろ過方法）	グルコース	21.2	23)
L. delbrueckii (L. rhamnosus)	固定化（グラスビーズ）	グルコース	20.1	24)
L. helveticus	固定化（アルギン酸）	チーズホエー分解物	8	25)

・Lactobacillus属

・Rhizopus属

③　乳酸生産技術

　一般に乳酸発酵は回分方式で実施されている。方法は10～15%の糖源にpH調製および生成乳酸をカルシウム塩として回収することを目的に炭酸カルシウムを5%添加し、さらに少量の硫酸アンモニウム、リン酸を加えた系で10～15日間培養する。培養温度は菌種によって異なるが高いもので40℃～50℃でpHコントロールを実施する[17]。Lactobacillus delbrueckii ATCC53197を利用した乳酸発酵（20%グルコース、1L発酵槽、45℃、pH6.3、168-216hr）について紹介する[18]（表3）。また、バッチ発酵について乳酸生成速度が比較的高いものでは、乳酸生産速度 2.7g/L/h (L. helveticus, Chees whey permeate 65g/L (Lactose 39.2g/L), yeast extract 15g/L, 400mL fermenter, 42℃, pH5.9, 12h)[19]、乳酸生産速度 3.4g/L/h (Lactococcus lactis subsp. cremoris 2487, Chees whey permeate 65g/L, yeast extract 5g/L, 3.5-liter fermenter, 35℃, pH6.5)[20]が報告されている。連続発酵についても種々検討されている。表4に示す。

　より効率の良い乳酸発酵プロセスを構築するために、透析装置を組み入れた方法が発酵溶液中の乳酸を回収、また発酵液中の乳酸濃度を低下させ微生物活性を保持することを目的として実施されている。近年は電気透析が特に注目されている。電気透析を使用した代表的な乳酸発酵について以下に示す。

- 使用微生物 *Lactococcus lactis* IO-1；透析装置 Periodic electrodialysis copled with CSTR；基質 グルコース；乳酸生成速度 5.1g/L/h；乳酸濃度 60g/L；対消費基質収率＞0.99g/g[26]
- 使用微生物 *L. delbrueckii* IFO3534；透析装置 Electrodialysis copled with immobilized cell bioreactor (calcium alginate gel beads)；基質 グルコース；乳酸生成速度 5.3g/L/h；乳酸濃度 70.2g/L；対消費基質収率＞0.99g/g[27]

乳酸発酵プロセスにおいて乳酸の回収・精製工程に要するコストは全体の約50％を占めるため、より安価で効率的な回収・精製法が検討されている。代表的な生産物回収・精製法として以下の6項目が検討されている。

- 沈殿生成・酸性化
- 電気透析
- 蒸留
- イオン交換・イオン吸着
- 逆浸透
- 溶媒抽出

参考文献として28)～30)がある。

(3) アセトン・ブタノール発酵

① はじめに

現在石油を原料として生産されているアセトンやブタノールなどのソルベント生産は歴史的には微生物を利用し、糖質原料から製造し近代発酵工業の幕開けを演じていた。最近また、石油枯渇問題と大気中二酸化炭素増大による環境問題の深刻化により、再び化学原材料生産技術として種々バイオマスからの生産技術開発が注目されている。発酵式は以下に示す通りである。

$$95 C_6H_{12}O_6 \rightarrow 60 C_4H_9OH + 30 CH_3COCH_3 + 10 C_2H_5OH + 220 CO_2 + 120 H_2 + 30 H_2O$$
グルコース　　ブタノール　　アセトン　　エタノール　二酸化炭素　水素ガス　　水

② アセトン・ブタノール発酵関連微生物

生産菌は以下に示すグラム陽性桿菌である *Clostridium* 属菌に属する。代表的な菌株は以下の4株である。

- *Clostoridium beijerinkii*
- *Clostoridium acetobutylicum*
- *Clostoridium saccharoperbutylacetonicum*
- *Clostoridium butylicum*

これらの菌による発酵研究は以下に示す問題点を解決することにより実用的生産技術として確立すると考えられる。

第5章 糖質の新しい応用技術

表5 アセトン・ブタノール発酵の推移

発酵法	ブタノール濃度 (g/L)	ブタノール比 (%)	比生産性 (倍)	菌体濃度 (g/L)
回分式	12〜14	65	1	2
固定化法	6〜7	65	3〜4	10
固定化・抽出	15〜16	78	7〜8	12

・より効率的な基質利用能を有する菌株の育種
・ソルベント生成比率の改良された菌株の育種
・連続培養や，固定化菌体によるバイオリアクターにおいて生産能が高く取り扱いが容易な菌株の育種
・ブタノール耐性が高く，高濃度ソルベント生成が可能な菌株の育種

これら，根本的なアセトン・ブタノール菌育種には，ソルベント生成の基本機構の解析も求められる。

③ アセトン・ブタノール生産技術

　セルロース系バイオマスから得られた糖液からのアセトン・ブタノールの生産について検討した一例を紹介する。菌株は古くから利用されている嫌気性細菌であるが，ブタノールの生成比率の高いもの，長期安定性に優れた株として Clostoridium saccharoperbutylacetonicum を選定し変異処理を加えて使用した。歴史的にアセトン・ブタノール発酵は回分方式で生産されてきたが，生成するブタノールが菌の生育，発酵性を阻害するため生産されるブタノール濃度も低く，生産速度も低いものであった。そこでこれらの欠点を回避し，効率良い生産法として固定化・抽出発酵法について検討を加えた。固定化法としてはアルギン酸カルシウムゲル包括法を採用した。生産性を向上させるために抽出剤としてオレイルアルコール等を使用した。このような方法でバイオマス糖化液中のグルコース，キシロースを効率良くアセトン・ブタノールに変換する技術を実験室規模で確認した。種々の発酵法によるブタノール発酵の推移を表5に示した。

　参考文献として29)および31)〜35)がある。

3.2.5 おわりに

　バイオマス糖化液からの有用物質の生産例として，エタノール，乳酸，アセトン・ブタノールについて記述した。エタノールは近い将来ガソリンへの添加利用が考えられている燃料代替物質として注目されている。乳酸は生分解性プラスチックであるポリ乳酸の原料であり，環境に優しいポリマーとしてポリエチレン，ポリプロピレン，ポリスチレン等の汎用プラスチックに替わる物質として注目されている。一般に発酵で生産される物質を原料として生産される高分子機材は

原理的に微生物による分解が可能であり、グルタミン酸、リジン等のアミノ酸、コハク酸、α-ケトグルタル酸等の有機酸もモノマーとして検討されている。一部は実用化の段階である。

アセトン・ブタノールは現在、石油を原料として生産されているが原油価格の高騰もあり、発酵法による生産も脱石油技術の一環として注目する価値があると考えられる。

木質系バイオマスは再生可能な大量に供給できる物質である。多岐にわたる微生物の機能と組み合せて有効利用することにより、現在石油を中心に生産されている物質を幅広く代替する技術を構築することが近未来の大きな課題と考えられる。

文　献

1) 安戸饒, バイオサイエンスとインダストリー, **47**, 840 (1989)
2) 安戸饒, 化学と工業, **41**, No.1, 9 (1988)
3) Y. Ado et al., "Renewable biological systems for alternative sustainable energy production", FAO Agricultural Services Bulletin **128**, p19 (1999)
4) 湯川英明, 化学経済, **47**, 87 (1988)
5) M. Kaylen, et al., Bioresour Technol., **72**, 19 (2000)
6) C. E. Wyman, Annu. Rev. Energy Environ., **24**, 189 (1999)
7) 斉木隆, 農林水産技術研究ジャーナル, **23**, 16 (2000)
8) 斉木隆, バイオサイエンスとインダストリー, **58**, 362 (2000)
9) N. W. Y. Ho, et al., ACS Symp. Ser., No. 767, 143 (2000)
10) E. Joachimsthal, et al., Appl. Biochem. Biotechnol. PartA, **77/79**, 235 (2000)
11) K. S. Rani, et al., World J. Microbiol. Biotechnol., **15**, 155 (1999)
12) M. Moniruzzamani, World J. Microbiol. Biotechnol., **11**, 646 (1995)
13) H. K. Sreenath, et al., Bioresour Technol., **72**, 253 (2000)
14) S. Thomas, Appl. Biochem. Biotechnol. **84/86**, 455 (2000)
15) M. Boyle, et al., Biotechnol. Lett., **19**, 49 (1997)
16) E. Roca, et al., Biotechnol. Tech., **9**, 815 (1995)
17) C. N. Waite, U. S. Patent No. 368, 032 (1887)
18) G. C. Inskeep, et al., Ind. Eng. Chem., **44**, 1955 (1952)
19) D. Roy, et al., Can. J. Chem. Eng., **65**, 597 (1987)
20) C. N. Mulligan, et al., Biotechnol. Bioeng., **38**, 1173 (1991)
21) E. Ohleyer, et al., Appl. Biochem. Biotechnol., **11**, 317 (1985)
22) P. Boyaval, et al., Biotechnol. Lett., **9**, 207 (1987)
23) H. Ohara, et al., J. Ferment. Bioeng., **76**, 73 (1993)
24) L. M. D. Goncalves, et al., Enzyme Microb. Technol., **13**, 314 (1991)

第5章　糖質の新しい応用技術

25) P. Boyaval, *et al.*, *Enzyme Microb. Technol.*, **10**, 725(1988)
26) P. Vonktaveesuk, *et al.*, *J. Ferment. Bioeng.*, **77**, 508(1994)
27) Y. Nomura, *et al.*, *Biotechnol. Bioeng.*, **30**, 788(1987)
28) J. H. Litchfield, *Adv. Appl. Microbiol.*, **42**, 45(1996)
29) 石崎文彬, 生物工学, **78**, 2 (2000)
30) H. Huang, *et al.*, *Appl. Biochem. Biotechnol.*, **113-116**, 671(2004)
31) N. G. Grobben, *et al.*, *Appl. Microbiol. Biotechnol.*, **39**, 494(1993)
32) T. M. Lee, *et al.*, *Biotechnol. Lett.*, **17**, 649(1995)
33) A. M. Dadger, *et al.*, *Biotechnol. Bioeng. Symp.*, **15**, 611(1985)
34) W. E. Barton, *et al.*, *Appl. Microbiol. Biotechnol.*, **36**, 623(1992)
35) W. C. Huang, *et al.*, *Appl. Biochem. Biotechnol.*, **113-116**, 887(2004)

第6章　抽出成分の新展開

1　生理機能性物質としての新展開

谷田貝光克*

1.1　はじめに

　木材の主要成分であるセルロース，ヘミセルロース，リグニンが高分子であるのに対して抽出成分は分子量が高々1,000の低分子で，その構造も多様で多種類に及ぶ。それゆえにその生理機能性も多種多様で，構造の違いにより幅広い生理活性を有している。一部の抽出成分は，その生理機能性が知られ，生活の中で利用されてきたものも多い。しかしながら，多種多様な構造ゆえに，未知の働きを持つものも多く，新たに見出される働きも多い。ここでは最近の樹木生理機能性物質に関する研究及び実用化に向けた試みなどについてご紹介する。

1.2　生理機能性物質に関する最近の研究の動向

　樹木成分にはヒノキチオールや$α$-カジノールなど，抗菌作用を有するものが存在する。ヒノキチオールは MRSA に対する抗菌性，胃潰瘍，慢性胃炎の原因と考えられている *Helicobacter pylori* に対して除菌効果がある（MIC =50ppm）。$α$-カジノールは虫歯菌（*Streptococcus mutans*）の繁殖抑制作用（MIC =20ppm）も有している。$α$-カジノールはヒノキの耐朽性のもとともなっており，材油には10～15%，根油には5%程度含まれている。また，スギ材油に含まれる量は約5%である。

　スギ樹皮からリンゴ斑点落葉病菌，イネいもち病菌，シバブラウンパッチ病菌，キュウリつる割り病菌に対する成長阻害物質が見出され，その活性物質はフェルギノールと同定された[1]。

　木質繊維から得られるインシュレーションボードにスギ樹皮を混入し，木材腐朽菌及びカビ類に対する抗菌性を検討した結果，木材腐朽菌オオウズラタケ，カワラタケ，およびカビ類フザリウム，ペニシリウムに対して樹皮を混入しなかった場合に比べ，菌類の生育を抑制することが確認され，スギ樹皮がボードの耐朽性に寄与することが示された[2]。

　室内には100種類ほどのダニが生息しているといわれている。その中でも最も生息数が多いのが室内塵ダニのヤケヒョウヒダニ，コナヒョウヒダニである。これらのダニはヒトのふけや食べかすを食べて繁殖する。これらのダニは吸血はしないが，軽くなった死骸や卵の殻，糞などが空

＊　Mitsuyoshi Yatagai　東京大学　大学院農学生命科学研究科　農学国際専攻　教授

第6章　抽出成分の新展開

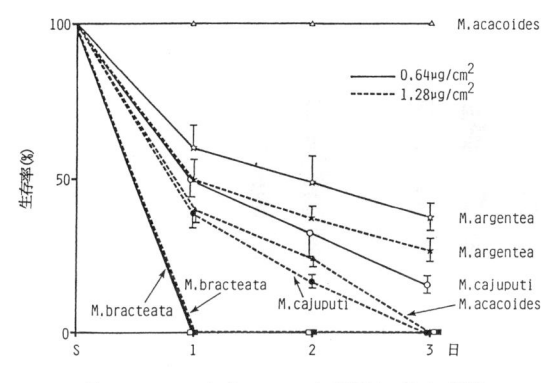

図1　メラルーカ（Melaleuca）類葉油の殺ダニ活性

中に舞い上がり，ヒトがそれを吸引することで喘息などを引き起こす。樹木精油成分には塵ダニ類の繁殖を抑制，あるいは殺す作用がある。家屋の用材としてよく用いられるヒノキ，スギ，アカマツ，ベイマツ，ベイスギ，ベイヒバの精油は強い殺ダニ活性を有している。特にスギ，ベイヒバは強い殺ダニ活性を示し，$32\mu g/cm^2$ をろ紙にしみこませた量で3日後にほとんどのヤケヒョウヒダニを死に至らしめる[3]。熱帯の早生樹種であるメラルーカ類の葉油にも殺ダニ活性があり（図1），*Melaleuca bracteata* のようにエレミシン，オイゲノールなどのフェノール性成分含量の高いメラルーカに特に強い殺ダニ活性がみられた[4]。クマリン類縁体には比較的強い殺ダニ活性を示すものが多い（クマリンの $LD_{100}=4\times10^{-3}mg/cm^2$）。

ヒノキ科サワラの葉に含まれるジテルペンカルボン酸のピシフェリン酸及びその類縁体も殺ダニ活性を示し（図2），その活性の度合いは化合物の酸化の度合いが高いほど高い[5]。

スギ材成分からウスカワマイマイ（*Acusta despesta*）の摂食阻害成分として2種のセスキテルペン (-)-cubebol 及び (+)-2,7 (14),10-bisabolatrien-1-ol-4-one が単離された[6]。ウスカワマイマイは野菜，穀物，ミカンなど柑橘類の害虫である。

スギ葉からはホタル幼虫のカワニナに対して毒性を持つ6種のジテルペンが単離されている[7]。しかしながら，実際に川に溶け込むこれらのジテルペンの濃度は殺カワニナ作用を発揮する濃度にまで達しないので生態系への影響は無い。

同じ樹種でも品種によって害虫に抵抗性のものと感受性のものがあることがよくある。スギカミキリに対するスギはその一例である。スギカミキリはスギの内皮と辺材に傷をつけスギの木材としての商品価値を下げる。スギカミキリが精油と精油なし（対照）のどちらに移動するかを調べることができる検定装置によって，スギ辺材精油のスギカミキリに対する反応をみると抵抗性

木質系有機資源の新展開

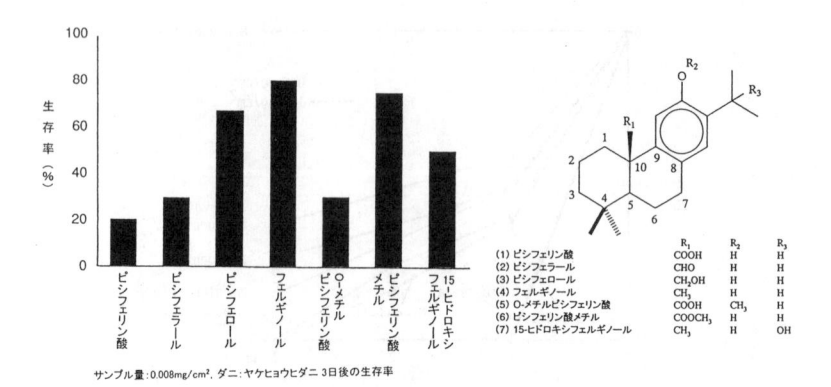

図2 ピシフェリン酸類の殺ダニ活性

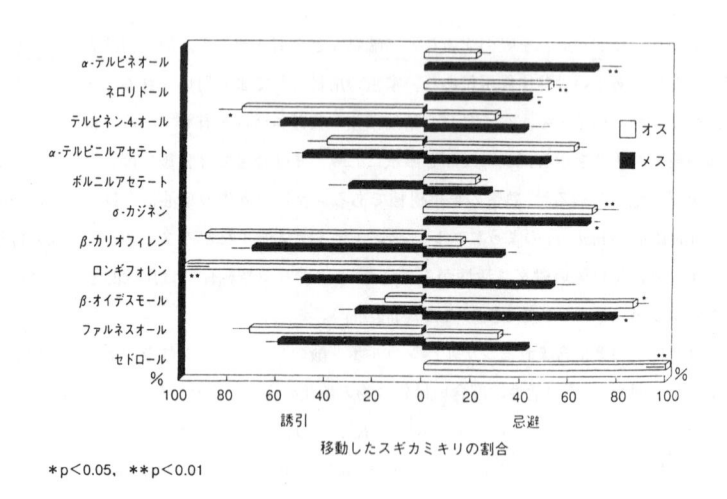

図3 スギ精油成分のスギカミキリに対する反応

品種は忌避作用を示し，感受性品種は誘引作用を示した。内皮精油でも同様な結果であった。さらに精油成分で調べてみると（図3），δ-カジネン，α-テルピネオールなど，抵抗性品種に量的に多く含まれる成分が忌避作用が強いことがわかった。スギのスギカミキリに対する抵抗性は抵抗性成分が大きく寄与していることになる[8]。

ヒバオガ粉成分のフェノール性モノテルペンのカルバクロールが，ヤマトシロアリ，タバコシ

第6章 抽出成分の新展開

表1 樹木精油の消臭率（％）

悪臭*	アンモニア				二酸化硫黄	二酸化窒素	酢酸
エタノール中の精油濃度（％）**	5	10	50	100	5	5	5
ヒノキ葉油	26	57	74	97	100	44	20
トドマツ葉油	24	47	68	96	100	40	19
ヒノキ材油	14				100	49	9
ヒバ材油			34	63	94		

＊：約60ppmの悪臭を使用
＊＊：精油の消臭率はエタノールによる消臭を補正後の値

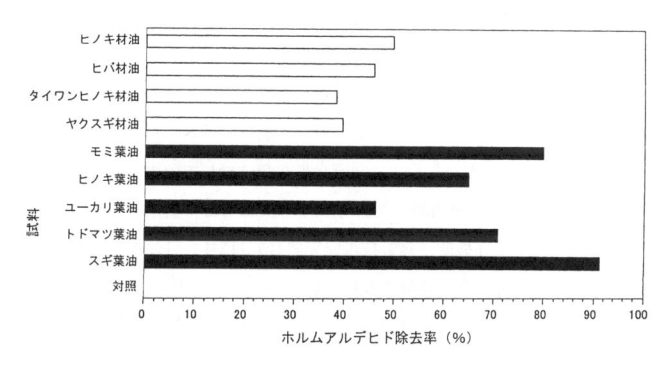

図4 樹木精油のホルムアルデヒド除去率

バンムシ，コナガ幼虫，チャバネゴキブリ，ナミハダニなどの害虫に対して強い殺虫作用を有することが報告されている。これらはいずれも同じくヒバ成分であるヒノキチオールよりも強い活性を示した[9]。ヒバの少量成分 α-ツヤプリシンがハクサイ，ヒエに対して2,4-Dに匹敵する成長阻害作用[10]や4-アセチルトロポロンが木材腐朽菌に対して強い抗菌作用を持つことも報告されている[11]。

　ホルムアルデヒドやキシレンなどのVOCがシックハウス症候群を引き起こし，大きな問題となっている。シックハウス症候群は，学校の校舎にも飛び火し，新築や改修された校舎の塗料などから発散されるVOCによってシックスクール問題にまで広がっている。ところで，樹木精油成分にはアンモニアや二酸化硫黄などの悪臭を消臭する働きがあるが（表1）[12]，ホルムアルデヒド除去能も有している[13]。図4は数ppmのホルムアルデヒドを精油中に通したときの除去率である。葉油に高い除去能があることがわかる。

　樹木抽出成分には薬理作用を持つものがあり，それらは古くから民間薬として用いられてきた。現在でも新しい作用が見いだされつつある。ラットの潰瘍モデルにスギ葉精油を経口投与すると，

2.5ml/kg の投与量で87.8%の潰瘍抑制率がみられた。さらにその活性成分は terpinen-4-ol（投与量100mg/kg で潰瘍抑制率100%）及び elemol（100mg/kg, 94.5%）であることがわかった[14]。

針葉樹樹皮抽出物を Sarcoma180担癌マウスに腹腔内投与してマウスの延命効果を見た実験では，対照のマウスが約3週間後には全滅しているのに対して，カラマツでは約50日ほど延命し，スギでは60日後も約半数のマウスが生存していた。さらにその有効成分はスギ，カラマツのフェノール性成分であることが明らかにされている[15]。

1.3 実用化に向けての技術開発
1.3.1 抽出成分関連技術研究組合による研究成果[16,17]

基礎的なデータが実際に応用製品に利用された事例を，林野庁所管の抽出成分関係の技術研究組合の成果をもとに以下にご紹介する。技術研究組合は鉱工業技術研究組合法（昭和36年法律第81号）に基づいて設立された民間企業の共同組織で，試験研究課題のもとに，応用，実用化に向けての試験研究を行っている団体である。試験研究事業費に対して国の施策に基づいた補助がある。現在までに林野庁所管の技術研究組合で，抽出成分関係では「樹木抽出成分利用技術研究組合」（参加企業23社），「樹木生理機能性物質技術研究組合」（12社），「住環境向上樹木成分利用技術研究組合」（14社）の3研究組合が組織された。以下がその主な成果の一部である。

用材生産時に排出される枝葉等の林地残材，おが粉，製材端材等の林産廃棄物を原料にした精油採取技術では，従来，大気圧のもとで蒸留する常圧蒸留が最も一般的で古くから行われているが，ここでは，加圧蒸留法の一つとしてスウィングプレッシャー法（SPE 法）が開発された。SPE 法とは抽出槽内の圧力が $3 kgf/cm^2$ 程度に達した後，抽出槽の入り口を閉じ，出口を開いて抽出槽内の蒸気を排出し，大気圧に戻す操作を繰り返す方法である。SPE 法では常圧蒸留法に比べ全抽出量が多く，特に初期の抽出量が多いので抽出時間を短縮し，新しい原料に入れ替えることができる。SPE 法では圧力が揺動するので抽出槽内の温度が周期的に上下する。そのために一定圧で連続して蒸留する場合に比べ，原料にかかる平均温度が低く，水蒸気蒸留にありがちな蒸し臭がつかず，より天然の近い香りの精油を得ることができる。

精油を用いて商品化するときには精油の揮発性が問題になる。精油の機能をより長く持続させるには精油に徐放性を付与することが不可欠である。これに関しては徐放性に優れた多層構造エマルジョンが開発された。突き板用接着剤にエマルジョン処理化したヒノキ，スギなどの精油を混入し，防カビ，防ダニ，ゴキブリ忌避作用のある床板が開発された。

ヒノキ精油からは防ダニ作用の強い成分が分離され，それを用いた防ダニ畳シートが開発された。防ダニ，快適性増進作用を目的としてヒノキ精油を中空の鞘芯型短繊維の芯部に練りこんだポリエステル系短繊維も開発されている。この短繊維は洗濯しても精油の散逸を低く抑えること

第6章　抽出成分の新展開

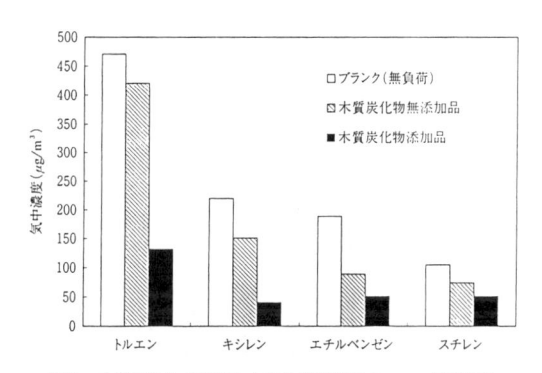

図5　木質炭化物を添加した鉱物質繊維板のVOC低減性能

が可能であり，布団，シャツ，カーテン，カーペットなどに応用可能である。

　月桂樹葉からは新規八炭糖成分が見出され，この化合物は虫歯菌に侵されず，ラットを用いた実験では血糖値を上昇させず，グルコースが体内に吸収されるのを抑える作用があり，食品素材として有望であることが明らかにされた。

　シックハウス症候群の元凶になっているホルムアルデヒドやキシレン，トルエンなどのVOCを除去するための応用技術も開発されている。500～800℃で焼成したスギチップ炭化物はVOC指針値近傍の濃度閾で優れたVOC吸着性能を示し，木質炭化物を添加した鉱物質繊維板は無添加物に比べてすぐれたキシレン，スチレン，エチルベンゼン吸着能を示した（図5）。VOC低減性能を有するこの木質炭化物添加ボードはエミールの商品名で天井材として製品化されている。

　カラマツ，トドマツ材を，開発した炭化炉内温度を均一にできる自動炭化炉で炭化し，トルエン，ホルムアルデヒドなど11種のVOCに対する吸着試験の結果，VOC吸着に適した炭化温度が明らかにされた。トドマツ，カラマツの700～750℃での炭化物は，市販のほぼ同程度に炭化された木炭よりも大きな表面積を持ち，吸着性能に優れていた。また，木炭の精煉時間とトルエン等VOC吸着量は関係があり，精煉時間が長いほうが吸着能は高いことが明らかにされた。

　ホルムアルデヒド吸着能を有するヒノキ材油エマルジョンを塗布した珪藻土壁紙や，含窒素樹脂とテルペン成分との複合化によるホルムアルデヒド捕捉剤も開発されている。

　タンニンはホルムアルデヒドを吸着することが報告されているが，この特性を利用して，タンニン類を微粉炭とクラフトパルプに混合し，抄紙して紙シートとした場合，エゾヤナギタンニン，カテキン，ケブラコタンニンに強い吸着能があり，特にエゾヤナギタンニンを混合した紙シートで最も強い吸着能を示した。

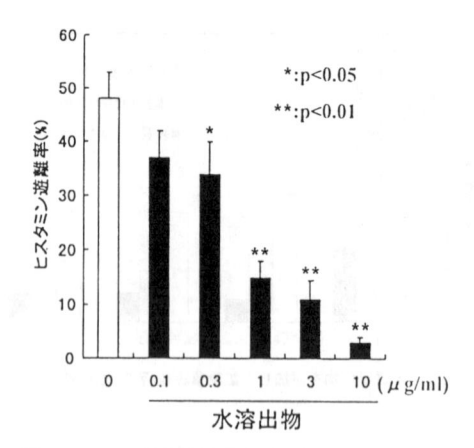

図6　シラカンバ樹皮抽出物分画物のヒスタミン遊離抑制作用

　金属アルコキシドと抗菌性の高いことで知られている青森ヒバ精油成分ヒノキチオールをゾル・ゲル法によって複合化した防腐性能の高い塗料が開発された。「オルモロンJ」の商品名を持つこの製品は撥水性が高く，塗布することで木材表面から内部へ浸透し，生じた撥水層が水の侵入を抑止する。この塗料は天然由来抗菌剤であり，低毒性，施工が容易で，カビや木材腐朽菌の発生，シロアリの害を抑えることなどから浴槽などの湿気の高い部屋の木製壁材や木製ガーデニング用品への使用に適している。

　花粉，ダニ，カビなどや食品由来のアレルギー疾患は，肥満細胞から遊離されるヒスタミンなどが関与することが知られている。シラカンバ，ヤブニッケイ，ヤマモモなどの抽出物によるラット腹腔肥満細胞から遊離されるヒスタミン遊離抑制作用を調べた結果，シラカンバ内皮のアセトン抽出物に抑制作用が現れ，さらに分画した結果，水溶出物（図6），20〜50％エタノール溶出物に強い活性がみられた。したがって活性成分として比較的極性の高い物質が予想された[18]。また，シラカンバ葉抽出物を用いて，卵白アルブミンで能動感作したマウスを用いて，抗原抗体反応によって生じるマウスの引掻き行動に対する効果を検討した結果，引掻き回数に抑制傾向が認められている（図7）。同じくシラカンバ葉抽出物で血管透過性，IgE産生抑制傾向が認められた。

　シラカンバ葉抽出物は，歯垢形成の原因となる非水溶性グルカン合成酵素（GTase）阻害作用があり，ウーロン茶抽出物の約3〜4倍の強い活性があることが明らかにされている。また，シラカンバ葉抽出物の Streptococcus mutans に対する抗菌性物質を探索した結果，papyriferic acid (1)（MIC：56ppm）および，化合物(2)（MIC：62ppm）が単離された（図8）[18]。

第6章 抽出成分の新展開

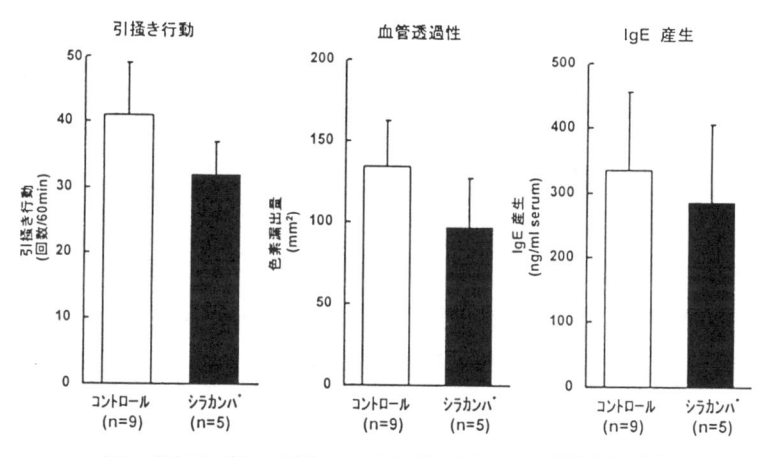

図7 卵白アルブミンで感作したマウスに対するシラカンバ葉抽出物の作用

図8 シラカンバ葉から得られた抗菌性物質

女性ホルモンの一種エストロゲンは，更年期障害など女性ホルモンに関わるほか，骨代謝や脂質代謝の調節に関わっており，骨粗しょう症，動脈硬化，アルツハイマー病の予防など，老化を防ぐ作用があることが知られている。植物の中にはエストロゲン様物質を含むものがあり，これらは植物エストロゲン（phytoestrogen）と呼ばれている。genistein, daidzein などのイソフラボン類に比較的強いエストロゲン様活性があることが知られている。技術研究組合参加企業により森林樹木を対象にエストロゲン様活性物質のスクリーニングが行われ，その結果，ヒノキ心材とランシンボク樹皮の抽出物からエストロゲン様活性を見出し，分離精製の結果，活性成分として

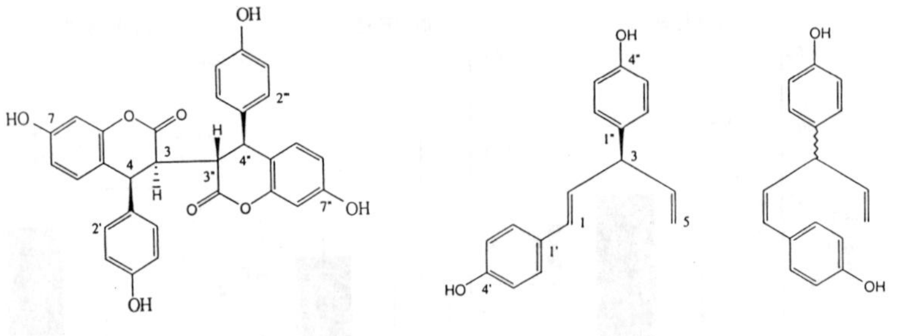

3,4-dihydro-4-(4'-hydroxyphenyl)-7-hydroxy-coumarin   trans-hinokiresinol   cis-hinokiresinol

図9　エストロゲン様活性物質

　前者からは，trans-hinokiresinol，後者からは新規なビスフラボン3,4-dihydro-4-(4'-hydroxyphenyl)-7-hydroxy-coumarin の2量体が得られた。さらに，漢薬知母から cis-hinokiresinol を単離し，エストロゲン様活性を調べたところ，cis 体に trans 体よりも強い活性があること，知母から得られた cis-hinokiresinol は部分的にラセミ化していることも明らかにされている（図9）[18]。

1.3.2　樹木抽出成分に関連する最近の公開特許

　近年の天然物志向とバイオマス有効利用の観点から上記の技術研究組合以外でも樹木抽出成分関係の実用化に向けての研究は，数多くみられるが，その主なものを公開特許の中から以下にご紹介する。

　スギ材の有機溶媒による抽出物とスギを炭化して得られる木酢液を含む溶液が合成抗菌農薬に代わる天然由来の病害効果を有する「農園芸用抗菌溶液」として紹介されている[19]。

　スギ，ヒノキ，ユーカリ，クリなど29種から選ばれる植物あるいはそれらの抽出物を含む「外用剤組成物」[20]は，皮膚のメラニンの過剰生産を抑え，日焼け後の色素沈着のシミ・ソバカスの予防，防止に有効であり，アレルギー性皮膚炎などの疾患の予防，治療にも有効であるとされている。

　スギ葉を煎じて飲むとスギ花粉症に効果があるといわれており，スギ葉のパック詰めも市販されているが，スギ葉を煎じるのに手間がかかり，また，スギ葉煎液は味覚の点で抵抗感がある。そこで，スギ枝葉，ヒノキ枝葉またはユーカリ枝葉の精油，またはこれらの精油を含む組成物が「花粉症発作時用アロマセラピー製品」として考案されている[21]。

　オビスギやユーカリの精油成分を，粉末竹炭に吸着させ，マイクロカプセル化し，水性樹脂エマルジョンに混入したものは「シロアリ防除用コーティング組成物」として紹介されている。多

第6章 抽出成分の新展開

孔性である竹炭は床下などシロアリが生息する場所の調湿を行い，建材などから放出される有害物質の除去にも効果がある[22]。

「走行及び歩行設備の敷設緩衝材用添加物並びに敷設緩衝材」[23]の公開特許では既存のベイマツなどの木質の緩衝材にスギ，ヒノキ，ヒバの寸断物や精油を添加するとベイマツなどの緩衝材のバクテリアなどによる分解速度が低下する。また，これらの添加物を緩衝材として用いた場合も緩衝材の耐久性が向上することが示されている。

木材工業残廃材にはオガ粉，背板，単板屑，樹皮などがあるが，この中でも樹皮は家畜敷料，堆肥，炭化物などとして一部は利用されてはいるものの，半量近くは燃料として燃されるか，単に焼棄却されている。耐朽性成分など有用成分を多く含んでいるにもかかわらず付加価値の高い確固たる用途がないのが現状であり，樹皮の利用技術の開発はバイオマス資源の有効活用という意味からも注目されている分野である。

スギ樹皮を繊維状に粉砕したものを配合した難腐敗性土壌を充填した「植栽構造」では，スギ樹皮による難腐敗性と保水性をねらっている[24]。

間伐したスギをチップ状に破砕後，解繊処理した木質部分及び樹皮部分を圧縮成型し澱粉を主成分とする結合剤で板状にして畳の芯材を作る特許も申請されている。この例ではスギの抗菌性，調湿性，脱臭性，断熱性，吸音性がうたわれている[25]。

「抗う蝕，抗菌菌周病性組成物」[26]ではヒバ油，ワサビ抽出物，セージ抽出物など植物由来抗菌成分を含む抗う蝕，抗菌周病性組成物が公開特許として公開され，「繊維製品用害虫忌避剤」[27]ではヒノキ属，ヨモギ属，ドクダミ属，ササ属の抽出物と，低級アルコール，水を含有する繊維製品用害虫忌避剤，「植物発芽抑制資材」[28]ではヒノキの葉粉末，あるいは葉の水抽出物あるいはブタノール，酢酸エチルなどから抽出される脂溶性物質を土壌表面に散布，又は土壌に混合，あるいは水中に浸漬することによって植物の発芽抑制を狙う資材が特許申請されている。

ヒバに関しては抗菌性成分ヒノキチオールに関する公開特許は樹木成分の中でも圧倒的に多く，平成5年度から現在までで330件にも及んでいる。ヒノキチオールとともに最近，その作用に興味が持たれているのが三環性セスキテルペンアルコールのセドロールである。

セドロールは米国北東部に生育するエンピツビャクシンに多く含まれる昇華性の化合物であり，エンピツビャクシンのかんなくずに触れないようにマウスを飼育し，睡眠薬を投与するとマウスの睡眠がかんなくずの無い場合に比べ，短縮することから，そのにおい成分が肝臓の解毒作用を活性化することが報告されている。さらにこの活性成分としてセドロールが確認された。セドロールはわが国の樹木ではヒノキやスギにも含まれている。セドロールには安眠の働きがあることも知られているが，セドロールを有効成分とするメラニン産生抑制剤[29]，肌荒れやかさつきを改善し，乾燥肌や敏感肌の肌質を改善する浴用剤組成物[30]，鼻腔内洗浄具[31]として公開されて

いる。

1.4 おわりに

分離分析技術の進歩とともに今までは極微量あるいは不安定で分離できなかったものが単離され，分析不可能であったものが容易に分析できるようになってきた。そのような背景のもとで，今までは知られていなかった新たな生理活性物質が，年々見出されているのが現状である。抽出成分はセルロースなどの主要三大成分に比べれば樹木に含まれる量は少ない。しかし，微量ながら価値の高い生理機能性を有していることも事実である。見出された生理機能性をいかに効率よく利用していくかが抽出成分を生かす重要な鍵となるであろう。

文　　献

1) 小藤田久義，藤野陽治，佐々木達也，長谷部真，太田路一，鈴木幸一，木材学会誌，**47**(6)，479-486 (2001)
2) 吉川有紀，堀啓映子，谷田貝光克，菊池輿志也，52回木材学会講演要旨集，614 (2002)
3) M. Yatagai, Miticidal activities of tree terpenes, Current topics in phytochemistry, **1**, 85-97 (1997)
4) M. Yatagai, T. Ohira and K. Nakashima, *Biochem. Sys. Ecol.*, **26**, 713 (1998)
5) M. Yatagai and N.Nakatani, *Mokuzai Gakkaishi*, **40** (12), 1335 (1994)
6) X. H. Chen *et al.*, *Biosci. Biotechnol. Biochem.*, **65** (6), 1434-1437 (2001)
7) 福山愛保ら，天然有機化合物討論会講演要旨集，42, 475-480 (2000)
8) M. Yatagai, H. Makihara, and K. Oba, *J. Wood. Sci.*, **48**, 51 (2002)
9) Y-J Ahn, S-B Lee, H-S Lee, and G-H Kim, *J. Chem. Ecol.*, **24** (1), 81-90 (1998)
10) Y. Morita *et al.*, *Biol. Pharm. Bull.*, **24**, 607 (2001)
11) Y. Morita *et al.*, *Biol. Pharm. Bull.*, **25**, 981 (2002)
12) 谷田貝光克，川崎通昭編著，香りと環境（フレグランスジャーナル社），323pp (2003)
13) 大平辰朗，谷田貝光克，ホルムアルデヒド類の捕集方法とホルムアルデヒド類捕集剤，特開平11-290652 (1999)
14) 長谷川千佳・松永孝之・川筋透・斉藤晴夫・鈴木英世・鷺岡雅・高橋理平・塚本英子・森川敏行・秋山武士，杉葉精油の抗潰瘍成分，42回テルペン討論会講要，24 (1998)；松永孝之，アロマリサーチ，4(2), 36-41 (2003)
15) 松永孝之ら，富山薬研年報，No.18, 66 (1991)
16) 樹木抽出成分利用技術研究組合成果集，(樹木抽出成分利用技術研究組合編), 422pp. (1995)
17) 住環境向上樹木成分利用技術研究成果集，(住環境向上樹木成分利用技術研究組合編), 395pp. (2004)

第6章 抽出成分の新展開

18) 樹木生理機能性物質研究成果報告書,(樹木生理機能性物質技術研究組合編),396pp.(1999)
19) 松井隆尚,松下洋一,牟田信次,「農園芸用抗菌溶液およびその製造方法」,特開,2004-217576 (2004)
20) 八谷輝ほか7名,「外用剤組成物」,特開2003-073290 (2003)
21) 北川行夫,「花粉症発作時用アロマセラピー製品」,特開2000-327580 (2000)
22) 曽我部昭好,川島陽子,「シロアリ防除用コーティング組成物」,特開2004-018481 (2004)
23) 大林久,高畑博之,加藤和久,「走行及び歩行設備の敷設緩衝材用添加物並びに敷設緩衝材」,特開平05-269262 (1993)
24) 大林久,小林清,「植栽構造」,特開2004-041069 (2004)
25) 田宮恒司,「畳」,特開2004-019284 (2004)
26) 澤井俊哉,荒川健司,畠山昌和,平木純,「抗う蝕,抗菌歯周病性組成物」,特開2004-123630
27) 小澤範恭,西村善彦,平田忠光,「繊維製品用害虫忌避剤」,特開2004-244322 (2004)
28) 中村健太郎,角田真一,押田聡子,「植物発芽抑制資材」,特開2004-091348 (2004)
29) 多田明弘,金丸晶子,片桐崇行,「メラニン産生抑制剤及び皮膚外用剤」,特開平10-036246 (1998)
30) 岩瀬範和,田中規弘,佐藤広隆,堀公彦,野々村真美,「浴用剤組成物」,特開2000-309524 (2000)
31) 藤森尚子,吉原徹,梅田賢一,「鼻腔内洗浄具」,特開2002-136567 (2002)

2 工業原料としての新展開

2.1 はじめに

大原誠資*

　樹木にはリグニン，糖質等の高分子化合物の他に，抽出成分と総称される低分子化合物群が含まれている。抽出成分は樹木中の存在量は一般に少量であるが，抗菌性，抗酸化性，抗蟻性，消臭作用等の生理活性を示すものが多く，これらの機能を活かして工業原料として利活用する研究も行われている。本節では，樹木に広く分布している抽出成分（テルペン，フラボノイド，フェノール酸，タンニン）の工業原料としての利用技術に関する最近の研究動向を紹介する。

2.2 テルペン

　テルペンはメバロン酸経路で生合成されるイソペンテニルピロリン酸を構成基本単位とする化合物の総称で，炭素数10個のモノテルペン，15個のセスキテルペン，20個のジテルペン，30個のトリテルペンが樹木中には多く見出されている。モノテルペン，セスキテルペンは精油成分として水蒸気蒸留によって採取される液体で，一般に芳香性を有する。ジテルペン，トリテルペンは常温では固体で，樹脂状物質として存在するものが多い。

2.2.1 モノテルペン

　シロアリ防除等を目的とした防蟻剤は過去に多くの有効な農薬が使用されてきたが，2003年の建築基準法の改定により，近年のシックハウス症候群の原因の一つと指摘されたクロルピリフォス等の防蟻剤が使用禁止になった。最近の環境意識の高まりとともに，天然精油系無農薬防蟻剤が関心を持たれ，ヒバ精油及び加工ヒノキ精油の防蟻性能を活用した精油系非農薬防蟻剤の開発が行われている[1]。防蟻剤原料として使用されているのは青森ヒバ材油及びヒノキ材油である。ヒノキ材油は木材乾燥工程で得られる副生油を用いるが，防蟻性能を高めるためにα-ピネン等の低沸点油が除かれている。これらの調合精油をエチレン/酢酸ビニル共重合体と混合した後，アクリルモノマー（アクリル酸とメタアクリル酸メチル）をラジカル開始剤と共に添加して加温することにより，水性マイクロカプセルエマルジョンを調製する[2]。得られた防蟻剤の防蟻試験の結果，塗布試験では防蟻効力がほとんど認められなかったが，加圧試験では充分な防蟻効力が認められた。塗布試験で効果が認められなかったのは，耐候操作の過程で有効成分が蒸発揮散したことによると考えられる。塗布処理に対して充分な性能を発揮させるための徐放化の技術開発が今後の課題である。ヒバ精油を木炭や天然鉱石に担持させた水性の天然防蟻剤塗料も開発されている[3]。本塗料を木材表面に塗布し，日本木材保存協会規格の「表面処理用木材防蟻剤の室内

＊　Seiji Ohara　（独）森林総合研究所　樹木化学研究領域　領域長

第6章 抽出成分の新展開

図1　ツヤ酸の化学構造

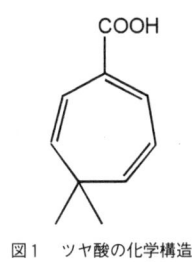

図2　ベチュリン及びグリチルレチン酸の化学構造

防蟻効力試験方法」に準じた方法で防蟻試験を行うと，重量減少率が0.2％以下となり，防蟻性の判定基準である3％未満を大幅に下回る。ヒバ精油を木炭に担持させることにより，精油の徐放性が向上した結果と考えられる。

ウェスタンレッドシダー材を高圧水蒸気処理して得られる蒸留液にはツヤ酸（図1）と呼ばれる抗菌性化合物が含まれている。内海らは，この蒸留液と塩酸を混合した液に木綿を浸漬させ，155℃で3分加熱処理すると，処理後の木綿に黄色ブドウ球菌に対する高い殺菌性が発現することを見出した[4]。さらに彼らは，処理後の木綿を10回洗濯しても高い殺菌活性が保たれていることを確認している。従って，蒸留液中のツヤ酸がセルロース繊維に化学結合した可能性が考えられる。このように，抗菌性物質の反応性を活かして天然繊維に化学結合させ，長期間抗菌作用を示す抗菌繊維の創製が試みられている。

2.2.2　トリテルペン

植物体中には，4環性及び5環性トリテルペンが存在している。前者のダマラン系トリテルペンがさらに閉環することにより，ルパン，オレアナン等の5環性トリテルペンが生合成される。ルパン系トリテルペンの代表的なものは，カバノキ属樹木に広く分布しているベチュリン（図2）である。北海道に生育しているシラカバでは，外樹皮のジクロロメタン抽出物の76％がベチュリンであり，抽出物をエタノールで再結晶することによって容易に単離できる[5]。

ベチュリンは分子中に2つの水酸基を有することから，これらの官能基にエステル化反応等の誘導体化を施して工業原料として利用する研究が行われている。西岡らは，ベチュリンジアセテートの消しゴム用加工助剤としての用途を検討し，スチレンブタジエンゴムにベチュリンジアセテートを混練りすることにより，消しゴムの伸び及び引張強さが向上することを明らかにした[6]。

トリテルペンは天然では配糖体として存在するものが多く，これらの配糖体はサポニンと総称され，様々な生薬の薬理活性に関与していることが知られている。著者らは，化学反応及び酵素の糖転移反応によってベチュリンの二級水酸基に糖鎖を導入し[7]，ヒラタケ子実体誘起活性や植

物生長制御活性を検定した[8,9]。ベチュリン自体にも弱いヒラタケ子実体誘起効果が認められるが、糖鎖を導入することにより、効果は顕著に増大する。特にグルコース残基数4個の糖鎖を導入した配糖体は最大の活性を示し、子実体発生に要する日数が大幅に減少する。一方、糖鎖のみから成るセロオリゴ糖には活性が認められないことから、子実体誘起効果には疎水性基と親水性基の両方の存在が必要と考えられる。また、糖鎖を持たない市販の界面活性剤には活性が認められず、ヒラタケの子実体誘起活性には糖部の存在の重要性も示唆された。このことは、合成した3-O-アルキルグルコース誘導体に強い活性が認められることからも支持されている[10]。ベチュリン配糖体は、キノコの人工栽培の増収を図るのに有効な物質である。同配糖体の植物生長制御活性については、アルファルファ種子から発芽した幼根の生育を阻害する作用が認められているが、中でもグルコース残基数2-3個の糖鎖を導入した配糖体が最大の活性を示す。

甘草の主成分であるグリチルリチンは、2分子のグルクロン酸がグリチルレチン酸（図2）の二級水酸基に結合した配糖体であり、ショ糖の170倍の甘さを有する。グリチルリチンの糖部分を改変してグリチルレチン酸の二級水酸基にキシロースまたは1分子のグルクロン酸を導入すると、甘みがさらに向上（各々ショ糖の544及び941倍）し、甘味剤として有望である[11]。また、グリチルリチンのジカリウム塩は、抗菌防臭天然繊維加工剤として既に実用化されている[12]。

2.3 フラボノイド

フラボノイドはC_6-C_3-C_6の基本骨格を有するポリフェノール化合物の総称で、狭義のフラボノイド、イソフラボノイド、ネオフラボノイド、ジヒドロカルコン等が知られている。フラボノイドは、サポニン、キノンとともにシロアリに対する抗蟻性成分の一つとして考えられており、カラマツ心材に含まれるタキシフォリン（図3）にはシロアリに対する摂食阻害活性が報告されている[13]。タキシフォリンを重量比で0.1%含浸させたゼオライトは、土壌処理用防蟻剤の防蟻効力試験方法に準じた貫通試験において、シロアリの貫通を完全に抑制する効果を示しており、環境への悪影響がなく、安全なシロアリ忌避材料として有望である[14]。

清水らは、パプアニューギニアを中心とする熱帯産樹木の抽出成分を精査し、*Artocarpus incisus*（パンノキ）に2%以上の高含量で存在しているアルトカルピン（図3）が、紫外線誘導色素沈着抑制効果、抗男性ホルモン活性、抗癌活性等の広い生理機能活性を有することを明らかにしている[15-17]。モルモットの背部皮膚に紫外線を当てて色素沈着を誘導する実験において、アルトカルピンは市販の美

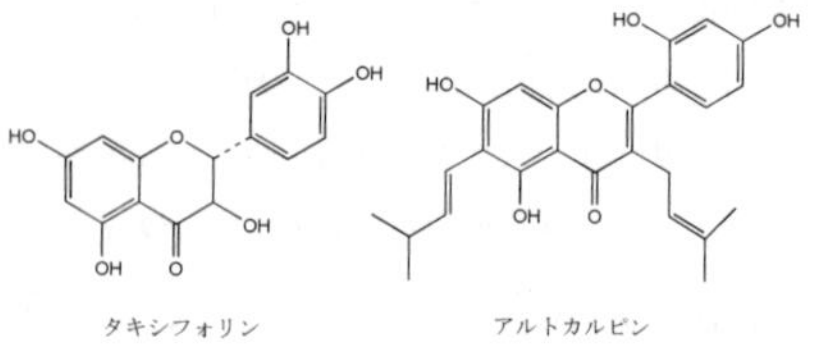

図3 タキシフォリン及びアルトカルピンの化学構造

第 6 章　抽出成分の新展開

白剤原料として用いられるコウジ酸やアルブチンよりも顕著な色素沈着抑制効果を示す。また，男性ホルモンであるテストステロンをジヒドロテストステロンに代謝する5α-リダクターゼを阻害する。5α-リダクターゼ阻害には，アルトカルピン中のプレニル基が大きく関与している。さらに，アルトカルピンは親水性のフェノール性水酸基と疎水性のプレニル基を有する両親媒性分子であることから，非イオン性界面活性剤様に働いて生体膜に作用し，膜機能を阻害することにより，腫瘍細胞増殖抑制効果を発現していることが示唆されている。最近では，以上のような樹木抽出成分の分子レベルでの作用機構と構造活性相関が解明されつつあり，抽出成分の美白剤や副作用の少ない医薬品としての利用への進展が期待される。

2.4　フェノール酸

　バニラの果実に含まれているバニリンは芳香を有する針状晶の物質で，嗜好品のフレーバーとして使用されている。バニリンを酸化銀で酸化するとバニリン酸が得られる。片山らは，リグニン分解微生物の機能を遺伝子工学基盤技術に基づいて利用することにより，バニリン酸を2つのカルボキシル基を有する2-ピロン-4,6-ジカルボン酸（PDC）に変換するバイオリアクターの開発に成功している（図4）[18]。図中，vanA,B はバニリン酸の脱メチル化酵素をコードする遺伝子，ligA,B はプロトカテキュ酸4,5-ジオキシゲナーゼをコードする遺伝子，ligC は4-カルボキシ-2-ヒドロキシムコン酸-6-セミアルデヒドを PDC に変換する酵素をコードする遺伝子である。得られた PDC とビスヒドロキシエチルテレフタレートとの共重合ポリエステルは，2～50MPa の圧力を加えつつ200～280℃で溶融圧着することにより，ガラス，セラミックス，金属，耐熱性プラスチック等の材料を強固に接着することができる[19]。バニリン酸は，天然芳香族高分子化合物であるリグニンの酸化分解でも生成することが知られており，建築解体材等の木質系廃棄物に多量に含まれているリグニンからの高機能性プラスチック材料の製造に繋がる貴重な知見を提供している。

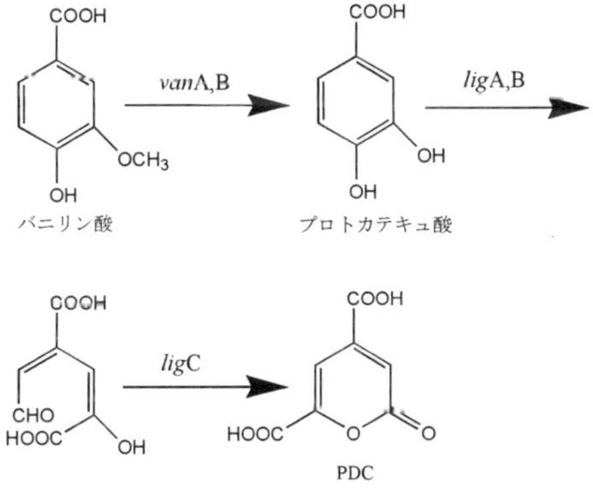

2.5　タンニン

　多くの高等植物の樹皮，心材，果実，葉にはタンニンと総称されるポリフェノール成分が広く分布している。タンニンはタンパク質と結合する性質を有

図4　バニリン酸からの PDC の生産

表1 樹木中のタンニン含有量

樹種名	部位	タンニン量[a]	樹種名	部位	タンニン量[a]
スギ	樹皮	2.5	モリシマアカシア	樹皮	30.7
ヒノキ	樹皮	1.4	アカシアマンギウム	樹皮	19.8
カラマツ	樹皮	6.7	ニセアカシア	樹皮	3.3
ヒバ	樹皮	6.3	クヌギ	樹皮	13.3
エゾヤナギ	樹皮	17.2	マングローブ	樹皮	15.9
エゾノキヌヤナギ	樹皮	13.7	ユーカリ	心材	1.7
エゾノカワヤナギ	樹皮	13.2	カキ	果実	12.0
ナガバヤナギ	樹皮	12.9	ケブラコ	心材	19.8

a) Folin-Ciocalteu 法によって定量,数値はすべて絶乾試料に対する重量%

する水溶性ポリフェノール化合物の総称で,大きく2つのグループ(縮合型タンニン及び加水分解型タンニン)に分類される。前者はフラバノールのポリマー,後者はグルコースと没食子酸のポリエステル及びその酸化重合体である。樹木に存在しているのは主に縮合型タンニンである。主な縮合型タンニン含有樹種のタンニン含有量を表1に示す[20〜24]。タンニンは皮なめし剤,植物染料,インクの原料として古くから利用されてきた。1980年代以降は木材接着剤としての利用開発が世界各国で行われ,一部では事業化されている。ここでは,抗酸化性食品,VOC吸着材,抗菌繊維,ポリウレタン,住環境向上資材,重金属吸着材としての利用の新展開について記す。

2.5.1 抗酸化性食品

フランス海岸松(*Pinus pinaster*)の樹皮抽出物(フラバンジェノール)は縮合型タンニンを主成分とし,ビタミンEの50倍の抗酸化能を有する。現在では,人間の老化に活性酸素が関与していることが認められており,抗酸化性飲料として市販されている。フラバンジェノールには血流改善効果,血管内皮機能の改善効果,肝機能改善効果等の作用も知られており,特に血小板凝集抑制効果は他のポリフェノール類と比べて強い作用を示す[25]。フラバンジェノールはプロアントシアニジンの2〜3量体を主成分とし,緑茶カテキンの主成分であるエピガロカテキンガレートの5倍以上の血小板凝集抑制活性を有することから,本活性にはカテキン骨格を有するだけではなく,重合体であることが重要である可能性が示唆されている。

サトウキビの絞り粕であるバガスを蒸煮爆砕処理すると,キシラナーゼ等の酵素処理によってキシロオリゴ糖の生成が可能になるだけでなく,未蒸煮バガスに比べて抗酸化能が大きく増大することが見出されている[26]。このように木質系バイオマス資源を蒸煮爆砕処理することによって含有成分の機能の向上を図り,全体を機能性食品として利用する試みもなされている。

第6章 抽出成分の新展開

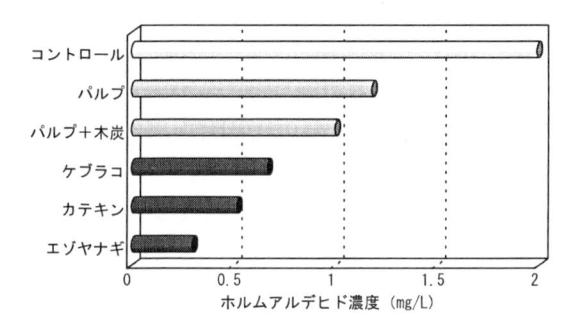

図5 炭化物,タンニン添着クラフトパルプシートのホルムアルデヒド吸着能(パルプ1.6%で抄紙,パルプ/木炭/タンニン=65/25/10)

2.5.2 VOC吸着材

　木質建材から放散する主なVOCにアルデヒド類があり,シックハウス症候群を引き起こす原因の一つと考えられている。これは主に木質材料に使用されている接着剤に起因するものであるが,木材自体からもホルムアルデヒドやアセトアルデヒドが放散されることが確認されている。気中ホルムアルデヒドの吸着に関しては,茶カテキン類の効果が報告されている。市販の合板の表面及び木口に緑茶抽出物水溶液を塗布すると,ホルムアルデヒドの放散量が減少すること,その効果が1週間後も持続していることが確かめられている[27]。

　筆者らは,樹皮タンニンの機能を活かしたホルムアルデヒドの吸着素材を開発するため,タンニンのクラフトパルプシートへの添着を試みた。タンニンは水溶性であり,そのままではパルプに添着できないが,タンニンを木炭と共にパルプ懸濁液に混合することにより,パルプへの添着が可能になった[28]。パルプ濃度1.6%,パルプ/木炭/タンニン=65/25/10で抄紙,乾燥したパルプシートのホルムアルデヒド吸着能を図5に示す。パルプシート及び木炭のみを加えて調製したパルプシートもホルムアルデヒド吸着能を示したが,タンニンを添着させたシートはさらに高い吸着能を示した。中でもエゾヤナギ樹皮タンニン添着パルプシートが最も大きな吸着能を示した。

2.5.3 抗菌・消臭繊維

　天然物を応用した抗菌・消臭繊維としては,ヒバ油の主成分であるヒノキチオールがふとんやタオル等の抗菌防臭剤として使用されている。筆者らはタンニンについて,各種繊維素材への染着加工や加工繊維の抗菌性,消臭作用について検討している[29]。9種類の繊維素材(ポリエステル,絹,アクリル,レーヨン,羊毛,アセテート,ビニロン,ナイロン,木綿)から成る多繊交織布をモリシマアカシア樹皮抽出物の水溶液に浸漬し,100℃で20分加熱処理すると,加工交織布が得られる。加工交織布の素材毎の色素の染着量を測定したところ,絹,羊毛,ビニロン,ナ

イロンの4種は他の繊維素材と比べて大きな色素の染着を示した。樹皮抽出物中のタンニンの繊維素材への吸着挙動もほぼ同様であり，絹，羊毛，ナイロンには樹皮中のタンニン成分が効率的に吸着する。モリシマアカシア樹皮タンニンで染色加工したナイロンは，アンモニアに対する高い消臭作用を示す。一方，スギタンニンを同様に処理したナイロンのアンモニア消臭作用はそれほど高くなかった。最近橋田らは，種々のタンニンのアンモニアとの反応性を検討し，B環にピロガロール核を有するタンニンがアンモニアとの高い反応性を有することを示している[30]。タンニンを構成するB環構造がアンモニア消臭作用に関与していると思われる。

樹皮タンニンで染色加工したナイロンを酢酸銅水溶液で処理して銅イオンを吸着させ，シェークフラスコ法で大腸菌に対する抗菌性を評価した結果，24時間後の生菌数がコントロールの3％まで減少していた。一方，未処理ナイロン，銅イオン処理していないタンニン染色加工ナイロン及び銅イオン処理した未染色ナイロンでは大きな生菌数の減少が認められなかった[29]。染色ナイロンの方が銅イオンを高く保持すること，あるいはタンニンと銅イオンの相乗効果によるものと考えられる。

2.5.4 ポリウレタンフォーム（PUF）

モリシマアカシア樹皮は多量のタンニンが含有されており，ポリエチレングリコール（PEG）400と混合，加熱することによって不溶分の少ないポリオール溶液を調製できる。冷却後，有機錫系触媒存在下でジイソシアネートと反応させることにより，低密度PUFが調製される。アカシア樹皮配合PUFは市販のPUFと同等の熱伝導率を示すとともに，土壌微生物や木材腐朽菌によって徐々に分解される（図6）[31]。スギ樹皮ではPEG400への溶解性が小さいためにPUFの強度が劣り，樹皮の配合量の上限も25％である。上野らは，スギ樹皮の液化法として，PEG・バイサルファイト法を開発した[32]。内樹皮では250℃，90分，バイサルファイト濃度4％の条件で，約83％が可溶化する。外樹皮ではバイサルファイト濃度を6％まで増やすと，約71％が可溶化する。スギ樹皮液化物からのPUFの調製も報告されており，生分解性や高い吸水性を有するPUFが調製できる[33]。ラジアータパイン樹皮を原料として用いた場合も，樹皮配合量が20％までならPUFの調製が可能である[34]。

2.5.5 住環境向上資材

最近，木炭等の炭化物の有する人間の健康維持・促進に有用な機能が注目されはじめ，住宅やマンション室内外の環境改善への利用が模索されている。例えば，熱履歴900℃以上の木炭微粉をポリビニルアルコールで塗布した木質材料が開発されている。天然バインダーを用いた木炭ボードの開発も行われており，入手が容易で安価なグルコマンナンを用いた木炭ボードの製造技術が確立されている[35]。本ボードの特性として，吸放湿特性が原料木炭よりも優れていること，気中ホルムアルデヒドの吸着性が優れていることが挙げられる。グルコマンナンの吸放湿量が大

第6章 抽出成分の新展開

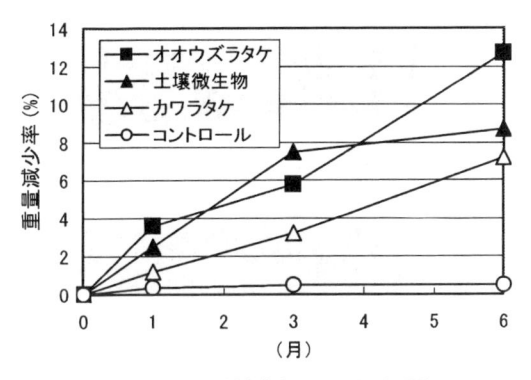

図6 アカシア樹皮含有 PUF の生分解性[31]

きいこと，及び木炭としてのホルムアルデヒド吸着能が維持されていることによる。

筆者らは，樹皮タンニンの水溶液を木質系炭化物微粉と混合して激しく撹拌することにより，木質材料表面への固定化が可能な液状炭化物を調製できることを見出した[36]。本液状炭化物を木質材料表面に塗布・風乾すると表面に安定な炭化物層が形成され，表面を手で擦っても炭化物の剥離が起こらない。精製したタンニンを用いた場合には，炭化物層上に水を滴下しても炭化物の剥離が起こらない（図7）。上記液状炭化物あるいは液状炭化物に酸化鉄を配合して塗布した石膏ボードのホルムアルデヒド吸着性能を小型チャンバー法で測定したところ，チャンバー内の濃度は非常に低濃度であり，顕著な吸着効果が認められた[37]。また，熱履歴温度900℃の炭化物にモリシマアカシアタンニン水溶液（炭化物重量の0.5％）を噴霧した改質炭化物には，未改質の炭化物に比べて周囲の空間を還元雰囲気に維持する性質が見出されている[38]。

2.5.6 重金属吸着材

タンニンが重金属吸着能を有することはよく知られているが，水溶性であるため，重金属吸着材として利用するためにはタンニンを水に不溶化する必要がある。これまでに，タンニン酸やワットルタンニンを多糖類に結合，あるいはホルムアルデヒドで重合させることによって不溶化し，重金属吸着材として利用する研究開発が行われてきた。筆者らは，タンニン・木炭複合体を調製することによるタンニンの不溶化を試みている[39]。タンニン水溶液中に木炭微粉末を懸濁させ，時々激しく撹拌しながら24時間放置することにより，タンニンは容易に炭化物に吸着される。得られたタンニン・炭化物複合体は水中でかなり安定であり，新たな水を加えて撹拌してもタンニンがほとんど溶脱しないことが確認されている。アカシアタンニン・炭化物複合体は，水系においてカドミウム，鉛イオンに対する強い吸着性を示す（図8）。

木質系有機資源の新展開

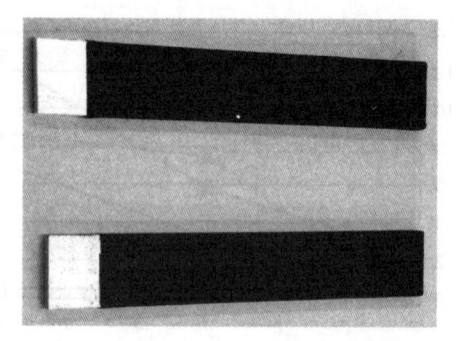

図7 タンニンとの混合による炭化物の木質材料表面への固定化

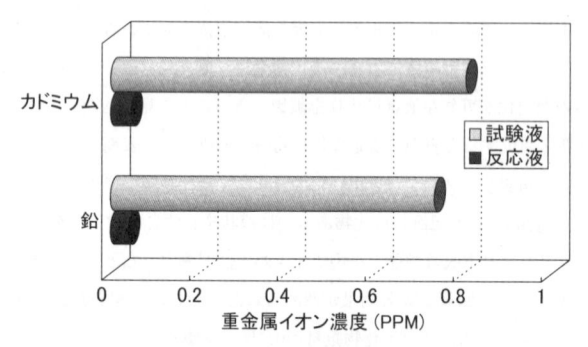

図8 タンニン・炭化物複合体の重金属吸着能
タンニン・炭化物複合体125mg，重金属試験液5m，吸着時間72時間

文　　献

1) 東昌弘ほか，住環境向上樹木成分利用技術研究成果報告書，住環境向上樹木成分利用技術研究組合，p. 29（2004）
2) 小林健郎，特許第1823630号
3) シロアリを防ぐ天然塗料，日刊工業新聞　3月27日（2003）
4) 内海純子ほか，日本木材学会中部支部大会講演要旨集，p. 40（2004）
5) S. Ohara et al., *Mokuzai Gakkaishi*, **32**, 266（1986）
6) 西岡靖博ほか，樹木抽出成分利用技術研究成果報告書，樹木抽出成分利用技術研究組合，p. 359（1995）

第6章 抽出成分の新展開

7) S. Ohara et al., *Mokuzai Gakkaishi*, **40**, 444 (1994)
8) 馬替由美ほか, 特許第3044301号 (2000)
9) S. Ohara et al., *Journal of Wood Science*, **49**, 59 (2003)
10) Y. Magae et al., *Mycological Research* (in press)
11) K. Mizutani et al., *Biosci. Biotech. Biochem.*, **58**, 554 (1994)
12) 山本和秀, 抗菌のすべて, 繊維社, p.151 (1997)
13) W. Ohmura et al., *J Wood Science*, **46**, 149 (2000)
14) 土居修一ほか, 特願2000-167994
15) K. Shimizu et al., *Planta Medica*, **68**, 79 (2002)
16) K. Shimizu et al., *Planta Medica*, **66**, 16 (2000)
17) 清水邦義, APAST 第32回ウッドケミカルス研究会講演要旨, p.7 (2004)
18) 片山義博ほか, 特願2004-099240
19) 重原淳孝ほか, 特開2004-256747
20) S. Ohara et al., *Mokuzai Gakkaishi*, **40**, 444 (1994)
21) S. Ohara et al., *Mokuzai Gakkaishi*, **41**, 406 (1995)
22) 荻陽子ほか, 第43回リグニン討論会講演集, 143 (1998)
23) F. Nakatsubo et al., *J Wood Sci*, **48**, 414 (2002)
24) S. Ohara et al., "Improvement of Forest Resources for Recyclable Forest Products", p.121, Springer, Tokyo (2003)
25) 福井祐子ほか, 第54回日本木材学会大会研究発表要旨集, 654 (2004)
26) 稲福盛雄ほか, 特開2002-204674
27) 高垣晶子ほか, 木材学会誌, **46**, 231 (2000)
28) 吉川正吉ほか, 特願2002-259733
29) 伊藤繁則ほか, 木材学会誌, **45**, 157 (1999)
30) 橋田光ほか, 第54回日本木材学会大会研究発表要旨集, 356 (2004)
31) J. J. Ge et al., *Mokuzai Gakkaishi*, **42**, 87 (1996)
32) 上野智子ほか, 木材学会誌, **47**, 260 (2001)
33) 芦谷竜矢ほか, 第53回日本木材学会大会研究発表要旨集, T240900 (2003)
34) 中本祐昌ほか, 住環境向上樹木成分利用技術研究成果報告書, 住環境向上樹木成分利用技術研究組合, p.65 (2004)
35) 森山輝男, 森と木の先端技術情報 (APAST), 13, 66 (2003)
36) S. Ohara et al., *Bulletin of FFPRI*, **3**, 1 (2004)
37) 熊沢保夫ほか, 日本建築学会大会学術講演梗概集, 1021 (2004)
38) 秋月克文ほか, 特願2004-154207
39) 大原誠資ほか, 第2回木質炭化学会研究発表会講演要旨集, 23 (2004)

第7章 炭素骨格の新しい利用技術

鈴木 勉[*]

1 はじめに

　木炭は他の炭素材料に比べて軽量,多孔性,脆弱,低耐火性,低電導性であり,通常前2者の活用,後3者の改善を基本として利用の拡大と新用途の開発が図られる。即ち,軽量,多孔性は吸着材,濾過材としての適性を表す木炭の特長であるから最も重要視されており,土壌改良,床下調湿,水質浄化等のいわゆる新用途[1,2]に加えて丸太材のマイクロ波照射による高表面積木炭[3],繊維化木材の低温炭化による油吸着材[4]等の付加価値の高い吸着用木炭が開発されている。脆弱性は異種物質との複合化によって克服され,粉状木質にシリカを主体とする粘結剤を配合,焼成したセラミック炭は固い多孔性の優れた吸着材である[5,6]。軽量,多孔質で堅牢なウッドセラミックスは木材にフェノール樹脂を注入・硬化後焼成したもので,軸受け材,断熱材,発熱体,電磁波遮蔽材等として利用される[7,8]。低耐火性や低電導性は木炭炭素の非晶性に関係するので,黒鉛構造が発達する1,500℃以上の高温炭化[9]では耐熱性や電磁波遮蔽能を有する木炭が得られる[10,11]。これらの成果は炭化技術の進歩として意義深いが,その反面上記の木炭性状に照準を合わせる限り画期的な機能,用途の開発は難しいとも言える。望ましい機能,用途を見定めることは難題であるとしても,異物質との複合化は一つの指針であり,対象を生成物の木炭から原料の木材に移し,この原料の性質を利用するという従来とは逆の発想が新たな展開につながることは疑いがない。

　本章では,木材の水中における高い膨潤能とセルロースへの官能基導入を利用してNi触媒原料塩分子の木材細胞壁内の高分散担持を実現し,その後の500℃炭化によって高いガス化反応性を有する木炭,500〜600℃の炭化によって気相水素化触媒として作用する木炭,900℃炭化によって実用レベルの電磁波遮蔽能を有する木炭が製造できるという筆者の研究結果をその背景を交えながら紹介,解説する。このNi-木炭複合体のガス化原料,触媒,電磁波遮蔽という利用形態の流れは,視点がバイオマスのエネルギー変換からマテリアル変換へと推移したことに関係している。この視点の推移は発想の転換の点でより重要であるから,そのことについても説明する。

　＊　Tsutomu Suzuki　北見工業大学　工学部　化学システム工学科　教授

第7章　炭素骨格の新しい利用技術

2　高ガス化反応性木炭の製造

木材を不活性ガス中でおよそ500℃に加熱すると，乾量基準でおよそ20%が気体（木ガス），50%が液体（木酢液30%＋木タール20%），30%が固体（炭）となる[12]。古くからよく知られたこの熱分解挙動は，エネルギー変換の立場では約7割が容易に流体に変わり，残渣として炭素リッチな炭が残ることを意味し，「木材を完全流体化するには，ガス化適正が向上した残り3割の炭を効率よくガスに転換するのが合理的」という見解につながる。実際のプロセスとしては前段を炭化，後段を触媒ガス化（炭はもはや分解しにくいので，触媒の助けを借りる）とする二段法となり，この方式で実操業を目指すとすれば，後段の負担軽減のために低いガス化温度と少ない触媒量の使用が必至となる。このような観点で開始した低触媒量で低温（700℃以下）ガス化を可能とする木炭の製造法研究では，全てのガス化雰囲気（H_2O，CO_2，H_2）における適用を考えて触媒には鉄系金属（ニッケル，鉄），ガス化剤には炭素との反応性が低いH_2を選び，炭の反応性に及ぼす諸条件の影響が調査された。図1[13]はその調査結果を高ガス化反応性木炭の基本製造工程としてまとめたものであり，木材に低温で分解する触媒原料塩を水溶液含浸（Impと略）で添加した後500℃で炭化すると，得られた木炭は700℃以下で素早くほぼ完全にメタン化（C＋$2H_2$→CH_4）されることを表している（表1[14]，図2[14]参照）。この工程に関して強調すべき点は3つあり，1つ目はNi，Feの木材への添加量それぞれ0.5，1.5wt%が低レベルという目標に叶うことである。2つ目はImpが木材の性質を活用している点で，これが炭の低温ガス化に成功した最大の要因である。即ち，Impでは水で膨潤した木材細胞壁内部に水溶性のNi，Fe塩分子が滲入してほぼ均一に分布し，炭化後の触媒粒子の高分散による高い活性発現が可能となるが，疎水性の炭や水以外の溶媒を使うとこの触媒高分散は実現しない。3点目は500℃炭化ではタール（油）の生成量がほぼ最大化することであり，この炭化温度が油の生産と炭化物に対する触媒効果の両面で好都合であることは，エネルギー転換法としての触媒炭化に妥当性を与える。この触媒炭化

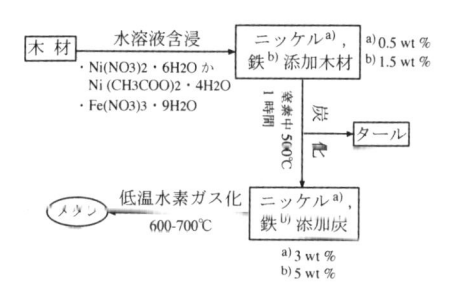

図1　高ガス化反応性木炭の基本製造工程

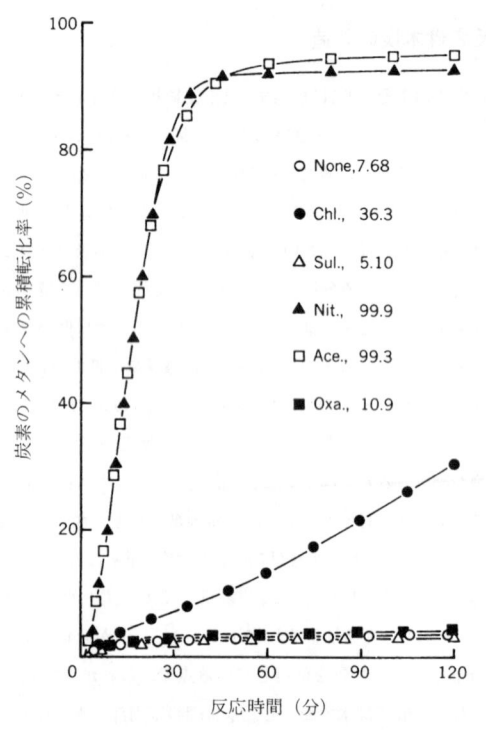

図2 種々のNi塩を添加した木炭の水素ガス化反応性
注：試料は500℃炭化ダケカンバ炭，反応温度600℃，Noneは無添加，Chl.は塩化物，Sul.は硫酸塩，Nit.は硝酸塩，Ace.は酢酸塩，Oxa.はシュウ酸塩。

表1 500℃-木炭上のニッケル粒子の平均結晶子径 (L_{Ni}) と金属ニッケルへの還元温度

ニッケル塩[a]	L_{Ni} (Å)[b]	還元温度 (℃)[c]	
		N_2中	H_2中
Chl.	130	825	445
Sul.	80	>900	610
Nit.	75	445	310
Ace.	65	450	335
Oxa.	210	400	340

a) 図2と同じ，b) 2θ＝約44°のX線 (Cu-Kα線) 回折ピークから計算，c) 完全に金属ニッケルを生成する温度

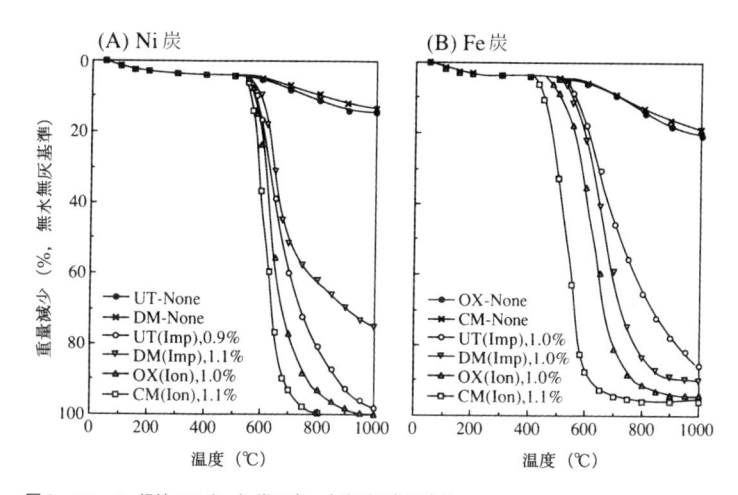

第 7 章　炭素骨格の新しい利用技術

(A) Ni 炭
(B) Fe 炭

- UT-None
- DM-None
- UT(Imp),0.9%
- DM(Imp),1.1%
- OX(Ion),1.0%
- CM(Ion),1.1%

- OX-None
- CM-None
- UT(Imp),1.0%
- DM(Imp),1.0%
- OX(Ion),1.0%
- CM(Ion),1.1%

縦軸：重量減少 (%, 無水無灰基準)
横軸：温度 (℃)

図 3　Ni, Fe 担持 CM (Ion) 炭の高い水素ガス化反応性
注：試料は500℃炭化ダケカンバ炭，UT は未処理，DM は酸脱灰，OX は硝酸酸化，CM はカルボキシメチル化，Imp は水溶液含浸，Ion はイオン交換を表す。

がより意義深いのは，炭を低温ガス化するのでタールが発生せず，アルカリ蒸気の発生も重大ではないことである。ガス化は実操業が最も有望視される熱化学的エネルギー変換法であり，現在欧米を中心に実用発電プロセスの開発が進行中[15]であるが，未処理バイオマスを高温(850℃以上)一段処理してガスへの完全転換を目指すこの方式は，まだ操業コストが高く商用運転には至らない。操業コストが高い主因の一つは，生成ガスの洗浄（タールとアルカリ蒸気の除去）を必要とすることであり，このステップの簡素化，高効率化がプラント操業実現の鍵を握る[15]という現状は，触媒炭化-ガス化二段法の有利性と合理性を裏付けることになる。

Ni, Fe 塩の Imp 担持は樹皮についても行われたが，その効果は木材には及ばなかった[16,17]。この原因は樹皮が触媒の活性を低下させる無機成分（SiO_2, S 等）を多く含み，細胞組織が緻密で触媒の分散が悪いためである。従って，酸洗浄[16,17]と酸細胞壁膨潤[18]は有効な前処理であるが，酸洗浄後の組織膨潤は飛躍的に触媒効果を増大させ，Fe 担持樹皮炭の低温ガス反応性は満足しうるレベルに達した[18,19]。触媒高分散の重要さは触媒金属のイオン交換 (Ion) 担持と Imp 担持との比較でより明らかとなる。即ち，図 3[20]は木材中のセルロースをカルボキシメチル化（CM）して Ni^{2+}, Fe^{3+} を Ion で導入した後500℃炭化によって調製した CM (Ion) 木炭のガス化反応性(重量減少)が対応する Imp 炭のそれを上回ることを表しており，金属の触媒活性は微粒化するほど増大することが確認された。僅か 1 wt%の金属担持で700℃以下の重量減少が90%を越えると

木質系有機資源の新展開

表2 新炭素材に期待される機能と用途

機　能	用　途
1）磁性材料	記憶素子，磁性粉（Fe, Co 微粒子およびそれらの合金），磁性繊維
2）電気電子材料	化学センサー，電動ペースト，電極，電磁波シールド，プリント配線
3）酸化還元触媒	有機合成試薬，C1化学触媒（Pd, Rh, Pt, Ru 等が分散した炭素材）
4）脱臭材，抗菌材	金属へのガス吸着や金属の抗菌作用（Cu, Zn, Ag 等）の利用
5）脱色材，水質改良材	有機溶媒中の活性物質の吸着，水溶液中の有機物質の吸着
6）修飾炭素繊維	ケイ素やホウ素で強化した繊維
7）その他	セラミックスとの複合材等

いう CM (Ion) 炭の著しく高い反応性は，CM による所要触媒量の低減という実利性も意味しており，セルロースの易化学改質性は石炭等の炭素質と比較すれば木材の大きな利点であると認識されてよい。しかし，単なるガス化原料を調製するために手間のかかる CM と Ion を組み入れることは実際的ではなく，木炭に微粒金属を担持する方法を新たに開発したことに実用的意義を持たせるには，より有益な用途を探索する必要がある。この事情が次節3の研究へと向かうきっかけとなった。

3　気相水素化触媒の調製

安田らの1989年の総説[21]によれば，金属が炭素前駆体マトリックスと分子レベルで複合化している有機金属ポリマーや高分子錯体を不活性ガス中で焼成して得られる超微粒金属-炭素複合体（FMMC）は，表2の機能と用途が見込まれる新しい炭素材料である。一般に直径10nm（100Å）以下の粒子は超微粒子と称され，Ni, Fe 粒子の粒径がこの範囲に入る前節の金属担持CM（Ion）木炭[20]は，製法の点でも FMCC である。現在でも木材を原料とする他の FMCC は公には知られていないので，金属担持CM（Ion）木炭は当然ながら世界初かつ唯一の木質由来 FMCC である。この FMCC の用途として選んだのは，バイオマスのエネルギー変換に関連する C_1 化学触媒であり，その性能は含酸素ガスの水素化反応（$CO + 3H_2 \rightarrow CH_4 + H_2O$, $CO_2 + 4H_2 \rightarrow CH_4 + 2H_2O$）を使って評価，判定した。

図4は CM 炭（CM_H, CM_L はそれぞれ COOH 量280, 140mmol/100g のダケカンバ木粉から調製）と活性炭（AC），Y-ゼオライト（YZ）の CO 水素化能を Ni7wt%担持量で比較したものである[22]。なお，CM と AC の N- は600℃の1h 炭化，H- はその後450℃で16h 水素還元したことを表し，同じ水素処理が YZ についても行われた。この結果から，H-CM 炭は予想通り優れた触媒作用を発揮し，その効果は H-YZ を上回ることがわかる。また，CM_H は CM_L より高活性で，Ni を Imp した AC は不活性であった。この3者の違いは Ni 粒子の分散性に関係し，AC の高表

第 7 章　炭素骨格の新しい利用技術

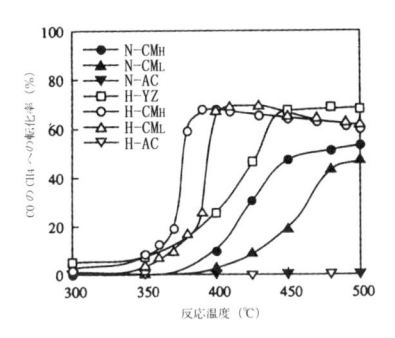

図 4　各種 Ni 担持触媒による CO の水素化

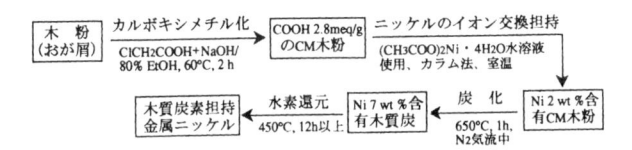

図 5　CO，CO_2 水素化触媒用 Ni 担持木炭の調製

面積は触媒の高分散には役立たなかった。H-CM の活性が N-CM より高いのは，触媒効果が金属への還元度にも依存するためである。図 5 は種々検討の結果に基づいて提案した触媒用 Ni 担持 CM（Ion）木炭の調製行程[23]であり，ここで炭化と水素還元それぞれに適正条件が存在するのは，Ni の分散性と金属への還元度が両処理に大きな影響を受けることを意味する。換言すれば，炭化と水素還元を適正条件で行えば炭素上に高活性な超微粒金属 Ni が安定に生成，存在するので，気相水素用触媒として利用が可能である。しかし，基本要件である木材基質への Ni 原料の化学的導入は CM（Ion）に限らず，例えば Ni^{2+} とアミノアルキルセルロースの N 原子との配位結合形成も有望と予想される。そこで，木材をアミノエチル化（AE），ジエチルアミノエチル化（DEAE），トリエチルアミノエチル化（TEAE）して中性水溶液中で Ni^{2+} を添加，炭化，水素還元した後 CO_2 水素化における触媒活性を調べた。図 6[24]は，500℃炭化，420℃-8h 水素還元後の各種ニッケル担持触媒の反応温度450℃におけるメタン転化率を Ni 量に対して示したものである。図中略号の WC は木炭，UT は無処理，Mix は Ni の機械混合による添加を表しており，UT 以外の Ni 添加はすべて Imp である。Ni 5 % 以上の活性序列 CMWC ＞ AEWC ＞ Al_2O_3 ＞ DEAEWC ＞ TEACWC ≒ Imp-UTWC ＞ AC ＞ Mix-UTWC は金属 Ni の分散性にほぼ従い（表 3），AE は CM には劣るが Al_2O_3 を上回ることから，効果的な改質法であることが確かめられた。

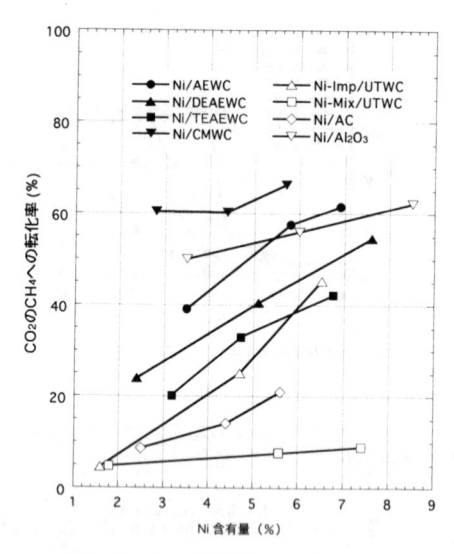

図6 種々の Ni 担持触媒の CO_2 水素化活性

表3 各種 Ni 触媒のニッケル粒子の平均結晶子径 (L_{Ni})

触媒[a]	Ni 量 (wt%)	L_{Ni} (Å)[b]	
		反応前[c]	反応後[d]
Ni/AEWC	5.8	50	60
Ni/DEAEWC	5.1	55	60
Ni/TEAEWC	6.7	70	80
Ni/CMWC	5.7	50	50
Ni-Imp/UTWC	6.5	80	90
Ni-Mix/UTWC	5.6	180	200
Ni/AC	5.6	150	180
Ni/Al_2O_3	6.0	50	60

a) 本文参照, b) 表1と同じ, c) 500℃-1h で炭化 (熱処理) し引き続き420℃-8h の水素処理後, d) CO_2の水素化反応 (100℃から10℃/min で500℃まで昇温) 後

なお, AE > DEAE > TEAE は, N原子を取り囲むアルキル基原子団が嵩高いほど Ni^{2+} との配位結合形成能が小さく, 微粒 Ni が生成しにくいことを示すものと考えられる。

木炭を気相反応用触媒の担体と用いる他の例として TiO_2 前駆体分子を担持して400〜500℃炭化した光分解触媒があり, この TiO_2/木炭はホルムアルデヒド[25〜27]やアセトアルデヒド, アンモ

第7章 炭素骨格の新しい利用技術

ニア，NOx 等[28]を効果的に分解する。しかし，この触媒系における木炭の役割は TiO_2 の高分散というよりむしろ被分解ガスの吸着にあり，木炭の多孔性が触媒効果をコントロールという点では上記の Ni 担持木炭とは異なっている。

4 電磁波遮蔽材の製造

前節2，3で述べた木炭炭素に金属 Ni 粒子が高分散するという事実は，炭化中に生成した微粒 Ni が木材の熱分解反応の触媒としても効果的に作用することを意味する。実際 Ni 塩を Imp 添加した木材の炭化では，600℃以上になると Ni 無添加より CO と H_2 の発生量が増加し[29]，炭素の縮合多環芳香族構造の発達が促進される。Ni が1,000℃前後で炭素のグラファイト化（結晶化）触媒として働く[30,31]ことを考えると，難グラファイト性の木材でも Ni が高活性であればより低温度で炭素の結晶化が効果的に進行すると期待される。1,000℃以下の木材の Ni 触媒炭化によって結晶炭素をつくるという試みはこれまでになされておらず，バイオマスからの機能性材料製造（マテリアル転換）として検討する価値はあるが，結晶炭素が得られたとしても実用途が問題である。炭素が結晶化すれば導電性となり，電磁波遮蔽材（具体的には導電性複合体のフィラー[32]）として利用できる，と考えて行ったのが標題研究である。

図7[33]は Ni を Imp で添加したカラマツ木粉を700，800，900℃で1h 炭化して得られた Ni 含有量2wt%炭の X 線回折図であり，比較用の無添加炭は900℃でも無定形炭素であるのに対して800℃-Ni 炭では26°に乱層構造炭素（T 成分）が現れ，900℃-Ni 炭ではこの結晶炭素の生成が著しく促進されたことがわかる。図8[33]は各炭の一般公共放送用周波数帯（50～800MHz）におけるシールド効果（S. E.）を表しており，900℃-Ni 炭は全周波数で実用基準の30dB[34,35]を上回るこ

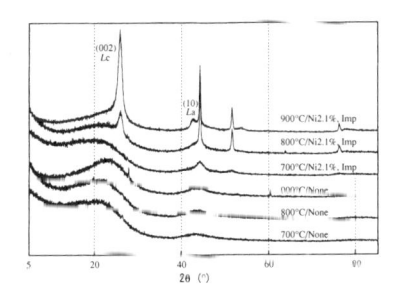

図7　Ni 添加，無添加カラマツ炭の X 線回折図

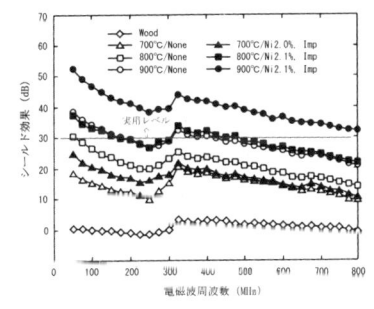

図8　Ni 添加，無添加カラマツ炭の電磁波遮蔽効果

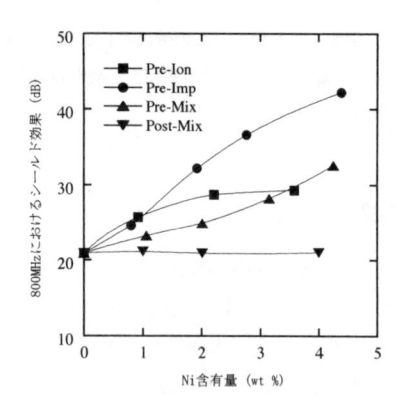

図9 電磁波遮蔽能に及ぼす Ni 添加法の影響

とから，電磁波遮蔽材としての応用が可能であると判定された。この Ni 炭の無添加物基準の収率は約25％であるから，Imp の Ni は対木材0.5wt％の少量添加で望ましい触媒効果を発揮したことになる。なお，いずれの試料でも S. E. が800MHz で最小となるのは装置の特性による。図7，8は，木材の Ni 触媒炭化によって実用性のある結晶炭素が簡単に製造でき，必ずしもより高温で高結晶のグラファイトを目指す必要はないことを示している点で学問的，工業的に有意義である。しかし，Imp より Ni 粒子が高分散する CM (Ion) では T 成分は生成せず，Ni 量を増加させても800MHz の S. E. はそれほど大きく増大しなかった（図9[33]）。この意外な結果は，金属導入に先立って行う酸洗浄によって Ni の凝集抑制剤として働く灰成分（Na，Ca）がほぼ完全に除去されたためであることが判明した[36]。即ち，Ni が炭素の結晶化触媒として機能するには，酸化物として存在しうる Na や Ca 成分の共存が不可欠であり，この発見は後にリグニン（第4章5.2 電磁波シールド材料の開発を参照）やバイオマス熱分解タール[37,38]からの電磁波遮蔽材用結晶炭素の高効率製造に役立った。Ni 触媒のみを添加した酢酸リグニンが本実験とほぼ同条件で T 成分を与える[39]のは，このリグニンを分離・回収する過程で取り込まれた Na 成分が効果的に作用するためであろう。木材中に固有灰成分（通常0.5wt％以下）として含まれる Na や Ca の量は多く見積もっても0.1〜0.2wt％であるが，このような極少量でも細胞壁中に広く均一に分布していれば，Ni の触媒効果を十分に引き出すことができる[40]と考えられる。なお，Na や Ca の Ni 凝集抑制作用の本質は，Ni-Na 間，Ni-Ca 間の複酸化物形成に伴う活性な微粒 Ni の生成であると説明された（第4章5.2中のカルシウムの助触媒効果）。

第7章 炭素骨格の新しい利用技術

5 おわりに

　木材は水中で膨潤し，化学改質が容易なセルロースを主成分として含む。このような特徴を利用すると木材細胞壁にNi触媒原料を高分散担持することが可能となり，その後目的，用途等に応じて炭化温度を選択すれば所要の機能を備えたNi-木炭複合体が調製される。その機能はより適正な方法，工程を採用するとより効率よく付与でき，得られるNi-木炭複合体についても，より付加価値の高い利用，用途が開発される可能性がある。Ni以外の金属や金属の複合担持も可能であり，炭化条件等の変更も任意であるから，得られる木炭の性状，品質，機能等は多種多様で，用途は無限である。触媒炭化による機能性木炭の製造は緒についたばかりであり，今後の急展開が期待される。

文　　献

1) 谷田貝光克，木材工業，**52**，472（1997）
2) 「樹木等の炭化による温暖化防止技術等複合環境対策技術の開発」平成12年度報告書，NEDO（RITE 委託），p.148（2001）
3) 三浦正勝，北海道通産情報ビイ・アンビシャス，北海道通産局編，8月号，p.42（2000）；M. Miura, *et al., J. Chem. Eng. Jpn.*, **33**, 299（2000）
4) 梅原勝雄，林産誌だより，北海道立林産試験場編，2月号，p.5（1998），渋谷良二，同，p.10．
5) ㈱ジェイ・シー・シー，パンフレット．
6) 松浦弘直，日本木材学会第8期研究分科会報告書第五分冊，pp.63-71（2004）
7) 岡部敏広監修，「木質系多孔質炭素材料ウッドセラミックス」，内田老鶴圃（1996）
8) 岡部敏広，廣瀬　孝，「ウッドケミカルスの最新技術」，飯塚堯介編，シーエムシー出版（2000），pp.257-281．
9) 小林和夫，「改訂炭素材料入門」，炭素材料学会（1984），p.4．
10) 石原茂久，木材学会誌，**42**，717（1996），材料，**48**，473（1999）
11) 今村祐嗣，触媒，**41**，254（1999）
12) 芝本武雄，栗山　旭，「木材炭化」，朝倉書店（1956），p.34．
13) 鈴木　勉，木材工業，**57**，500（2002）
14) 鈴木　勉他，木材学会誌，**33**，423（1987）
15) 鈴木　勉，木材学会誌，**48**，217（2002）
16) T. Suzuki, T. Yamada, T. Homma, *Mokuzai Gakkaishi*, **38**, 509(1992)
17) T. Suzuki, *et al., Mokuzai Gakkaishi*, **40**, 640(1994)

18) T. Suzuki, et al., Fuel, **75**, 627(1996)
19) T. Suzuki, et al., J. Wood Sci., **45**, 76-83(1999)
20) T. Suzuki, H. Minami, T. Yamada, T. Homma, Fuel, **73**, 1836(1994)
21) 安田　源, 宮永清一, 表面, **27**, 489 (1989)
22) T. Suzuki, Y. Imizu, Y. Satoh, S. Ozaki, Chem. Letters, **8**, 699(1995)
23) 鈴木　勉, 化学工学, **61**(6), 448 (1997)
24) 鈴木　勉,「新しい高機能性木質炭素材料の開発－金属高分散担持木炭の調製と環境触媒としての応用」, 平成10-12年度科学研究費補助金基盤研究(C)(2)研究成果報告書 (2001)
25) M. Doi, S. Saka, H. Miyafuji, D. A. I. Goring, Material Sci. Res. International, **6**, 15(2000)
26) H. Tokoro, S. Saka, Material Sci. Res. International, **7**, 132(2001)
27) B. Huang, S. Saka, J. Wood Sci., **49**, 79(2003)
28) H. Hou, H. Miyafuji, S. Saka, J. Materials Sci., in reviewing.
29) 鈴木　勉, 山田哲夫, 本間恒行, 木材学会誌, **31**, 595 (1985)
30) 大谷杉郎, 大谷朝男, 炭素, **79**, 111 (1974)
31) 羽鳥浩章他, 炭素, **189**, 165 (1999)
32) 清水康敬, 杉浦　行,「電磁妨害波の基本と対策」, 電気通信学会 (1995), p.60.
33) T. Suzuki, et al., Materials Sci. Res. International, **7**, 206(2001)
34) 中川威雄, 小川浩幸,「電磁波シールド技術」, 檜垣寅雄編, シーエムシー(1982), pp.153-193.
35) 長澤長八郎, 木材工業, **51**, 188 (1996)
36) X.-S. Wang, N. Okazaki, T. Suzuki, M. Funaoka, Chem. Letters, **32**, 42(2003)
37) 鈴木　勉他, 木質炭化学会誌, 印刷中.
38) T. Suzuki, et al., Programme and Abstracts of Science in Thermal and Chemical Biomass Conversion, 8/30-9/2, 2004, Victoria, BC, Canada, p.209.
39) S. Kubo, Y. Uraki, Y. Sano, J. Wood Sci., **49**, 188(2003)
40) T. Suzuki, J. Iwasaki, H. Konno, T. Yamada, Fuel, **74**, 173(1995)

第8章　新しいエネルギー変換技術

松村幸彦[*]

1 はじめに

木材は，化学原料や建築材料として用いられる他，柴や薪の形で古くからエネルギーとしても用いられてきた。これらの用途に用いられる木材を木質バイオマスと呼ぶ。木質バイオマスのエネルギー利用には，身近なところでは暖炉やたき火，少し時代をさかのぼれば，かまどや銭湯の炉などが上げられ，また，その燃焼特性を向上させる目的で炭化を行って木炭としても利用されてきた。近年では，これらの利用は化石燃料に取って代わられ先進国ではほとんどわずかとなってきているが，発展途上国では現在でも薪や炭が主要なエネルギー源として重宝されている。同時に，これらを燃焼する時に出る煙や有害物質が健康被害の原因となる問題も起きている。

一方で，近年の地球温暖化問題に対して，再生可能であり，再生しながら利用すれば大気中の二酸化炭素濃度を増加させないバイオマスエネルギーは注目を集めている。特に木質バイオマスは，その豊富な賦存量から持続可能な社会におけるエネルギー源として利用が期待されている。しかしながらこの場合には，従来の単純な柴，薪，木炭といった利用ではなく，現代社会のニーズにあった高効率かつ安全な利用が求められている。このため，新しい木質バイオマスの利用技術が開発されている。

エネルギーとして木質バイオマスを利用する時には，1次エネルギーである木質バイオマスの有する化学エネルギーを，われわれが利用しやすい電力，ガス，燃料，熱などの2次エネルギーの形態に変換して利用する。たとえば，柴や薪は木質バイオマスを空気中の酸素によって酸化，燃焼させることによって，われわれが利用しやすい熱エネルギーに変換している。木炭の生産は，発熱量の低い木質バイオマスを，空気を遮断した状態で加熱，熱分解させることによって発熱量の高いグラファイトを主とする燃料に変換している。しかしながら，単純な柴や薪の燃焼や，木炭の生産は，効率が悪く，また，煙や有機酸，場合によってはダイオキシン類などの健康影響物質を生産することにつながる。さらに，得られた熱や木炭も，ガソリンや都市ガスと比較して必ずしも使いやすいとは言えない。このため，先進国で利用する持続可能な社会のエネルギーのひ

---

[*] Yukihiko Matsumura　広島大学　大学院工学研究科　機械システム工学専攻　助教授；
　　　同バイオマスプロジェクト研究センター　幹事

木質系有機資源の新展開

とつとして木質バイオマスを考える場合には，より効率よく，環境汚染を引き起こさないように管理された条件下で，エネルギー変換を行う技術が必要不可欠となる。本章においては，最近開発，導入が進められている各種の木質バイオマスエネルギー変換技術を概説し，持続可能な社会におけるエネルギーとしての木質バイオマスの技術的な可能性を示す。

2 木質ペレット

　木材を燃料として利用し，燃焼させて熱エネルギーを得ることは古くから薪や柴といった形で用いられてきたが，現代の生活の中でバイオマスエネルギーとして木材を利用することを考えた場合，より取り扱いやすく，制御しやすい形での利用が求められる。木質ペレットは，この目的のために開発されたもので，木材を粉砕した後に加熱圧縮しながら数 mm 程度の穴を通して冷却することによってリグニン成分を一度融解，これをバインダとして利用し，木粉をタバコ程度の太さに固めたものである。一定の長さに切断して，直径数 mm ×長さ数 cm 程度の形状として利用する。1970年代の石油危機の後にもその利用は進められ，我が国においても数十の生産工場が存在したが，その後石油価格の低下に伴って生産が落ち込み，最後には岩手県の葛巻林業１社にまでなった。ところが，近年のバイオマス利用の促進の流れによって再度注目を集め，再び各地で生産利用されるようになってきた。欧州においては，継続的に使用されてきており，特に北欧においては各家庭で利用されるよう雑貨店でも販売されている。また，大規模燃焼設備においても燃料として利用されている。

　ペレット化することによって，木材は均一な粒子として扱えるようになるので自動的・連続的に供給することが容易となり，さらに一度粉砕したものを加熱成形して作ることから分かるように含水率が低下するため，燃焼性も向上する。各家庭で利用するためには，専用のストーブや調理器が必要となるが，この開発も行われており，岩手県ではいわて型ペレットストーブを開発，その普及を進めている。

　木材の粉末を原料とするため，原料は直接炉で燃焼する他には利用の使用がないおがくずなどでもよく，特に製材工場の残材を用いて生産できる。地域での製材産業の副産物としてバイオマスエネルギー利用を促進する方法論として今後の普及が期待されている。NPO や地域の林業の活性化を目指す動きの中で着目されており，大阪府の高槻市，広島県の庄原市，岡山県の真庭郡などで，その導入が進められている。しかしながら，現時点ではその販売網が整備しきれていない，ペレットストーブが高価である，などの問題があり，これらの解決が求められる。このため，自治体などで公共用として導入を開始し，安定的な需要を確保してから導入を進める戦略が多く採られる。

第8章 新しいエネルギー変換技術

木質ペレットと同様の処理を行って、より大きめの形状に固めたものは薪の代替として用いられ、ブリケットやオガライトという名称で呼ばれている。また、石炭と木材を一緒に圧縮して成形したペレットも中国などでの使用を目的として開発されている。これは、石炭燃焼による硫黄酸化物などの発生を抑制し、環境汚染を緩和することを目的としたものであり、硫黄酸化物を吸収させるために石灰を混入させることも検討されている。

3 混焼

木質バイオマスを直接燃焼する場合、規模が小さいと熱回収などにかけられる経費が小さくなり、全体としての効率が低下する。しかしながら、我が国において木質バイオマスを大きな規模で収集することは容易ではない。このため、既に運転されている石炭火力発電所などの大規模燃焼装置において木材を同時に燃焼する技術の開発が進められている。木材以外の燃料と一緒に燃焼することを、混焼と呼び、木材のみを燃焼する専焼と区別するが、規模が大きくなると単位生成エネルギーあたりの装置コストを下げることができ、このためエネルギー回収のためにコストをかけることが可能となるため、全体のエネルギー効率を高めることができる。集められる木材の量そのものは小さくても、エネルギー効率の高いシステムで処理することができるために実質のエネルギー利用効率を高めることが可能となる。

石炭と混焼するにあたっては、木材を石炭と混合するなどして供給することが求められ、このためには、粉砕技術や燃焼特性を確認し、適切な供給方法を実現することが必要である。新エネルギー産業技術総合開発機構（NEDO）のバイオマスエネルギー高効率転換技術開発では、中国電力などが石炭・木質バイオマス混焼技術の研究開発を受託し、火力発電所における木材の混焼技術の開発を行った。実証運転に向けて準備を進めている段階である。また、四国電力では西条火力発電所、電源開発では松浦火力発電所でそれぞれ混焼試験を実施している。木材の供給は必ずしも容易ではなく、フィンランドには微粉炭火力において木材をまずガス化し、このガスを供給する形で混焼を進める例もある。

国内の木質バイオマスを有効に利用する最も実用化に近い技術のひとつとして今後の導入普及が期待される。

4 木炭

木炭も古くから用いられている技術であり、発展途上国でも広く用いられている。木材を空気の不足した状態で蒸し焼きにすると木ガス、タールと炭に分解するが、この炭を燃料として用い

るものである。しかしながら，固体燃料であるために小型分散では取り扱いには手間がかかり，大規模火力用固体燃料としては石炭が安価に得られるために，その利用はウナギや茶道などに限られている。

しかしながら，やはりバイオマスエネルギーの利用を促進する流れに伴って，国内でも連続に木材を炭化して燃料とする技術の開発が進められている。株式会社エフ・ケイは農林水産省と過熱蒸気を熱源として連続的に木質を炭化する農林バイオマス2号機を共同開発した。このシステムは4トントラックに搭載することもできる。また，中国メンテナンス社も同様の技術を用いて発生源で木材の炭化を行うことのできる車載型のシステムを開発している。

木炭生産の一つの問題は，その収率が低いことである。原料重量に対して高々30％程度の収率しか得られないことが一般的である。ハワイ大学では，この収率を高めるために加圧下で木材の炭化を行うことを検討し，収率を40～60％に向上させることに成功している。ハワイ大学ではまた，反応時間を短縮するために木材を充填した反応器を加熱，生成した可燃性ガスに点火を行って充填層を通して瞬間的に火炎を移動させるフラッシュ炭化技術を開発，瞬間的に炭化を行うとともにエネルギー効率として50～60％を得ている。現在，商用プラントを建設中であり，新しい炭化技術として興味深い。

また，金属酸化物を還元して金属を得る時の還元剤としても利用が進められている。古くは，たたら製鉄などで用いられていたが，製鉄では石炭由来のコークスが多く用いられている。これに対して，木炭を利用する場合には含有される灰分が少ない利点があり，不純物を嫌うシリコンなどを得る時などに用いられる。

ただし，エネルギー利用としては経済性が得にくいので，多くの場合には木炭は活性炭や土壌改良材などのマテリアル利用に用いられており，エネルギー利用としての可能性は今後の用途開発と経済性の向上によるところが多いと考えられる。

5 ガス化

木質バイオマスを燃料として発電を行う場合，直接燃焼によって熱を得，これを用いてボイラーで水蒸気を発生，蒸気タービンを回して発電することが一般的に行われている。しかしながら，このシステムでは規模が小さくなると効率が極端に悪くなる問題がある。特に我が国においては，バイオマスを収集するのにコストがかかるため，日量数トン～数十トンが一般的な規模と考えられ，直接燃焼発電では効率は数％程度しか得られない。この問題を解決する一つの方法は木材をガス化して，生成したガスを利用して発電を行うものであり，ガス化ガスはガスエンジン，マイクロガスタービン，燃料電池などの小規模でも高効率の発電が行える各種設備の燃料として利用

第8章 新しいエネルギー変換技術

できる。

　NEDO のバイオマスエネルギー高効率転換技術開発においてもガス化の課題が3テーマ選ばれて研究が進められた。ガス化技術そのものは既に実用化した技術であり，海外でも広く用いられており，特に1970年代の石油危機直後は盛んに導入された。技術開発課題は，生成ガスに含まれるタールの処理が最も大きなものであり，通常のガス化ガスは数 g/m³-N のタールを含んでいるが，ガスエンジンなどに供給するには20mg/m³-N 程度までタール分を落とす必要があり，このために各種の技術開発が行われている。スクラバで洗うのが最も簡便な方法ではあるが，ポンプ動力が必要となり，また，スクラバの排水処理が問題となるので，東工大の吉川は後処理としてガスを一部燃焼させ，この熱でタールをガス化処理するプロセスを提案している。

　バイオマスのガス化を行う反応器には，充填層，流動層，噴流床，ロータリーキルンなど各種のものが用いられている。一般的には規模が大きい場合には流動層や噴流床，ロータリーキルン，規模が小さい場合には充填層が適切と考えられている。長崎総合科学大学の坂井は噴流床を用いて各種のバイオマスをガス化する農林バイオマス3号機を開発，各種のバイオマスをガス化し，メタノール合成を行っている。また，中外炉工業株式会社ではロータリーキルンを用いたガス化装置を用いて木質バイオマスをガス化する実証機を運転，ガスエンジンによる発電を行っている。

　一方で，近年，数十 kW 程度の小規模のガス化発電システムが開発されてきている。米国 CPC 社は木材を供給してガス化，発電までを数 m 角のパッケージで行うバイオマックスシリーズを開発，10カ所以上で実証を行っている。また，新聞報道によれば宇部テクノエンジ社がドイツの AHT 社の小型ガス化発電が開発した50～250kW の装置の販売を始めている。

　石炭利用総合センターでは，木質バイオマスのガス化反応場に酸化カルシウムを導入することによってガス化の際に生成する二酸化炭素を除去し，水素を主成分とするガス化ガスを得る技術の開発を進めている。酸化カルシウムは炭酸カルシウムとなり，これを別の反応器で昇温分解して再度酸化カルシウムに戻し，循環利用するものである。

6　エタノール生産

　木材の主成分はセルロース，ヘミセルロース，リグニンであるが，セルロースはグルコースの重合物であるのでこれを加水分解すればグルコースが得られる。グルコースは酵母で発酵させればエタノールとすることができるが，バイオマス由来のエタノールはガソリン代替燃料として近年導入が進められている。ブラジルにおいては既に20年以上サトウキビから生産したエタノールが自動車用燃料として用いられているし，米国でもトウモロコシから作ったエタノールをガソリンに混入して利用することが行われている。

263

木質系有機資源の新展開

　資源量が大きいことから，木質バイオマスからエタノールを合成し，バイオエタノールとして供給する技術の開発が期待され，各国で進められている。しかしながら，その実用化は容易ではない。米国においては，MASADA，アルケノール，BCI などの各社が2002年頃の実用化を目指して研究開発を行ったが，いずれも成功しなかった。我が国においては，月島機械が BCI の技術を導入し，日揮がアルケノールの技術を導入して開発を現在進めている段階である。

　最も問題となるのはセルロースを加水分解してグルコースを得る前処理段階であり，一度糖にしてしまえば既存のエタノール生産技術が利用できる。加水分解には，BCI は希硫酸，アルケノールは濃硫酸を用いているが，希硫酸の場合には廃棄にあたって中和の必要があり，このため多くの石膏が発生してしまう。濃硫酸を用いる場合には回収利用を行うのでこの問題は生じないが，濃硫酸による反応器の腐食が大きな問題となる。

　米国農務省ではこれらのことを踏まえて各種の前処理技術の比較検討を行っており，アンモニア水溶液前処理，水熱および希酸前処理，アンモニア爆砕，pHコントロール法，石灰前処理の技術評価を進めている。また，米国国立再生可能エネルギー研究所では木材からエタノールを得るプロセスの詳細な設計を行っている。我が国の NEDO の国際グラント事業では固体触媒を用いた水熱前処理とセルラーゼによる加水分解を組み合わせたプロセスを提案，技術開発を進めている。

　セルロースから得られるグルコースだけではなく，ヘミセルロースを加水分解して得られるペントースも原料としてエタノールを生産する技術の開発も進められており，遺伝子組み替えを行った大腸菌やザイモナスなどを用いられている。

7　超臨界メタノール処理

　京大の坂は，超臨界メタノールを用いて木材を処理し，液体燃料とする技術を開発している。木材は超臨界メタノールと反応して加メタノール分解を起こし，液体燃料を得ることができる。メタノールそのものをバイオマスから得ることができれば，完全に再生可能なプロセスが実現できる。一つの可能性は，上記の坂井らのプロセスのように，この目的に用いるメタノールを木材をガス化し，ガス化ガスから合成して得ることである。しかしながら，そのメタノールを直接利用する方が安価かつ簡便なプロセスとなると考えられる。よって，全体としてどのようなプロセスによってどのようなメリットを出していくかが実用化に重要と思われるが，技術的には興味深いプロセスである。

第8章 新しいエネルギー変換技術

8 直接油化

　資源環境技術研究所（現産業技術総合研究所）では木材を水熱処理することによって重油に近い油を得ることに成功している。反応温度は300℃程度，圧力はこの時の自生圧であるほぼ10MPaで，発熱量は重油に比べて3割程度低くなり，粘度が高いため，改質が必要と考えられる。触媒として炭酸ナトリウムを用いることによって反応特性を改善し，オイル収率50％，エネルギー収率70％以上を得ている。

　水の中で処理するプロセスであり，含水性のバイオマスの処理にむしろ向いていると考えられる技術であるが，流木など水分を多く含む木材の処理などへの適用が考えられよう。

9 急速熱分解

　木質バイオマスを500〜600℃に瞬間的に加熱すると，1秒以下でタール成分を多く生成する熱分解が進行し，生成物として油状成分が多く得られる。この油は，急速熱分解油と呼ばれ，25MJ/kg程度の発熱量を持ち，燃料として利用することが可能である。反応器には流動層や回転円錐型反応器などが研究されており，特に欧州において研究開発が盛んである。カナダのエンシン社が既にこの技術を実用化しており，この技術によって生産された油が販売されている。

　そのままでは自動車用の燃料としての利用は難しく，粘度も高い。また，長期間おいておくと固まる，成分に有毒な物質が含まれるなどの問題があり，広く用いられるには生産，利用に関する技術開発が必要と考えられる。水素などを用いた改質の研究などが進められている。

　日本ほどではないが，欧州でも木材の輸送コストは高い。ある程度規模の大きな処理を行うためには木材を集めてくる必要があるが，木材そのものは必ずしも輸送しやすい燃料ではない。このため，移動式の急速熱分解装置を建設し，森林など木材発生地に装置を持っていって急速熱分解油を生成，液体燃料の形で長距離を輸送して処理規模を大きくして変換を行うことが提案されている。

10 スラリー燃料化

　木質バイオマスを加圧した水の中で300℃程度で30〜60分，無触媒で反応させると水中で木材の炭化が進行し，水に炭が懸濁したようなスラリーを得ることが可能である。その後，水相を木酢液として分離してスラリー濃度を高めることによって，そのまま燃焼することができるスラリー燃料とできる。水分30％，固形分70％程度の混合物とすることを想定している。石炭・水ス

ラリーを燃焼している火力発電所などでの利用が考えられ,日揮が研究開発を進めている。現在,連続装置を用いての研究開発段階にあり,今後の進展が興味深い。

11 おわりに

ここに述べたように,木質バイオマスを先進国でも利用して,持続可能な社会のエネルギー源の一つとするための各種の技術開発が進められている。木質バイオマスのエネルギー利用そのものは古くから行われてきたことであるが,現代の社会において木質バイオマスをエネルギー利用するには,より使いやすい形への安価かつ高効率な変換技術が必要である。特に,国内のバイオマスを利用する場合には,小規模でも高効率な利用ができる混焼やガス化発電の技術が今後ますます重要と考えられる。これらの技術を用いたエネルギー変換プロセスによる家庭用燃料,発電用燃料,自動車用燃料などの生産が期待されており,これは木材の新しい可能性を開くとともに,森林管理や林業活性化を活性化していくきっかけともなることが望まれる。

第9章　持続的工業システムの展開

近藤和博[*1], 舩岡正光[*2]

1 持続的社会，物質循環型社会への期待の背景

近年，容器包装リサイクル法の制定を始めとする各種リサイクル新法が施工されるに至り，リサイクルしやすい製品や原材料の見直しなど新しい「ものづくり」が始まっている。これは，国連大学が提唱した「ゼロエミッション」の理念に沿った行動と言えるが，その背景には以下のような状況がある。

第1に量が増加するごみ処理問題が有る。特に，ダイオキシン発生の問題から塩ビを含むプラスチックの焼却ができず，その減量化が一つの目的である。また，地球温暖化の問題からCO_2発生抑制のために焼却からリサイクルへと移行していることがあげられる。

第2にLCA評価の概念が広がり，大気汚染，地球温暖化，水質汚染の環境保全だけでなく，資源枯渇問題も同様の重みを持つ評価項目として取り上げられ，この問題に対処する方法の模索が挙げられる。資源枯渇問題が加えられたことにより，単に汚染物質の処理による環境保全の考え方，すなわちエンドオブパイプの環境保全だけではいずれ行詰る事態となると想定され，現状の物質に恵まれた社会を維持しながら且つ環境問題に対応する考え方が持続的社会，物質だけを捉えれば物質循環型社会の構築へと変化してきている。

以上のように持続的社会の構築を基本理念として，現在のリサイクルシステムを評価すると，鉄，アルミ等の金属リサイクルのみ，その昔から実施されいるリサイクルのみが評価できるだけで，その他のリサイクルは不十分なものに留まっている。例として，容器包装リサイクルの代表例であるPETボトルの回収であるが，リサイクル後は繊維として利用され，その廃棄物は焼却される状況である。1世代（場合によっては数年間程度）だけ焼却処理が延びただけであり，本質的には大差が無いことになる。

持続的工業システムとは，持続的社会を構築するための工業システムとしての概念を提唱するものであり，単にリサイクルと表現される概念とは異なるものである。そのシステムは次節に示

[*1] Kazuhiro Kondo　㈱荏原製作所　環境エンジニアリング事業本部　水環境・開発センター　新規事業開発室　室長

[*2] Masamitsu Funaoka　三重大学　生物資源学部　教授

す要件を満たす必要があると考えられる。

2　持続的工業システムの要件

　持続的工業システムは，20世紀の大量消費型工業システムとは異なる価値観の上に構築されることになるシステムである。システムの構築要件として以下の次項が考えられる。
① 使用済み製品から工業原料を回収できること
　単なるリサイクルシステムと異なる点であり，持続的と称する最大のポイントである。使用済み製品から，最も望ましくは製品の原材料を回収できること，すくなくとも他の工業用製品の原材料として回収できることが必要である。
　これまでにあるシステムでは，鉄やアルミ製品についてのリサイクルシステムがこの概念に合致している。また，ガラスについてもこの概念に合致している。すなわち，無機材料のリサイクルは今後も利用価値があるとして評価できるものである。
　相分離システムによって木材から分離回収されたリグノフェノールはその利用方法により原材料であるリグノフェノールを回収できること，少なくとも次の材料の原材料となる形で回収できることから，持続的工業システムの根幹となりうる可能性が極めて高い。
② 再生可能資源が根幹の原材料であること
　ここで再生可能資源とは植物資源，いわゆるバイオマス資源を指している。光と二酸化炭素と各種ミネラルから毎年成長を続け，一部を伐採使用しても新たに成長，再生可能である資源であることを意味している。
　①項で示した原材料を回収できる資源として，金属（鉱物資源）が挙げられるが，鉱物資源量は基本的に限界があり，この点からは評価が落ちることになる。
　木材のみならず草本系からもリグノフェノールを生産する相分離システムは，この点からも評価が高く，持続的工業システムの根幹として成立する。
③ ケミカルリサイクル経費が原材料からの生産経費より廉価であること
　持続的工業システムの要件の最大のものはケミカルリサイクルが可能な物質であることであるが，さらにそのリサイクルにかかるコストが原材料からの生産コストより低いことが必要である。これはリサイクルのプロセスの簡略化のみでは達成しにくく，物質そのものがリサイクル容易な物質であることが必要である。
　リグノフェノールはこれに適した物質であり，有機溶剤に容易に溶解し，その分離も容易である。分子スイッチの作動のためのプロセスもまたアルカリ酸等の液内で加熱する程度のプロセスであり，コストとしては低く抑えることが可能である。

バイオマス資源循環利用システム

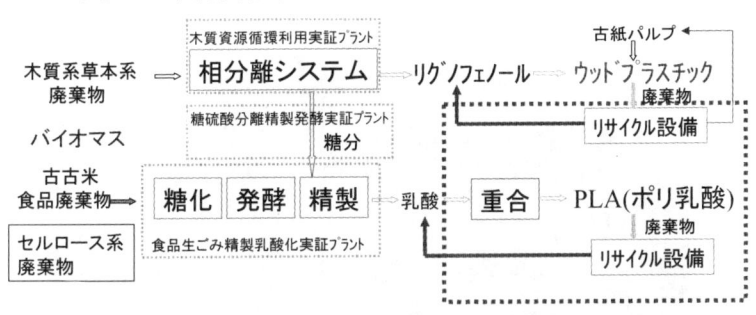

図1 バイオマス循環利用システム概念図

3 相分離システムを主体とするバイオマス循環利用システム

前節に示したように，木質系資源草本系資源を原材料としリグノフェノール，および糖分を生産する相分離システムは，持続的工業システムの根幹となりうるシステムである。糖分の利用方法としては，ケミカルリサイクルが可能な物質ポリ乳酸生産とし，これをシステム原型とする。その基本概念を図1に示す。

持続的工業システムでは，これまでバージン材料生産事業とリサイクル事業を分離して構築していたものを，1箇所に集中して事業化することが異なる点である。

① **リグノフェノールの利用**

リグノフェノールの利用法として原材料を単純に紙またはパルプ成形物に含浸させ，強度増加機能を利用する方法としている。この方法は利用先としては限定されるが，容易にリサイクルが可能でかつ廉価に回収できる方法である。

② **糖分利用としてのポリ乳酸**

糖分利用の方法としては乳酸発酵を行い，精製重合後ポリ乳酸として使用する方法である。ポリ乳酸はABS樹脂に似た性質をもつプラスチックとして今後利用の伸びが期待されているプラスチックである。最大の特徴は，他の石油系プラスチックと比較して，容易に乳酸もしくは乳酸の2量体であるラクチド乳酸に戻ることである。

石油系汎用プラスチックのような多用途への展開は今後の研究開発が必要ではある。

写真1　実証プラント概観

③　原材料バイオマス

　原材料のバイオマスとしては，相分離システムの持つ汎用性から，多種多様なものを利用できる。単に木材資源に頼る必要は無い。また，発酵用糖源としては古古米，食品廃棄物やセルロース系廃棄物をも利用できる。

④　リグノフェノール利用の発展形

　リグノフェノールは，フェノールを変更することで多様な性質を持つ物質を生産できる。また，リグノフェノールを重合高分子化することで樹脂的な利用も可能である。この利用法で使用されたリグノフェノールは，リサイクル回収後，分子スイッチを作動させることによって他の物質へ転換させ，再度原材料として使用できる。このリサイクルシステムは上記バイオマス循環利用システムとは異なり，発展形として構築が可能である。この発展形ではリグノフェノールを多種多様な物質として利用でき，工業システムとしては価値の高いものとなる。

4　バイオマス循環利用システムの実証プラント

　バイオマス循環利用システムの主体となる相分離システム，糖分を利用する発酵システム等は2004年現在実証プラントが稼動中である。
　写真1に実証プラントの全景を示す。

第9章 持続的工業システムの展開

5 持続的工業システム展開への課題

　相分離システムを主体とする持続的工業システムは，可能性の高いシステムである。しかし，その発展を実現するための課題としては以下の事項が挙げられる。

　バイオマス循環利用システムで生産される製品は現在石油から生み出されているプラスチック類の代替品であるが，コストを評価すると石油系製品に対して割高となっている。石油は植物が地球内部の熱と圧力を受けて変成したものであると考えると，この変質と同等の作用を熱や電力，薬品を使用して植物に加えて代替品を生産しているのであるから，当然割高となる。資源に限りがあると考えられている石油は将来価格高騰が避けられないものとしても，その時点では相分離システム等の建設費，運転経費もまた上昇し，逆転できるとは限らないと考えられる。

　これを避けるためには，現時点からコストの高い状況ではあるが，相分離システムを主体とするバイオマス循環利用システムの建設を進め，すぐにケミカルリサイクルによって原材料へと戻す製品を社会に蓄積することが必要である。これにより，石油価格が高騰しても，コストの低い原材料を供給することが可能となる。社会での蓄積（社会ストックと表現する）の効果であり，ケミカルリサイクルの容易な物質の特長を最大に生かすものである。

　現時点での高コストを許容し，これを推進することによって，将来の問題に備えるための方策としては以下のように考えられる。

・評価手法の検討：将来のリスクを現時点に引き戻して評価する手法の開発
・廃棄物リサイクル収集システムの充実

　以上のような方策が充実するための鍵は，結局，消費者である市民の意識改革，環境問題に対する取り組み，その価値観の変革であると考えている。

《CMCテクニカルライブラリー》発行にあたって

弊社は、1961年創立以来、多くの技術レポートを発行してまいりました。これらの多くは、その時代の最先端情報を企業や研究機関などの法人に提供することを目的としたもので、価格も一般の理工書に比べて遙かに高価なものでした。

一方、ある時代に最先端であった技術も、実用化され、応用展開されるにあたって普及期、成熟期を迎えていきます。ところが、最先端の時代に一流の研究者によって書かれたレポートの内容は、時代を経ても当該技術を学ぶ技術書、理工書としていささかも遜色のないことを、多くの方々が指摘されています。

弊社では過去に発行した技術レポートを個人向けの廉価な普及版《CMCテクニカルライブラリー》として発行することとしました。このシリーズが、21世紀の科学技術の発展にいささかでも貢献できれば幸いです。

2000年12月

株式会社　シーエムシー出版

木質系有機資源の有効利用技術　(B0924)

2005年 1月31日　初　版　第1刷発行
2010年 6月18日　普及版　第1刷発行

監　修　舩　岡　正　光　　　　　Printed in Japan
発行者　辻　　　賢　司
発行所　株式会社　シーエムシー出版
　　　　東京都千代田区内神田1-13-1　豊島屋ビル
　　　　電話 03 (3293) 2061
　　　　http://www.cmcbooks.co.jp

〔印刷　倉敷印刷株式会社〕　　　　　　　© M. Funaoka, 2010

定価はカバーに表示してあります。
落丁・乱丁本はお取替えいたします。

ISBN978-4-7813-0217-1 C3058 ¥4000E

本書の内容の一部あるいは全部を無断で複写（コピー）することは、法律で認められた場合を除き、著作者および出版社の権利の侵害になります。

CMCテクニカルライブラリーのご案内

超臨界流体技術とナノテクノロジー開発
監修／阿尻雅文
ISBN978-4-7813-0163-1　　　　　B906
A5判・300頁　本体4,200円＋税（〒380円）
初版2004年8月　普及版2010年1月

構成および内容：超臨界流体技術（特性／原理と動向）／ナノテクノロジーの動向／ナノ粒子合成（超臨界流体を利用したナノ微粒子創製／超臨界水熱合成／マイクロエマルションとナノマテリアル　他）／ナノ構造制御／超臨界流体材料合成プロセスの設計（超臨界流体を利用した材料製造プロセスの数値シミュレーション　他）／索引

執筆者：猪股　宏／岩井芳夫／古屋　武　他42名

スピンエレクトロニクスの基礎と応用
監修／猪俣浩一郎
ISBN978-4-7813-0162-4　　　　　B905
A5判・325頁　本体4,600円＋税（〒380円）
初版2004年7月　普及版2010年1月

構成および内容：【基礎】巨大磁気抵抗効果／スピン注入・蓄積効果／磁性半導体の光磁化と光操作／配列ドット格子と磁気物性　他【材料・デバイス】ハーフメタル薄膜とTMR／スピン注入による磁化反転／室温強磁性半導体／磁気抵抗スイッチ効果　他【微細加工技術】Development of MRAM／スピンバルブトランジスタ／量子コンピュータ　他

執筆者：宮崎照宣／高橋三郎／前川禎通　他35名

光時代における透明性樹脂
監修／井手文雄
ISBN978-4-7813-0161-7　　　　　B904
A5判・194頁　本体3,600円＋税（〒380円）
初版2004年6月　普及版2010年1月

構成および内容：【総論】透明性樹脂の動向と材料設計【材料と技術各論】ポリカーボネート／シクロオレフィンポリマー／非複屈折性アクリル樹脂／全フッ素樹脂とPOFへの応用／透明ポリイミド／エポキシ樹脂／スチレン系ポリマー／ポリエチレンテレフタレート　他【用途展開と展望】光通信／光部品用接着剤／光ディスク　他

執筆者：岸本祐一郎／秋原　勲／橋本昌和　他12名

粘着製品の開発
―環境対応と高機能化―
監修／地畑健吉
ISBN978-4-7813-0160-0　　　　　B903
A5判・246頁　本体3,400円＋税（〒380円）
初版2004年7月　普及版2010年1月

構成および内容：総論／材料開発の動向と環境対応（基材／粘着剤／剥離剤および剥離ライナー）／塗工技術／粘着製品の開発動向と環境対応（電気・電子関連用粘着製品／建築・建材関連用／医療関連用／表面保護用／粘着ラベルの環境対応／構造用接合テープ）／特許から見た粘着製品の開発動向／各国の粘着製品市場とその動向／法規制

執筆者：西川一哉／福田雅之／山本宜延　他16名

液晶ポリマーの開発技術
―高性能・高機能化―
監修／小出直之
ISBN978-4-7813-0157-0　　　　　B902
A5判・286頁　本体4,000円＋税（〒380円）
初版2004年7月　普及版2009年12月

構成および内容：【発展】【高性能材料としての液晶ポリマー】樹脂成形材料／繊維／成形品【高機能性材料としての液晶ポリマー】電気・電子機能（フィルム／高熱伝導性材料）／光学素子（棒状高分子液晶／ハイブリッドフィルム）／光記録材料【トピックス】液晶エラストマー／液晶性有機半導体での電荷輸送／液晶性共役系高分子　他

執筆者：三原隆志／井上俊英／真壁芳樹　他15名

CO₂固定化・削減と有効利用
監修／湯川英明
ISBN978-4-7813-0156-3　　　　　B901
A5判・233頁　本体3,400円＋税（〒380円）
初版2004年8月　普及版2009年12月

構成および内容：【直接的技術】CO_2隔離・固定化技術（地中貯留／海洋隔離／大規模緑化／地下微生物利用）／CO_2分離・分解技術／CO_2有効利用【CO_2排出削減関連技術】太陽光利用（宇宙空間利用発電／化学的水素製造／生物の水素製造）／バイオマス利用（超臨界流体利用技術／燃焼技術／エタノール生産／化学品・エネルギー生産　他）

執筆者：大隅多加志／村井重夫／富澤健一　他22名

フィールドエミッションディスプレイ
監修／齋藤弥八
ISBN978-4-7813-0155-6　　　　　B900
A5判・218頁　本体3,000円＋税（〒380円）
初版2004年6月　普及版2009年12月

構成および内容：【FED研究開発の流れ】歴史／構造と動作　他【FED用冷陰極】金属マイクロエミッタ／カーボンナノチューブエミッタ／横型薄膜エミッタ／ナノ結晶シリコンエミッタ　BSD／MIMエミッタ／転写モールド法によるエミッタアレイの作製【FED用蛍光体】電子線励起用蛍光体【イメージセンサ】高感度撮像デバイス／赤外線センサ

執筆者：金丸正剛／伊藤茂生／田中　満　他16名

バイオチップの技術と応用
監修／松永　是
ISBN978-4-7813-0154-9　　　　　B899
A5判・255頁　本体3,800円＋税（〒380円）
初版2004年6月　普及版2009年12月

構成および内容：【総論】【要素技術】アレイ・チップ材料の開発（磁性ビーズを利用したバイオチップ／表面処理技術　他）／検出技術開発／バイオチップの情報処理技術【応用・開発】DNAチップ／プロテインチップ／細胞チップ（発光微生物を用いた環境モニタリング／免疫診断用マイクロウェルアレイ細胞チップ　他）／ラボオンチップ

執筆者：岡村好子／田中　剛／久本秀明　他52名

※ 書籍をご購入の際は、最寄りの書店にご注文いただくか、㈱シーエムシー出版のホームページ（http://www.cmcbooks.co.jp/）にてお申し込み下さい。